HISTOIRE

< DES

SCIENCES MATHÉMATIQUES.

IMPRIMÉ CHEZ PAUL RENOUARD, RUE GARANCIÈRE, N. 5.

HISTOIRE

DES

SCIENCES MATHÉMATIQUES

EN ITALIE,

DEPUIS LA RENAISSANCE DES LETTRES

JUSQU'A LA FIN DU DIX-SEPTIÈME SIÈCLE,

PAR GUILLAUME LIBRI.

TOME TROISIÈME.

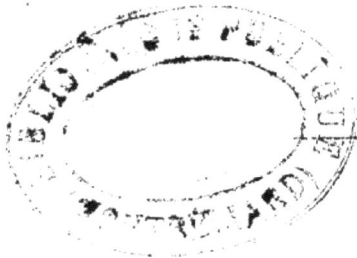

A PARIS,

CHEZ JULES RENOUARD ET Cie, LIBRAIRES,

RUE DE TOURNON, Nº 6.

—

1840.

TABLE

DES MATIÈRES CONTENUES DANS LE TROISIÈME VOLUME.

LIVRE SECOND.

SOMMAIRE.

HISTOIRE

DES

SCIENCES MATHÉMATIQUES

EN ITALIE.

─────────────────

LIVRE SECOND.

───────

C'est une belle gloire pour l'Italie d'avoir pu, à chaque grand mouvement social ou intellectuel de l'Europe, se placer au premier rang. Il n'est pas nécessaire de rappeler l'influence des Romains sur la civilisation de l'Occident : après les invasions des barbares, les républiques italiennes, dont parfois le petit territoire échappe aux yeux, brillent comme ces astres dont on n'aperçoit que la lumière. A la chute de ces républiques, quand les grandes monarchies qui se forment en Europe écrasent de leur poids l'Italie, elle envoie Colomb à la découverte de l'Amérique, les arts et les sciences à la conquête du Nord. Enfin, de nos jours, lorsqu'elle semblait devoir assister en esclave aux révolutions qui bouleversaient la face du monde, elle a enfanté Napoléon pour leur redonner la victoire et, ce qui était plus difficile encore, pour les maîtriser.

Il y eut un temps où, comme l'Italie, toutes les autres contrées de l'Europe étaient morcelées ; mais leur organisation féodale en préparait de loin la réunion, tandis que les républiques italiennes si acharnées dans leurs luttes s'affaiblirent sans pouvoir se constituer en un seul état, et se trouvèrent dépourvues de défense lorsque des nations compactes et armées se présentèrent à la cime des Alpes. Des historiens doués de beaucoup de sagacité, mais qui voyant les évènemens de trop près semblent avoir éprouvé une espèce d'éblouissement, ont attribué principalement à la mort de Laurent de Médicis et à l'exaltation d'Alexandre VI, les invasions des Français et la ruine de l'Italie (1). Mais l'indépendance d'une nation est bien chancelante lorsqu'elle ne repose que sur la vie d'un petit tyran bourgeois, et sur la possibilité d'exclure du Vatican un homme corrompu. Mainte fois des princes étrangers, faibles suzerains d'un grand état, avaient franchi les Alpes,

(1) Voyez le premier livre de l'histoire de l'Italie par Guicciardini.

et toujours ils avaient été repoussés par des républiques, plus puissantes alors que les empereurs.
Plus tard, lorsque l'heure où la monarchie devait
dominer en Europe fut arrivée, les peuples se ser-
rèrent autour des rois, et les chefs subalternes
furent étouffés; mais l'esprit municipal, les jalousies qui divisaient l'Italie ne permirent que l'élévation de quelques tyrans secondaires. D'ailleurs
en lançant ses foudres contre quiconque aurait
osé lui faire craindre l'unité italienne, l'Eglise
la rendait impossible. La mort de Laurent de
Médicis, l'irruption de Charles VIII, ne furent
que des faits isolés, sans influence sur les destinées de l'Italie. Peut-être son asservissement
pouvait se retarder encore de quelques années,
mais il devint inévitable le jour où François Ier
et Charles V l'eurent choisie pour champ de
bataille. Cette tendance des états européens à
l'agglomération, l'impuissance où la démocratie
était réduite, avaient frappé le génie pénétrant
de Machiavel, qui destina son *Prince* à l'éduca-
tion d'un despote capable d'asservir mais de défendre l'Italie (1). Désespérant désormais de la

_____

(1) Plus on étudie, plus on se persuade qu'il n'y a pas

démocratie, il demandait à un tyran l'indépendance de son pays : les tyrans arrivèrent en foule, mais l'Italie attend encore son libérateur.

Combats acharnés entre les familles qui se

---

beaucoup d'ouvrages sérieux, même d'auteurs célèbres, qui soient lus en entier. On parcourt au hasard quelques pages, et puis on quitte le livre non sans porter souvent un jugement sévère sur l'écrivain et sur son œuvre. Ce jugement est répété mille fois par des gens qui n'ont jamais vu l'ouvrage dont ils parlent; et voilà comment se font les *fata libelli*. C'est ce qui est arrivé à Machiavel. Sans étudier sa vie ni ses écrits, on l'a condamné d'après quelques passages du *Prince*, qu'on ne lisait jamais en entier. Qu'on médite le dernier chapitre de cet ouvrage célèbre, et l'on verra si l'auteur aimait sa patrie et la liberté ! En écrivant ce chapitre, qu'il a intitulé *Exhortation à délivrer l'Italie des barbares*, l'historien, inspiré par une noble passion, s'est abandonné aux mouvemens de la plus mâle éloquence. Machiavel est le chef de cette école politique qui croit tout permis pour la délivrance de la patrie. S'il était né au milieu d'une démocratie puissante, il aurait prêché l'insurrection, et de nouvelles Vêpres Siciliennes : venu dans des temps de décadence et de servitude, il a voulu confier à un chef hardi et astucieux les destinées de son pays. Il ne s'est pas proposé de former un roi bon, mais un despote fort et propre au combat; et les hommes qui aiment le plus l'Italie sont encore à se demander s'il leur reste d'autre espoir. Les maximes du *Prince* ont été souvent pratiquées par des gens qui ne voulaient pas affranchir leur pays : elles ont été condamnées par des conspirateurs qui n'avaient pas eu, comme Machiavel, les membres brisés par la torture.

disputaient les ruines de leur patrie, proscriptions, supplices, généreuses tentatives des amis
de la liberté ; tout ce qu'on avait vu à la chute
des anciennes républiques, se retrouve à la décadence des républiques italiennes. Les chefs
qui s'emparèrent alors du pouvoir ne furent pas,
comme on l'a prétendu, les pacificateurs nécessaires et clémens d'une démocratie turbulente :
si ces petits états ne purent offrir le spectacle
d'une nouvelle bataille d'Actium ou de Philip-
pes, ils furent désolés par des proscriptions non
moins terribles que celles de Sylla, d'Antoine et
d'Auguste.

Le relâchement des mœurs, l'affaiblissement
du caractère qui amena la ruine des républiques
italiennes, et l'élévation de quelques ignobles des-
potes, auraient tari dans ce pays les sources de la
gloire si d'autres principes n'avaient succédé à
l'ancienne énergie. A cette époque, quoique opprimés, les républicains n'avaient pas perdu
tout espoir, et la lutte avait formé de ces grandes
âmes qui semblent toujours destinées à assister
à la ruine des états. Tant que ces esprits ardens.
purent combattre pour la patrie, ils ne quittè-
rent pas les armes; vaincus, ils cherchèrent un
refuge dans les lettres ou dans les arts, et les

cultivèrent avec l'ardeur qu'ils avaient montrée
sur la place publique et dans les camps. Mais on
ne doit pas croire qu'un peuple s'illustrera dans
les travaux de l'esprit par cela seul qu'il aura
perdu sa liberté ; d'autres causes contribuèrent au
nouveau développement littéraire de l'Italie.
Après un siècle qui fut le règne exclusif des érudits, il se fit une réaction : on reprit l'usage de la
langue italienne, on s'occupa d'études utiles, et
les hommes, éclairés par la connaissance du
passé, se tournèrent vers l'avenir. Le goût s'é-
pura, le sentiment du beau se développa, se ré-
pandit, et les philosophes ayant appris à lire dans
l'original les productions des plus beaux génies
de l'antiquité, s'appliquèrent avec de nouvelles
forces à la recherche de la vérité.

Toutefois, en signalant quelques-unes des
causes qui semblent avoir contribué à relever la
gloire de l'Italie, nous n'avons pas la prétention
d'expliquer ce concours extraordinaire d'esprits
supérieurs que le commencement du seizième
siècle a légués à l'admiration de la postérité. A
notre avis, nous l'avons souvent répété, c'est le
caractère, c'est l'énergie qui fait les grands hommes, et le talent n'a jamais manqué chez les
peuples qui sentent et qui veulent avec force :

cependant, une réunion d'hommes tels que Léonard de Vinci, Machiavel, Colomb, Raphaël, Michel-Ange, l'Arioste, qu'entouraient une foule de disciples illustres et de rivaux, est un fait qu'aucune recherche historique ne semble pouvoir expliquer.

Ces génies sublimes ont excité l'admiration de toute l'Europe, et pourtant, par une inconcevable contradiction, l'Europe entière a appelé lâche, perfide et corrompue, la génération d'où ils étaient sortis ; comme si d'un cœur corrompu pouvaient surgir de nobles et divines pensées. On a faussé l'histoire, et profitant du malheur des vaincus, outre leurs propres vices, on leur a reproché ceux de leurs oppresseurs. Si un avocat sorti de Valence va s'asseoir sur le trône de Saint-Pierre et le souille de plus de turpitudes et de crimes que n'en commirent jamais Tibère et Néron, il se trouve encore, trois siècles après, d'ignorans calomniateurs, qui, au lieu de les considérer comme une exception à la nature humaine, font de Borgia et de sa famille espagnole, le type de la scélératesse italienne. Un Chaumont a beau se complaire à Milan dans des jeux de cruelle débauche qui auraient fait honte à un lieutenant d'Attila (1) : une armée composée d'Allemands et d'Espagnols, et conduite par un Bourbon, a beau dévaster Rome plus brutalement que ne le fit Genseric : les Italiens qui se sont laissé vaincre doivent porter les crimes de toute l'Europe. Il faudrait mettre un terme à ces injures de mauvais goût : la justice et la prudence le commandent également. Les peuples qui se croient au sommet de l'échelle sociale, prouveraient mieux leur supériorité en se montrant équitables et compatissans envers des frères malheureux et opprimés. Ce n'est pas assez de leur donner quelquefois du pain ; il faut que ce pain ne soit pas couvert d'opprobre. Des sarcasmes amers, d'outrageantes épithètes suscitent des antipathies qui ne tournent jamais au profit des nations entreprenantes. La victoire et la défaite ne sont, dans l'histoire que de périssables accidens. Un regard de la fortune donne ou enlève l'empire du monde ; et chaque peuple a eu ses journées d'Austerlitz et de Waterloo. Ce qui ne périt jamais, c'est l'ascendant

---

(1) Voyez *Porto, Da, lettere storiche*, Venezia, 1832, in-8, p. 193.

moral, c'est le concours aux progrès de la civilisation ; et on n'a pas d'ascendant sur ceux
dont on blesse le sentiment national. Il n'y a
que des insensés qui puissent prêcher la haine
et semer la discorde parmi les peuples! D'ailleurs, si l'on devait user de récriminations,
on trouverait partout des crimes non moins
abominables que ceux des Farnèse et des Médicis; mais on chercherait en vain dans l'histoire de l'Italie un monstre semblable à ce ma-
réchal de Retz, qui, pour effacer les traces de
ses épouvantables forfaits, livrait aux flammes ou
faisait jeter par morceaux dans des lieux im-
mondes, des centaines d'enfans sur lesquels il
avait assouvi son infâme brutalité. D'autre part,
les dévotes obscénités, les incestes de la cour
d'Henri III, viennent un siècle après rejeter dans
l'ombre tout ce que Burchard (1) nous raconte

_____

(1) On ne connaît que trop les extraits, publiés par Leibnitz, du fameux *Diarium* de Burchard. Ils inspirent le plus
profond dégoût lorsqu'ils ne font pas frémir d'horreur. Malheureusement ce *Journal* ne représente ni une époque ex-
ceptionnelle ni des gens à part. En compulsant les archives de
toutes les nations, on trouve des chroniques non moins riches en turpitudes. Ainsi, par exemple, un siècle après les
Borgia, le chancelier Du Vair, homme grave et pieux, dic-

de la famille Borgia..... La justice et la prudence commandent aux peuples de ne pas insulter leurs frères malheureux !

Si, à l'aspect de ces hommes placés comme des colosses à l'entrée du seizième siècle, on osait témoigner une préférence, peut-être la palme serait accordée à Léonard de Vinci, génie sublime qui agrandit le cercle de toutes les

---

tait à un érudit célèbre, à Peiresc, des fragmens sur la cour d'Henri III, où les infamies les plus révoltantes sont racontées avec une imperturbable indifférence. Du Vair avait vu se renouveler les jalousies entre frères, et transformer le célèbre souper *du dernier dimanche d'Octobre,* en une orgie plus nombreuse à la face du soleil. Ce nouveau *Diarium* fait connaître à quels usages étaient destinés les chapelets, par ces princes qui désolaient la France pour des guerres de religion. Il faut espérer qu'il ne se trouvera pas un autre Leibnitz, et que cet écrit restera toujours inédit : mais fût-il publié, il ne porterait pas atteinte à la gloire de la France ; car les nations ne sont responsables ni des crimes de quelques individus, ni des calomnies de quelques écrivains. En des temps orageux, où d'un jour à l'autre tout peut être remis en question, celui qui prêche la discorde est toujours imprudent et souvent criminel. Il n'y a que l'union et la fraternité entre les peuples qui puissent assurer le progrès de l'humanité, et consolider des conquêtes qui ont coûté tant de sang. Le manuscrit dont je viens de parler se trouve à la Bibliothèque Royale : il est facile de comprendre pourquoi je n'en donne pas le numéro.

connaissances humaines. Dans les arts, Michel-
Ange et Raphaël ne purent éclipser sa gloire :
ses découvertes scientifiques , ses recherches
philosophiques le placent à la tête des savans de
son époque. La musique , la science militaire, la
mécanique, l'hydraulique , l'astronomie, la géométrie , la physique , l'histoire naturelle , l'anatomie furent perfectionnées par lui. Si tous ses
manuscrits existaient encore , ils formeraient
l'encyclopédie la plus originale , la plus vaste ,
qu'ait jamais créée une intelligence humaine.
Homme également supérieur par les grandes
qualités de l'imagination , de l'âme (1) et de
l'esprit, en qui la nature semble avoir voulu
montrer toute sa puissance , en le faisant aussi

---

(1) « L'animo e 'l valore sempre regio e magnanimo. »
(*Vasari, vite,* tom. VII, p. 36).—Milano, 1808, 16 vol. in-8,
« Aveva Lionardo grandissimo animo, e in ogni sua azio-
ne era generosissimo» (*Vasari, vite ,* tom. VII, p. 64). —
« Con la liberalità sua raccoglieva e pasceva ogni amico
povero e ricco, pur ch'egli avesse ingegno e virtù » (*Vasari,
vite,* tom. VII, p. 68). — Il rendait l'argent aux personnes
qui n'étaient pas contentes de ses tableaux. Dans ses manuscrits on trouve marquées des sommes considérables qu'il a
données à ses élèves (*MSS. de Léonard de Vinci,* vol. C, f. 15,
et vol. F, couvert.) : enfin Vasari dit : « Che spesso passando
dai luoghi dove si vendevano uccelli, di sua mano cavandoli

le plus beau (1) et le plus fort de ses contemporains (2). Rien n'a manqué à sa gloire, ni les
épreuves du malheur, ni l'injustice des généra-
tions qui ne savaient qu'imparfaitement le comprendre; mais il a pris une éclatante revanche :
sorti de son pays comme une espèce de musicien
ambulant, il a su intéresser la vanité des rois jusqu'à ambitionner le mérite contesté d'avoir re-
cueilli son dernier soupir, et trois siècles après sa
mort il nous oblige à rassembler religieusement
les fragmens de ses écrits pour en former une
des plus belles pages de l'histoire des sciences.

Léonard naquit (3) en 1452 à Vinci, petit châ-

---

di gabbia e pagatogli a chi li vendeva il prezzo che si era
chiesto, li lasciava in aria a volo, restituendo loro la pri-
stina libertà. » (*Vasari, vite,* tom. VII, p. 40).

(1) « Lionardo da Vinci, nel quale oltre la bellezza del corpo
non lodata mai abbastanza..... » (*Vasari, vite,* tom. VII).

(2) « La forza in lui fu molta e congiunta colla destrezza »
(*Vasari, vite,* tom. VII, p. 36).—« Egli con le forze sue rite-
neva ogni violenta furia, e con la destra torceva un ferro
d'una campanella di muraglia e un ferro di cavallo come
s'ei fosse di piombo » (*Vasari, vite,* tom. VII, p. 68).

(3) Pendant long-temps on a cru que Léonard était né en
1445 ; mais la véritable date de sa naissance se trouve dans
l'arbre généalogique de la famille Vinci par Dei (*Elogj degli
uomini illustri Toscani,* Lucca, 1771, 4 vol., in-8, tom. II,
p. cxxvii).

teau situé dans le territoire de Florence, et l'on
a prétendu qu'il n'était fils d'aucune des trois
femmes que son père avait épousées (1). Il s'appliqua d'abord à la peinture et y fit des progrès
si rapides qu'à peine sorti de l'enfance, ayant
peint un ange dans un tableau d'André del Verrocchio, celui-ci, honteux d'avoir été vaincu par
son élève, ne voulut jamais reprendre le pinceau (2). Après ce succès précoce, abandonné
par son maître, il devint grand peintre de lui-
même, comme l'attestent l'Adam et Eve, la Vierge,
la Méduse, et ce bouclier qu'il fit pour un
paysan et qui forçait les spectateurs à reculer
d'épouvante (3). Mais, bien que portée à un si
haut point, la peinture ne put remplir les pre-

---

(1) Voyez *Amoretti*, *Memorie storiche di Leonardo da
Vinci*, p. 14-18, en tête du *Trattato della pittura* de Léonard de Vinci, publié in-8, à Milan en 1804.

(2) « Il quale (Andrea del Verrocchio) facendo una tavola
dove S. Giovanni battezzava Cristo, Lionardo lavorò un
angelo che teneva alcune vesti, e benchè fosse giovanetto,
lo condusse di tal maniera che molto meglio delle figure
d'Andrea stava l'angiolo di Lionardo ; il che fu cagione
che Andrea mai più non volle toccar colori, sdegnatosi
che un fanciullo ne sapesse più di lui » (*Vasari*, *vite*,
tom. VII, p. 40-41).

(3) *Vasari*, *vite*, tom. VII, p. 42-44.

mières années de Léonard. Il s'occupa d'algèbre (1), de botanique, d'astronomie (2), de musique (3), de sculpture (4), d'architecture (5), de
mécanique (6), et en tout il excella. C'est lui qui

---

(1) « Ecco, nell'abbaco, egli in pochi mesi che ei vi attese,
fece tanto acquisto, che movendo di continuo dubbj e difficultà al maestro che gli insegnava, bene spesso lo con-
fondeva » (*Vasari, vite*, tom. VII, p. 36). — Dans les manuscrits de Léonard, on trouve souvent des recherches algébriques (*MSS. de Léonard de Vinci*, vol. N, f. 180, vol. A,
f. 10, etc.).

(2) « Filosofando delle cose naturali, attese a intendere la
proprietà dell'erbe, continuando ed osservando il moto del
cielo, il corso della luna, e gli andamenti del sole » (*Vasari, vite*, tom. VII, p. 40). — Nous exposerons plus loin
quelques-unes de ses recherches astronomiques : on trouve
dans ses manuscrits des figures de plantes et des essais de
classification. Le septième livre de son traité de la peinture
(*Vinci, L. da, trattato della pittura*, Roma, 1817, in-4)
ne contient que de la physiologie végétale. Voyez aussi
Gerli, Dessins de Léonard de Vinci, Milan, 1784, in-fol.,
pl. XVI*.

(3) « Lionardo portò quello strumento ch'egli aveva di
sua mano fabbricato d'argento gran parte in forma d'un
teschio di cavallo, cosa bizzarra e nuova, acciocchè l'armo-
nia fosse con maggior tuba e più sonora di voce » (*Vasari, vite*, tom. VII, p. 47).

(4) *Vasari, vite*, tom. VII, p. 37-38.

(5) *Vasari, vite*, tom. VII, p. 37.

(6) « Fece disegni di mulini, gualchiere, ed ordigni che po-
tessero andare per forza d'acqua » (*Vasari, vite*, tom. VII,

le premier a formé le projet de rendre l'Arno
navigable (1), et qui osa proposer au gouvernement de Florence de suspendre l'église de Saint-
Jean, à l'aide de machines, et de la relever
tout d'une pièce avec ses fondemens (2). Les
magistrats craignirent de se laisser séduire par
un projet si gigantesque, sorti de l'imagination
d'un jeune homme; car, Léonard était encore

---

p. 38). — « Ed ogni giorno faceva modelli e disegni da potere
scaricare con facilità monti e forarli, per passare da un
piano a un altro, e per via di lieve, d'argani e di vite mostrava potersi alzare e tirare pesi grandi ; e modi da votar
parti e trombe da cavare da' luoghi bassi acque. » (Ibid.
p. 39).

(1) « E fu il primo ancorachè giovanetto, che discorresse
sopra il fiume d'Arno per metterlo in canale da Pisa a Fiorenza » (*Vasari*, *vite*, tom. VII, p. 37). — Le volume
N, f. 45 et 109, des manuscrits de Léonard, contient une
carte géographique de la Toscane, d'après laquelle on voit
qu'il voulait faire passer le canal par la plaine de Pistoja.

(2) « E fra questi modelli e disegni ve n' era uno col
quale più volte a molti cittadini ingegnosi, che allora go-
vernavano Fiorenza, mostrava volere alzare il tempio di S.
Giovanni di Fiorenza, e sottomettervi le scalee senza rovi-
narlo » (*Vasari*, *vite*, tom. VII, p. 39). — Probablement le
projet de Léonard lui avait été suggéré par le succès qu'avait
obtenu peu d'années auparavant Aristote de Feravante à
Bologne dans une opération analogue. Voyez ci-dessus
tom. II, p. 217.

à Florence lorsqu'il faisait ou préparait tant de choses ; et il avait à peine (1) trente ans, quand fatigué de vivre obscur et délaissé dans un pays que Laurent de Médicis gouvernait alors, il quitta la Toscane pour aller à la cour du duc de

---

(1) Vasari dit que Léonard n'alla à Milan qu'en 1494, mais évidemment il se trompe ici, et il n'avait jamais étudié suffisamment ce point, puisque, dans la première édition de ses *Vite*, il dit que l'artiste florentin fut reçu à la cour de François Sforza, quoique ce duc eût cessé de vivre en 1466 (*Vasari, vite*, Fiorenza, 1550, 3 part. en 2 vol. in-4, part. 3, vol. II, p. 568-569), et que d'ailleurs il raconte dans la vie de Guiliano da San Gallo, que lorsque cet architecte fut envoyé à Milan par Laurent de Médicis, il y trouva Léonard (*Vasari, vite*, tom. VII, p. 306). Or, tout le monde sait que Laurent mourut en 1492. D'ailleurs Sabba da Castiglione, auteur contemporain, dit que Léonard avait travaillé pendant seize ans au cheval de bronze qui fut détruit lors de l'entrée des Français à Milan (*Castiglione, Sabba da, ricordi*, Venezia, 1555, in-4, f. 52), ce qui ferait remonter au moins à 1483 l'arrivée de Léonard à Milan. Plusieurs passages des *Rime* de Bellincioni prouvent que l'auteur de la Cène était dans cette ville de 1487 à 1489, et l'on trouve différentes notes de sa main qui se rapportent à son séjour en Lombardie, avant 1492. Pagave avait même vu le dessin d'un pavillon fait par Léonard à Milan, en 1482 ; mais peut-être le manuscrit d'où il avait tiré cette notice a péri depuis, car on n'a jamais pu vérifier la citation consignée dans ses papiers. Voyez surtout à ce sujet *Amoretti, Memorie*, p. 27-32.

Milan jouer d'un instrument qu'il avait inventé. (1)

Là, comme musicien et comme poète impro-
visateur, il surpassa tous ses rivaux (2): mais bien-

---

(1) « Fu condotto con gran reputazione Lionardo al duca,
il quale molto si dilettava del suono della lira, perchè so-
nasse » (*Vasari, vite*, tom. VII, p. 47). Ce fait a été contesté
par Amoretti, qui n'oppose cependant que des conjectures va-
gues à l'assertion positive et répétée de Vasari. Léonard
a laissé dans ses papiers le dessin de sa lyre, et celui d'une
viole ; et il est représenté pinçant de la guitare, dans plusieurs
manuscrits contemporains. D'ailleurs, s'il avait été appelé à
Milan comme peintre, sculpteur ou architecte, on ne voit
pas pourquoi dans la lettre qu'il écrivit au duc, et faisant
l'énumération de ses talens après avoir parlé de l'architecture militaire et de ses inventions en mécanique,
il aurait ajouté : « In tempo di pace credo satisfare benissimo a paragone de omni altro in architettura, in composi-
zione di edifizj et publici et privati : e in conducere aqua
da uno loco ad un altro. — Item conducerò in sculptura de
marmore, di bronzo et di terra : similiter in pictura ciò che
si possa fare ad paragone de omni altro et sia chi vole......
Et se alchuna delle supraddicte cose ad alchuno paressero
impossibili, et infactibili, me ve offero paratissimo ad farne
esperimento. » Dans cette lettre Léonard parle de tout, excepté de la musique ; il est donc probable qu'il n'était connu
que comme musicien.

Voyez la note I à la fin du volume.

(2) « Laonde superò tutti i musici che quivi erano con-
versi a sonare. Oltra ciò fu il migliore dicitore di rima
all'improvviso del suo tempo » (*Vasari, vite*, tom. VII,
p. 47).

tôt il se fatigua d'être confondu avec les bouffons
de la cour, et pour se faire apprécier à sa juste
valeur, il écrivit au duc une lettre, où en offrant
ses services il exposait les découvertes qu'il ayait
faites en artillerie et en architecture militaire (1).
Il est difficile de savoir où et comment le grand
peintre avait appris à fortifier les places, mais il
nous familiarisera avec des surprises de ce genre :
nous verrons des sciences tout entières sortir de
sa tête sans qu'on puisse deviner comment elles
y étaient entrées.

Depuis trois cents ans, on ne cesse d'admirer
le triple talent de Michel-Ange, qui sut élever la
coupole de Saint-Pierre, peindre le jugement dernier et sculpter le Moïse. Cette admiration est bien
légitime, cependant il ne faut pas que l'éclat dont
brille Buonarroti offusque à nos yeux la gloire de
ses rivaux. De l'aveu de tous les contemporains,
le monument de François Sforza que Léonard fut
chargé d'exécuter à Milan, pouvait disputer la
palme aux plus belles statues (2). La *Cène* dit

_____

(1) Voyez la note I à la fin du volume.

(2) « E nel vero quelli che veddono il modello che Lionardo fece di terra grande giudicano non aver visto più bella
cosa nè più superba » (*Vasari, vite*, tom. VII, p. 55; et

ce qu'il fut dans la peinture, et les édifices qu'il éleva, les nombreux dessins qu'il a laissés, prouvent qu'il était aussi grand architecte que peintre et sculpteur excellent (1). Cependant, il ne s'occupa des arts qu'accidentellement; et les succès qu'il obtint dans toutes les autres branches des connaissances humaines suffiraient à l'illustration de plusieurs savans.

Durant les longues années que Léonard passa

---

tom. XIV, p. 60). — Pacioli, en parlant de cette statue, l'appelle « Admiranda et stupenda equestre statua, da l'invidia di quelle di Fidia e Prasitele in Monte Cavallo al tutto aliena » (*Pacioli, Divina proportione*, Venetiis, 1509, in-fol., f. 1). — Vasari le loue beaucoup comme sculpteur (*Vasari, vite*, tom. VII, p. 37). Lomazzo l'appelle *unico pittore e plasticatore* (*Lomazzo, trattato della pittura*, Milano, 1585, in-4, p. 691, 71, 177, etc.). En parlant de la prééminence des arts, Léonard dit : « Adoperandomi io non meno in scoltura che in pittura, ed esercitando l'una e l'altra in un medesimo grado. » (*Vinci, L. da, trattato della pittura*, p. 38, lib. I). — Toutes les éditions qui précèdent celle de Rome se ressemblent; elles ne sont pas divisées en livres et contiennent 365 chapitres. Comme nous avons souvent l'occasion de citer l'édition de Milan (1804) et celle de Rome, pour ne pas répéter toujours la date, nous dirons, une fois pour toutes, que lorsque nous citerons ainsi le *livre* (lib.) ce sera l'édition de Rome qu'il faudra consulter; dans le cas contraire, il s'agira de celle de Milan.

(1) *Vasari, vite*, tom. VII, p. 37. — *Amoretti, memorie*, p. 86, 93, 159.—*Gerli, dessins de Léonard de Vinci*, pl. XV.

en Lombardie, il ne travailla pas exclusivement
au monument de Sforza : il exerça tour-à-tour ses
talens en peinture et en architecture; il dirigea
une foule de travaux hydrauliques (1); il fit construire un grand nombre de machines et composa
plusieurs ouvrages (2). On doit surtout signaler
l'Académie qui fut fondée sous ses auspices et
dirigée par lui (3). Louis-le-More, qui, par un
crime malheureusement trop fréquent chez les
princes italiens, appela les étrangers à son secours pour se maintenir sur le trône, choi-
sissait mieux les savans que ces Médicis dont
on a tant vanté la protection : en effet, pendant que Laurent ne savait s'entourer que d'é-

---

(1) *Vasari, vite,* p. 37-38. — *Amoretti, memorie,* p. 190-
197.

(2) En 1498, Pacioli, après avoir parlé du Cheval et de la
Cène, disait : « E non de queste satio a l'opera inextima-
bile del moto locale, de le percussioni e pesi e de le forze
tutte cioè pesi accidentali (havendo già con tutta dilligen-
tia al degno libro de pictura e movimenti humani posto
fine) quella con ogni studio al debito fine attende de condurre » (*Pacioli, divina proportione,* f. 1).

(3) *Pacioli, divina proportione,* f. 1. — *Amoretti, memorie,*
p. 40-41. — *Vasari, vite,* tom. VII, p. 39. — Cette société
est peut-être la première académie scientifique et expéri-
mentale qui ait été créée en Italie.

rudits, deux Toscans, Léonard et Pacioli, qui ont tant brillé dans les sciences, trouvaient un asile à la cour de Milan, où plusieurs hommes célèbres étaient alors réunis (1). Mais Léonard les laissait tous bien loin derrière lui, et il était l'âme de cette académie, dont il grava même sur cuivre les devises, à une époque où ce genre de gravure venait à peine de naître (2). Il paraît qu'il contribua aussi à la rédaction de plusieurs ouvrages composés par des membres de cette académie, et, entre autres, à la *Divina proportione* (3) de Pacioli, qui a surtout pour but de déduire de principes géométriques, les règles et les proportions de la peinture, de l'architecture et de tous les arts. Dans les manuscrits de Léonard, on trouve quelques indications sur les ouvrages qu'il dirigea ou qu'il fit à Milan; mais, comme il a séjourné à deux reprises

(1) *Pacioli, divina proportione*, f. 1.

(2) *Vasari, vite*, tom. VII, p. 39. — *Amoretti, memorie*, p. 9 et 41.

(3) Pacioli dit : « Tanto ardore ut schemata quoque hec Vincii nostri Leonardi manibus sculpta .... addiderim » (*Pacioli, divina proportione*, Sign. A. 11). — Mais en ayant égard à l'objet de l'ouvrage, on voit que Léonard a dû faire plus que graver les figures.

différentes dans cette ville, il est difficile de déterminer l'époque précise à laquelle on doit
rapporter ses recherches et ses travaux.

On se tromperait cependant si l'on voulait déduire de la présence en Lombardie de plusieurs
hommes éminens, que le duc de Milan fut un grand
protecteur des lettres et des sciences. Sans doute il
aimait à réunir autour de lui les savans et les artistes (1), mais il ne faisait rien pour encourager
leurs travaux; une lettre de Léonard, dont il ne
nous reste qu'un fragment, montre de combien
de dégoûts et de chagrins on l'avait abreuvé.
Cette lettre fait éprouver un sentiment de
profonde tristesse, Léonard y dit : qu'après avoir
travaillé plusieurs années, il a reçu à peine de
quoi payer ses ouvriers, et qu'il n'est resté pour
lui que quinze livres : il demande au moins quelques vêtemens pour se couvrir, et il ajoute que,
si cela continue, il sera forcé d'abandonner (2)
les arts !

---

(1) On voit dans l'histoire inédite d'Arluno que Louis-
le-More s'était adonné à tous les genres de luxe, et qu'il avait
réuni pêle-mêle à sa cour une infinité de mathématiciens,
de philosophes, de musiciens, *histrionique gestus ludicro-
rumque doctores eximios* (*Amoretti, memorie*, p. 81).

(2) « Essermi data più alcuna commessione d'alcuna... .

Le beau monument auquel Léonard avait con-
sacré seize années fut détruit par des arbalé-
triers gascons lorsque les Français entrèrent
à Milan (1). Alors on abattit les maisons

---

del premio del mio servitio perchè non sono da esserle da. .
cose assegnationi perchè loro hanno entrate di p. . . . . .
ti e che bene spesso possono aspettare più di me. . . . . .
non la mia arte la quale voglio mutare, e. . . . .
dato qualche vestimento . . . .
Signiore, conosciendo io la mente di vostra excellentia
essere occupata. . . . .
il ricordare a vostra signioria le mie pichole cose. . . . . .
Ella mi messe in silenzio . . . .
ch 'l mio taciere fosse causa di fare isdegniare vostra
Signoria. . . . .
la mia vita ai vostri servitii . . . - . . . .
mi trovo continuamente parato a ubidire . . . .
del cavallo non dirò niente perchè cogniosco i tempi . . .
a V. Sig. chom io restai aver il salario di due anni del. . . . .
con due maestri, i quali continuo stèttono a mio salario
e spese . . . . , ...
che al fine mi trovai avanzato di detta opera circha lire
15. . . . .
opere di fama per le quali io potessi mostrare a quelli che
io sono sta . . . .
da per tutto, ma io non so dove io potessi spendere le mie
opere. . . . .
l'aver atteso a guadagnarmi la vita. » (*Amoretti, memorie*,
p. 83).

« (1) Le lasciarono vituperosamente rovinare, et io vi ricordo
(et non senza dolore et dispiacere lo dico) una così nobile

des partisans des Sforza(1) dont plusieurs furent abandonnés à la vengeance du vainqueur ; d'autres furent traînés dans les prisons de la France : on le voit, ce n'est pas de nos jours seulement que les Italiens sont accoutumés à peupler les bastilles de l'étranger! Indigné de ces violences (2), Léonard quitta la Lombardie, et prit du service comme ingénieur militaire auprès de César Borgia; mais il n'y resta pas long-temps. Il se rendit à Florence, et là, en concurrence avec Michel-Ange, il fit ce magnifique carton de la bataille d'Anghiari, dont Vasari et Cellini parlent comme d'un prodige (3), mais qui ne suffit pas pour le

---

et ingegnosa opera fatta bersaglio a' balestrieri Guasconi » (*Castiglione, Sabba da, ricordi*, f. 51).— « Il quale durò sino che i Francesi vennero a Milano con Lodovico re di Francia, che lo spezzarono tutto » (*Vasari, vite*, tom. VII, p. 55).

(1) *Corii historia mediolanensis*, Mediol., 1503, in-fol. signat. X IIII.—*Amoretti, memorie*, p. 86-87.

(2) Sur la couverture du manuscrit L de Léonard, on trouve la note suivante qui prouve combien ces désordres l'avaient affecté : « Il castellano fatto prigione. — Il Visconte strascinato e poi morto il figliuolo. — Gan della Rosa toltoli i danari. — Bergonzo principio e nol valle e poi fuggì le fortune. — Il duca perso lo stato e la roba e la libertà, e nessuna sua opera si finì per lui. »

(3) *Vasari, vite*, tom. VII, p. 62-64.— *Cellini, vita,* Co-

faire respecter par le gonfalonier Soderini (1).
Depuis lors il erra beaucoup, et nulle part
on ne sut apprécier son mérite. A Rome,
Léon X s'indisposa contre lui, parce que,
l'ayant chargé d'un tableau, il apprit qu'il
s'occupait d'opérations chimiques pour préparer le vernis (2) : alors le grand artiste
quitta la cour du pape, et après plusieurs voyages il alla terminer ses jours au château du
Cloux, près d'Amboise, entouré de ses disciples,
et non pas, comme on l'a prétendu (3), entre
les bras de François Ier.

lonia, S. D, in-4, p. 12-13. — Léonard avait fait une description pittoresque et très intéressante de cette bataille ;
elle a été publiée par Amoretti avec quelques légères différences de l'original (*Amoretti, memorie*, p. 95. — *MSS. de
Léonard de Vinci*, vol. N. f. 72).

(1) « Essendo incolpato d'aver giuntato Pietro Soderini fu
mormorato contre di lui; perchè Lionardo fece tanto con
gli amici suoi, che raguno i danari e portolli per resti-
tuire » (*Vasari, vite*, tom. VII, p. 64).

(2) « Dicesi che essendogli allogata un opera dal Papa subito cominciò a stillare olii ed erbe per far la vernice;
perchè fu detto da papa Leone : «Oimè, costui non è per
fare nulla » (*Vasari, vite*, tom. VII, p. 66).

(3) Vasari dit qu'il expira dans les bras du roi (*Vasari,
vite*, tom. VII, p. 67-68). Dans l'*Idea del tempio della pittura* (Milano, 1590, in-4, p. 58), Lomazzo répète la même

Quand nous avons avancé que Léonard pouvait
être considéré comme l'homme le plus accom-
pli de son siècle, nous ne nous sommes pas dis-
simulé la difficulté qu'il y avait à reconstruire ce
grand colosse, dont il ne nous reste que quelques
débris. Bien que le carton de Florence ait péri,
bien que des moines milanais et des chevaux
étrangers aient ruiné la *Cène*, les artistes n'ignorent pas que Léonard fut un des plus grands
peintres qui aient paru sur la terre : mais bien
peu de sculpteurs savent qu'il excella dans leur
art; aucun architecte ne va visiter les débris des
édifices élevés par Léonard, ou étudier les dessins d'architecture qu'il nous a laissés; aucun
musicien ne cherche à savoir ce qu'il fit en mu-

---

chose, tandis que dans les *Rime* (Milano, 1587, in-4, p. 109),
il dit que ce fut Melzi qui annonça au roi la mort de Léonard. Cette discordance suffirait seule pour jeter du doute
sur la réalité du fait; mais le doute acquiert une nouvelle
force, lorsqu'on voit François Melzi, écrivant d'Amboise
aux frères de Léonard pour leur annoncer la mort du grand
artiste, ne faire aucune mention de la visite de François Ier
(*Elogj degli uomini illustri Toscani*, tom. II, p. cxxxiv-
cxxxvi). D'ailleurs Venturi a prouvé que le 2 mai 1519, jour
de la mort de Léonard, la cour était à Saint-Germain-
en-Laye, et que le roi n'en sortit qu'à la fin de juillet : ce
qui rend absolument impossible l'anecdote rapportée par

sique (1); et les poètes ignorent que du vivant
de Politien et de l'Arioste, le grand peintre avait
mérité une place distinguée parmi les poètes
contemporains.

Toutefois, quoique imparfaitement, Léonard
est connu des artistes : c'est surtout comme savant qu'il est ignoré. Nous allons analyser ses
travaux scientifiques, et comme cet examen n'a
été fait jusqu'ici que d'une manière incomplète,
nous entrerons dans quelques détails, pour
montrer à - la - fois la grandeur de l'homme et
l'importance du sujet.

L'oubli dans lequel on a laissé pendant si
long-temps les découvertes du peintre toscan ,
tient d'abord à ce que, pendant sa vie, il n'a jamais
publié aucun ouvrage, et ensuite à la perte du
plus grand nombre de ses manuscrits. Les écrits
qui long-temps après sa mort ont été publiés
sous son nom, ne sont pas ceux qu'il avait
destinés au public. Ce ne sont que des com-
pilations faites, après sa mort, par des per-

Vasari (*Venturi, essai sur les ouvrages de Léonard de Vinci,*
Paris, 1797, in-4, p. 39).

(1) *Lomazzo, Idea del tempio della pittura,* p. 129.

sonnes qui ont possédé ses autographes.
Ainsi, par exemple, le *Traité de la pein-*
ture, que Du Fresne fit paraître d'abord en
1651, et qui, après plusieurs réimpressions, a
été de nouveau publié à Rome avec de notables
additions, n'est pas, certainement, celui que
Léonard avait composé. Celui-ci, dont parlent
Pacioli et d'autres écrivains (1), se trouve fréquemment cité par livres et par chapitres dans les
originaux de l'auteur; et ces citations ne se
rapportent pas aux ouvrages qu'on a imprimés.
Le manuscrit qui a servi à Du Fresne, comme
celui de la bibliothèque du Vatican, ne sont
que des extraits dus aux premiers possesseurs
des notes laissées par Léonard. De ces manuscrits, où toutes les matières se trouvent
confondues, on a pu tirer un plus ou moins
grand nombre de chapitres et de passages relatifs à la peinture. Beaucoup de ces passages
n'ont pas été copiés et sont encore inédits. Nous

---

(1) Pacioli dit que Léonard avait complètement rédigé le
Traité de la peinture (*Pacioli, divina proportione*, f. 1). Vasari raconte qu'un peintre milanais avait entre les mains ce
traité autographe et qu'il voulait le faire imprimer à Rome
(*Vasari, vite*, tom. VII, p. 57).

savons de plus qu'il avait écrit sur la perspective (1). Cet ouvrage n'a pas été publié : on en a
inséré quelques chapitres dans le Traité de la
peinture, mais il en reste des fragmens considérables inédits. (2)

Ces manuscrits sont des espèces de carnets où
Léonard écrivait ses pensées, ses projets, sur
toute sorte de sujets; où il esquissait le plan
d'une église, le dessin d'une tête qui l'avait frappé, ou d'une machine qu'il avait imaginée en se
promenant. Il recommande aux jeunes artistes
l'usage de ces carnets (3), et il en portait toujours sur lui. Ce n'est qu'en parcourant ces

---

(1) *Cellini, due trattati*, Fiorenza, 1568, in-4, 47.— *Morelli
codici manoscritti volgari della biblioteca Naniana*, Venezia,
1776, in-4, p. 158. — Cellini dit à plusieurs reprises qu'il
avait ce traité de perspective, composé par Léonard, qu'il
le prêta à Serlio, et que celui-ci en tira ce qu'il y a de
mieux dans son ouvrage. Au reste, je possède un fragment
inédit de la *Perspective* du grand peintre de Florence, et
peut-être je le ferai paraître un jour, si je parviens à réaliser mon projet de publier ses *OEuvres inédites*.

(2) Dans l'édition de Rome, Manzi a donné un livre entier
sur la perspective; mais Léonard nous fait connaître que sa
Perspective contenait plusieurs livres, puisqu'il cite le second (*Vinci, L. da, trattato della pittura*, p. 69, c. cx).

(3) *Vinci, L. da, trattato della pittura*, p. 57, c. xcvi.

notes, écrites par Léonard, qu'on peut se faire une idée de la force, de la fécondité, de la variété de son génie. Souvent on trouve dans le même feuillet un apologue politique qu'on croirait dicté par Machiavel (1), des maximes philosophiques ou morales dignes des philosophes de la Grèce (2); des préceptes qui sembleraient tirés de Bacon, s'ils n'étaient écrits long-temps avant la naissance du chancelier d'Angleterre; des recherches sur le vol des oiseaux, des problèmes d'algèbre, des fragmens de géologie, des observations de botanique, des questions de mécanique, ou de balistique, des théorèmes d'hydraulique, des sonnets, des dessins d'architecture et des caricatures. Si l'on ajoute à cela beaucoup de faits relatifs à la vie et aux travaux de l'artiste, des lettres, des chapitres ou des ta-

---

(1) Voyez la note II à la fin du volume.

(2) Pour citer un exemple de la manière dont Léonard entremêlait les réflexions morales aux recherches scientifiques, je dirai qu'après la description de plusieurs instrumens destinés à mesurer le temps (parmi lesquels on voit une espèce de *pendule*), qui se trouvent au feuillet 11 du manuscrit N, on lit cette belle pensée : « Dee esser fatto affinchè si scompartiscano lé ore, e non si passi indarno questa misera vita, e non si perda la memoria di noi nelle menti de' mortali. » Voyez la note III à la fin du volume.

bles synoptiques d'ouvrages qu'il avait écrits ou qu'il voulait composer, des contes badins, des recherches sur les langues, on aura encore une idée fort imparfaite de ces manuscrits. Après avoir écrit ces notes, Léonard les rassemblait pour en faire des chapitres, et l'on voit qu'ici, comme en peinture, il était difficile à contenter. En effet, il y a tel chapitre qui est rédigé de dix manières différentes. Les tables analytiques de ses ouvrages, qui se trouvent dans ces carnets, prouvent que, non-seulement il avait écrit un traité de peinture et un traité d'hydraulique, mais qu'il avait aussi composé des traités spéciaux sur le choc des corps, sur le mouvement, sur le frottement, sur les machines, sur le vol des oiseaux et sur l'anatomie comparée. (1)

Comme nous l'avons déjà dit, aucun de ces ouvrages n'est arrivé jusqu'à nous. Le traité de la peinture (2) et le traité d'hydraulique, les

_____

(1) On voit par ses notes qu'il avait écrit un traité de l'anatomie humaine comparée à celle du cheval (*MSS. de Léonard de Vinci*, vol. K, f. 28 et 29).

(2) Le Traité de la peinture fut publié en 1651, à Paris, par Du Fresne, à qui Del Pozzo en avait envoyé une copie manuscrite. Cette copie était très incomplète. Manzi en a

seuls qu'on ait publiés, ne sont formés que de notes et de chapitres séparés qu'on a trouvés dans les manuscrits de Léonard et qu'on a disposés dans un ordre différent de celui où il les aurait classés (1); mais les citations qu'il en a faites (2), les tables des ma-

---

donné une édition en 1817, d'après un manuscrit de la bibliothèque du Vatican : mais quoique le texte soit presque doublé, il est bien loin de contenir toutes les remarques et les préceptes sur la peinture qui se trouvent dans les autographes de Léonard.

(1) Les manuscrits du grand peintre contiennent des chapitres de ses ouvrages et des tables synoptiques qui, comme nous l'avons déjà dit, ne correspondent pas à ce qui a été publié. Ainsi, dans le volume A, f. 55, on lit ces paroles : «Cominciamento del trattato dell'acqua... L'omo è detto dagli antichi mondo minore : certo la dizione d'esso non è bene collocata etc. » — Or, ce commencement, qui évidemment devait servir d'introduction à l'ouvrage, n'a aucun rapport avec celui du *Trattato del moto e misura dall'acqua,* publié à Bologne, en 1828, in-4, dans la *Raccolta degli autori sul moto dell'acque.*—D'ailleurs, dans le volume E des manuscrits de Léonard (f. 12), on trouve la table analytique du premier livre de ce même traité du mouvement des eaux, et elle diffère notablement de la table du premier livre de l'ouvrage imprimé. Une table synoptique du livre *della percussione dell'acque in diversi obietti* se lit dans le manuscrit N (f. 78. — Voyez aussi f. 73); et ce livre tout entier manque dans l'ouvrage publié à Bologne.

Voyez la note IV à la fin du volume.

(2) En lisant avec attention le Traité de la peinture, on ac-

tières qu'il a laissées prouvent que ce ne sont
pas là les ouvrages rédigés par le grand peintre.
Non-seulement ces ouvrages ont péri, mais on a
perdu aussi la plupart des livres où il écrivait
ses notes. Après sa mort, tous ses manuscrits, ses
dessins et ses instrumens devinrent la propriété
de François Melzi son élève, à qui il les avait
légués. Melzi, qui n'était qu'un amateur, plaça
ce précieux héritage dans sa maison de Vaprio
près de Milan; ses descendans n'en tinrent aucun
compte et un certain Lelio Gavardi, parent d'Alde
Manuce le jeune, et précepteur dans cette famille,
ayant remarqué qu'on laissait perdre cette belle
collection, déroba treize de ces manuscrits, et les
porta en Toscane pour les vendre au grand-duc

---

quiert la conviction que Léonard avait voulu que ce traité,
sa Perspective, son Anatomie, et le Traité du mouvement ne
fissent qu'un seul et même ouvrage, dont les différentes parties
devaient s'expliquer se coordonner et se compléter mutuellement. Il renvoie toujours de l'un à l'autre de ces écrits, en citant
le livre et le chapitre, ce qui prouve qu'ils étaient entièrement
terminés (*Vinci, L. da, trattato della pittura*, p. 69, c. cx,
p. 104, c. clxvii, p. 122, c. cxcvii, p. 134, c. ccxix, p. 168, c.
cclxxviii). Quant au *Trattato del moto e misura dell'acqua*,
les citations et les renvois se rapportent évidemment à une
autre disposition des matières contenues dans cet ouvrage.
On peut voir, par exemple, le renvoi de la page 332.

François Ier; mais ce prince venait de mourir, et
ils furent déposés à Pise chez Alde, qui les
montra à son ami Mazenta. Celui - ci désap-
prouva fortement la conduite de Gavardi, qui,
honteux de sa mauvaise action, le chargea de
rapporter à Milan et de restituer ces manuscrits
aux Melzi. Horace, alors chef de cette famille,
ignorant la valeur de ces treize volumes, en fit
cadeau à Mazenta et lui dit qu'on avait oublié dans un coin de sa maison de Vaprio beaucoup d'autres dessins et manuscrits de Léonard.
Plusieurs amateurs obtinrent ensuite les dessins, les instrumens, les préparations anatomiques, enfin, tout ce qui restait du cabinet de
Léonard. Pompée Léoni, sculpteur au service
de Philippe II, fut des mieux partagés; il promit
à Melzi qu'on le nommerait sénateur si, après
avoir recouvré les treize volumes qu'il avait
donnés à Mazenta, il en faisait cadeau au roi d'Espagne. Melzi ne put en ravoir que sept : de ceux
qui restèrent à Mazenta, un fut remis au cardinal Borromée pour la bibliothèque Ambroisienne, le peintre-Figini en obtint un autre, le duc
de Savoie un troisième, enfin les trois derniers
tombèrent entre les mains de Léoni, qui
en sépara tous les feuillets, et, les ayant fait en-

cadrer, en forma un gros volume qui après sa mort échut à Calchi, et fut ensuite vendu à Galeas Arconati (1). Mazenta, à qui nous devons l'histoire de ces manuscrits, dit qu'Arconati ne voulut pas céder le sien au duc de Savoie et à d'autres princes qui le lui demandaient. Nous savons qu'il parvint ensuite à réunir jusqu'à douze des manuscrits de Léonard, et qu'ayant refusé soixante mille francs que Jacques Ier, roi d'Angleterre (2), lui fit offrir pour le volume formé par Léoni (volume qu'on a appelé le *Code atlantique*), il les donna tous à la bibliothèque Ambroisienne, où une inscription en marbre a perpétué la mémoire de cette libéralité (3). La même bibliothèque en reçut ensuite un autre d'Archinto, et tous ces manuscrits restèrent à Milan jusqu'à l'époque où ils furent apportés en France par les commissaires de la République Française. Le code atlantique, déposé à la Bibliothèque nationale, fut rendu plus tard aux Mi-

---

(1) *Venturi, essai*, p. 33–35.

(2) *Venturi, essai*, p. 36.

(3) On peut lire cette inscription dans *Amoretti, memorie*, p. 15.

lanais; les autres manuscrits restèrent à Paris (1).
Outre ceux-ci, il y en a un dans la bibliothèque
Trivulzi de Milan; et il en existait plusieurs chez
les héritiers du conseiller Pagave, qui avait réuni
des matériaux pour une vie de Léonard. Quelques
dessins se trouvent au Musée Britannique; il y en
a aussi chez différens particuliers. Quant au manuscrit de Turin et à ceux qui avaient été offerts
au roi d'Espagne, on n'a jamais su ce qu'ils étaient
devenus. S'il en reste encore quelque part il sera
facile de les reconnaître, car ils sont tous écrits
de droite à gauche. On a essayé d'expliquer cette
singularité de bien des manières; les biographes
modernes ont cru que Léonard voulait ainsi
cacher ses recherches et ses pensées (2); mais

___

(1) Les manuscrits restés à Paris portent successivement
des lettres A, B, C, D, etc., en place des numéros;
le Code atlantique de l'Ambroisienne est marqué de la
lettre N. Pour me conformer aux citations de Venturi, je les
désignerai par ces lettres. Ils ont aussi d'autres marques
qui serviraient à retrouver les citations de Pagave, si l'on
avait tous ceux qu'il a connus. J'indiquerai par des lettres
de l'alphabet grec d'autres manuscrits que Venturi n'a pas
connus, et dont je donnerai une description plus détaillée
dans la *Bibliographie* à la fin de cet ouvrage.

(2) *Venturi, essai*, p. 4.

Lomazzo et Vasari (1) affirment qu'il était gau-
cher. Il est possible au reste que ces deux causes
y aient à-la-fois contribué. Car Léonard met-
tait tant d'originalité dans tout ce qu'il faisait,
que probablement il y a une intention particu-
lière dans cette manière d'écrire.

Bien que les ouvrages publiés sous le nom de
Léonard ne soient que des assemblages de notes,
de pensées, et d'observations tirées de ses manuscrits, ou des copies imparfaites et mutilées
des traités qu'il avait composés, ils contiennent
cependant des observations et des recherches
scientifiques, dignes d'intérêt, comme nous le
prouverons bientôt. Il n'est pas nécessaire de
porter un jugement sur l'ensemble du traité de
la peinture, dont les plus grands artistes ont fait
l'éloge. Pour le traité d'hydraulique, il suffira de
dire que trois siècles après la mort de Léonard,
Bidone (2), si bon juge en cette matière, l'a consi-

---

(1) *Lomazzo, trattato della pittura*, p. 158 et 69t. — *Vasari, vite*, tom. VII, p. 56–57.

(2) Voici en quels termes M. Bidone parle de cet ouvrage :
« Pour ce qui regarde la forme de la surface et la direction
des courans contenus dans les canaux, je ne dois pas omettre
de faire mention d'un manuscrit inédit très remarquable, im-

déré comme le meilleur écrit sur l'écoulement
des eaux. Quant aux ouvrages de Gerli, d'Hollar,
de Caylus, de Cooper, de Chamberlain, où l'on

---

primé et publié tout récemment (en 1828) à Bologne, intitulé
Del moto e della misura dell' acqua, di Leonardo de Vinci,
et qui est inséré dans le tome x, de la quatrième édition faite
dans la même ville, du recueil des auteurs italiens qui ont
écrit sur l'hydraulique. Ce manuscrit rapporté au temps où
il a été composé (en 1500 ou environ), sera sans doute regardé
par les savans comme un des plus beaux monumens du génie de son auteur, déjà si célèbre à tant de titres. Si cet ouvrage avait été publié à l'époque où il a été écrit, il aurait
incontestablement hâté les progrès de l'hydraulique. La
partie descriptive de la forme et de la direction que les courans contenus dans des canaux prennent selon les différens
cas, est d'une telle exactitude et d'une telle vérité, qu'elle ne
laisse rien à desirer : elle porte l'empreinte de son auteur,
exercé à bien saisir et à bien représenter les objets sur lesquels il fixait son attention. Mais ce n'est pas là le seul mérite de cet ouvrage. Les explications qu'on y donne de ces
formes et de ces directions, sont en général justes et con-
formes aux principes de la mécanique, ou elles le deviennent
avec de légères modifications. Il y a plus encore, ces formes
et ces directions n'y sont pas considérées d'une manière uniquement abstraite et stérile, mais on les examine par rapport
aux effets qu'elles produisent sur le fond et contre les parois
du canal, et par là on fait voir dans quels cas et dans quels
endroits se forment les tournans d'eau, les affouillemens, les
attérissemens et les corrosions, phénomènes qui tous dépendent et sont une conséquence nécessaire de la forme et de la
direction du courant » (*Memorie della reale accademia delle
scienze di Torino,* Tom. xxxiv, p. 234-235).

a reproduit des dessins de Léonard, nous in-
diquerons ce qu'ils contiennent de plus remarquable. Mais c'est principalement dans les manuscrits inédits du grand artiste que nous
puiserons, pour montrer combien il a fait pour
les sciences.

Les écrivains du seizième siècle disent qu'il
fut savant en mathématiques, en physique et en
botanique, qu'il créa l'anatomie comparée et
qu'il fut le premier mécanicien de son temps; ils
parlent souvent des machines qu'il avait intro-
duites dans les arts et dans les manufactures (1).
Mais on ne pouvait faire connaître son immense
savoir qu'en publiant ce qu'il y avait de plus
intéressant dans ses carnets. Or ces manuscrits
n'ont jamais été sérieusement étudiés : le travail
que Pagave avait préparé sur ce sujet n'a pas vu
le jour, et Venturi n'a fait paraître qu'un mémoire
destiné à servir d'introduction à un ouvrage
qu'il n'a jamais composé. Les trop courts passages qu'il a cités dans ce mémoire se rapportent
principalement à l'architecture militaire, à l'optique, à la physique terrestre, à un petit nombre de propositions de mécanique et à quelques

---

(1) *Lomazzo, trattato della pittura,* p. 652, etc., etc.

préceptes de philosophie; mais quelque importans que soient ces fragmens, dont Venturi au
reste n'a publié qu'une traduction, ils ne don-
nent qu'une idée très imparfaite de la prodigieuse fécondité de l'esprit de Léonard. Pour la
faire connaître, il faudrait réunir et publier en
entier tout ce qui nous reste de lui; malheureusement une telle publication ne saurait avoir lieu
dans cet ouvrage; et nous nous bornerons à signaler les recherches, les théories, les faits les
plus intéressans qu'une étude assidue de ses
manuscrits nous a fait découvrir.

Léonard était passionné pour la mécanique,
qu'il appelait le paradis des sciences (1), et il
s'en est occupé théoriquement et pratiquement.
Il a laissé un grand nombre de propositions
relatives au mouvement local. En les réunis-
sant on parviendrait probablement à recom-
poser, au moins en partie, le traité qu'il avait
écrit sur cette matière (2). La théorie du

---

(1) « La meccanica è il paradiso delle scienze matematiche,
perchè con quella si viene al frutto delle scienza matematiche. » (*MSS. de Léonard de Vinci*, vol. E, f. 8).

(2) *Pacioli, divina proportione,* f. 1. — *MSS. de Léonard
de Vinci,* vol. A, f. 8.

plan incliné s'y trouve exposée avec beaucoup de justesse, et il y indique le principe des vitesses virtuelles (1). Léonard avait trouvé le centre de gravité de la pyramide : il a été par conséquent le premier parmi les modernes, qui se soit occupé du centre de gravité des solides (2). Mais le problème de la chute des graves

---

(1) *Venturi, essai,* p. 17-18. — Léonard a dit, sans le démontrer cependant, que la descente se fait plus promptement par l'arc que par la corde (*Venturi, essai,* p. 18).

(2) Commandin et Maurolycus s'étaient, jusqu'à présent, disputé cette découverte. Nous verrons plus loin qu'elle est due à Archimède, mais comme il ne reste qu'une vague indication des recherches faites sur ce sujet par le grand géomètre de Syracuse, on n'en a jamais parlé, et les modernes s'en sont attribué l'honneur (*Montucla, hist. des math.*, 2ᵉ édit., tom. I, p. 571). Le peintre toscan est le premier qui s'en soit occupé depuis la renaissance. Il y revient à plusieurs reprises : lorsqu'il s'agit d'un système de corps, il cherche d'abord le centre de gravité de chaque corps, pris séparément, et puis par le principe du levier, il combine ces corps deux à deux, et il trouve le centre des forces parallèles, qui est en même temps le centre de gravité du système (*MSS. de Léonard de Vinci*, vol. N, f. 72, 83, 85, vol. A, f. 33. etc.). Dans le volume F. (f. 51), il détermine le centre de gravité de la pyramide, qu'il place, comme cela est en effet, au quart de la hauteur de la droite qui joint le sommet au centre de gravité de la base : la figure qui accompagne sa note prouve que Léonard décomposait les pyramides en plans parallèles à la base, comme on le fait à présent.

n'y est qu'imparfaitement résolu (1). Il avait
écrit aussi un ouvrage sur le choc des corps, et
il en reste des fragmens intéressans : d'abord ,
une table synoptique de toutes les circonstances
du choc (2), puis la théorie du bond, qu'il a vé-
rifiée par l'observation. C'est lui qui a introduit
en mécanique la considération du frottement,
dont il a calculé l'effet par une suite d'expériences ingénieuses (3). Il connut l'impossibilité du
mouvement perpétuel(4). Pour calculer l'effet des
machines, il inventa un dynamomètre, et il détermina le maximum de l'action des animaux
en combinant leur poids avec la force mus-
culaire (5). Il observa la résistance, la con-

---

(1) Voyez la note V à la fin du volume.

(2) *MSS. de Léonard de Vinci*, vol. N, f. 28, 47, 64, etc. —
Léonard dit que le choc est proportionnel à la force, à la
dureté des corps, et à la vitesse de la communication du
mouvement. Il définit le choc : « Una potentia ridotta in
piccol tempo. »

Voyez la note VI à la fin du volume.

(3) *MSS. de Léonard de Vinci*, vol. N, f. 16, 71, 81, etc.

(4) *MSS. de Léonard*, vol. A, f. 22. — Il a pensé aussi que
la quadrature du cercle était impossible (*MSS. de Léonard de
Vinci*, vol. N, f. 137). Ces deux propositions négatives étaient
bien difficiles à concevoir au commencement du seizième siècle.

(5) *Vinci, L. da, trattato della pittura*, p. 148, c. ccxxxiv.

Voyez la note VII la fin du volume.

densation et le poids de l'air (1) et il en déduisit l'explication de l'ascension des corps dans l'atmosphère et de la formation des nuages (2). Il semble avoir remarqué pour la première fois les mouvemens réguliers de la poussière placée sur des surfaces élastiques en vibration (3). Il étudia longuement le mouvement des animaux et le vol des oiseaux. Les recherches anatomiques et mécaniques d'un tel observateur

---

(1) *MSS. de Léonard de Vinci*, vol. N, f. 70, et vol. X.

(2) *MSS. de Léonard de Vinci*, vol. N, f. 28, 41, 71, 107, 159. — « Quanto l'aria fia più vicina all'acqua o alla terra, tanto si fa più grossa. Provasi per la 19ª del secondo, che dice : Quella cosa meno si leva che arà in se maggior gravezza, seguita che la più lieve più s'innalza che la grave » (*Vinci, L. da, trattato della pittura*, p. 191, c. cccxi).

(3) *MSS. de Léonard de Vinci*, vol. A, f. 7r. — Une observation plus importante et plus complète est celle des ondes circulaires qui semblent se croiser à la surface de l'eau, et que Léonard avait reconnu se reproduire en sens inverse après le choc. Il dit, à ce sujet : « Ogni parte dell' onde che percote in un altera onda, riflette inverso le centri de' loro cerchi » (*MSS. de Léonard de Vinci*, vol. N, f. 82).— Il en a parlé beaucoup plus longuement dans son hydraulique (*Vinci, L. da, trattato del moto dell'acqua*, p. 320-321, 332, etc.). Léonard ne croyait pas au système de l'émission pour la lumière (*MSS. de Léonard de Vinci*, vol. N, f. 133). Il considérait le son et la lumière comme se propageant de la même manière (*MSS. de Léonard de Vinci*, vol. A. f. 9).

sur un sujet si difficile et encore si peu connu,
conservent toute leur importance. Léonard les
avait entreprises pour essayer s'il serait possible
de faire voler les hommes (1), et il avait composé
un ouvrage spécial sur cette matière (2). Il avait
inventé un nombre infini de machines applica-
bles aux arts et à l'industrie : il semble s'être
proposé de les substituer toujours à l'action de
l'homme; plusieurs furent adoptées dans la pratique, et l'on en connaissait encore l'inventeur
vers la fin du seizième siècle (3); mais son nom a
été oublié depuis, et maintenant il faut rechercher ses inventions dans ses manuscrits. Nous citerons particulièrement un odomètre très ingénieux (4), plusieurs machines pour laminer le
fer (5), pour faire des cylindres, des limes,
des scies, ou des vis (6), pour tondre le drap (7),

---

(1) *MSS. de Léonard de Vinci*, vol. N, f. 21. — Il avait inventé plusieurs appareils pour se soutenir sur l'eau, et pour
la navigation sous-marine *(Gerli, dessins*, pl. 40-42.—*MSS. de
Léonard de Vinci*, vol. N, f. 7 et 381, et vol. B, f. 12).

(2) Voyez la note VIII à la fin du volume.

(3) *Lomazzo, idea del tempio della pittura*, 106, 652.

(4) *MSS. de Léonard de Vinci*, vol. N, f. 2.

(5) *MSS. de Léonard de Vinci*, vol. N, f. 3 et 4.

(6) *MSS. de Léonard de Vinci*, vol. N, f. 7, 8.

(7) *MSS. de Léonard de Vinci*, vol. N, f. 10.

pour raboter (1), pour dévider ; un pressoir mécanique, un marteau pour les batteurs d'or (2), une machine pour creuser des fossés (3), une autre pour labourer la terre à l'aide du vent (4), des appareils de sondage, une roue adaptée aux bateaux pour les faire mouvoir (5), et une infinité d'autres machines dont nous ne saurions faire ici l'énumération. Il fit construire un grand nombre d'appareils ingénieux d'une utilité toute domestique, mais qui n'en sont pas moins dignes d'intérêt, parce qu'ils prouvent que peu de phénomènes physiques avaient échappé à son attention. Il avait imaginé un tourne-broche dont la rotation s'effectue par le mouvement ascensionnel de l'air raréfié par le feu (6), des fourneaux qui chauffent par dessus et par dessous (7), et des lampes à double courant d'air (8).

(1) *MSS. de Léonard de Vinci*, vol. N, f. 37.
(2) *MSS. de Léonard de Vinci*, vol. N, f. 10.
(3) *MSS. de Léonard de Vinci*, vol. N, f. 15.
(4) *MSS. de Léonard de Vinci*, vol. N, f. 25.
(5) *MSS. de Léonard de Vinci*, vol. B, f. 76.
(6) *MSS. de Léonard de Vinci*, vol. N, f. 6.
(7) *MSS. de Léonard de Vinci*, vol. A, f. 81.
(8) *MSS. de Léonard de Vinci*, vol. N, f. 82, et vol. B, f. 15.
— Il avait constaté l'action de l'air pour alimenter la combustion et la respiration.

Léonard étudiait la mécanique et la physique avec le secours de l'algèbre et de la géométrie. Dans ses recherches algébriques et dans les applications, il se servait des lettres de l'alphabet, et il a inventé d'autres notations que l'on emploie encore à présent (1). Il s'occupa de géométrie, dont il semble avoir écrit un traité spécial (2) et il appliqua cette science à la mécani-

---

(1) *M.SS. de Léonard de Vinci*, vol. A, f. 10. — C'est lui qui a inventé les signes + et — que M. Chasles semble attribuer à Stifels (*M.SS. de Léonard de Vinci*, vol. N, f. 180. — *Chasles, aperçu*, Bruxelles, 1837, in-4. p. 539).

(2) « Essendo bonissimo geometra » *(Vasari, vite,* tom. VII, p. 37). — Les douze premiers feuillets du volume I des manuscrits de Léonard sont remplis de recherches géométriques, dans lesquelles il cite plusieurs fois son traité de géométrie. — Léonard a considéré les polygones étoilés (*M.SS. de Léonard de Vinci*, vol. N, f. 12 et 43), il a cherché une méthode générale pour étendre sur un plan les surfaces courbes, et il a résolu des problèmes de géométrie *avec une seule ouverture de compas* , comme l'ont fait plus tard Tartaglia, Cardan, Benedetti et Ferrari (*M.SS. de Léonard de Vinci,* vol. B, f. 27). Il a remarqué les caustiques (*M.SS. de Léonard de Vinci,* vol. F, f. 28, et vol. N, f. 74), il a distingué les lignes à double courbure des courbes simples (*M.SS. de Léonard de Vinci,* vol. N, f. 65), il a considéré les surfaces comme étant les limites des corps, et les lignes comme étant les limites des surfaces. Enfin il a inventé le tour ovale dont M. Chasles a parfaitement fait sentir l'im-

que, à la perspective et à la théorie des ombres.
En astronomie, il a soutenu, avant Copernic, la
théorie du mouvement de la terre (1), et il s'est
occupé de plusieurs grandes questions de physique céleste (2). Nous avons déjà montré les
progrès qu'il avait fait faire à la théorie de l'hydraulique et à ses applications. Cette réunion de
fragmens qu'on a publiés sous le nom de *Mou-*
vement et mesure de l'eau, et qui, comme nous
l'avons dit précédemment, diffère beaucoup du
traité composé par Léonard sur cette matière,
se refuse à l'analyse. Au reste le peintre de
Florence ne s'était pas borné, comme le firent les plus célèbres ingénieurs du siècle suivant, à ce qui pouvait être d'une application
immédiate aux canaux, aux rivières et aux tor-
rens; il avait étudié la science dans toute la

---

portance en géométrie (*Chasles, aperçu*, p. 531). Il faut seulement remarquer que M. Chasles cite par inadvertance le
traité de la peinture de Lomazzo, tandis que c'est dans
l'*Idea del tempio della pittura* (p. 17), que Lomazzo parle de
cette machine.

(1) *Venturi, essai*, p. 7-8.

(2) Nous verrons plus loin qu'il s'est appliqué avec succès à
expliquer la lumière cendrée de la lune, la scintillation des
étoiles, les marées, etc., etc.

généralité que comportaient les moyens dont il pouvait disposer. Il fit des observations nombreuses et répétées, et fut le premier à poser les bases de la théorie des ondes (1), de celle des courans, et à observer ces formes si singulières des veines liquides qui, étudiées de nos jours par d'illustres physiciens, ont donné naissance à tant de belles découvertes.

Léonard, comme nous l'avons déjà dit, avait voulu canaliser l'Arno, en lui faisant traverser la plaine de Prato et de Pistoia, et les marais du Valdarno inférieur que cette rivière aurait comblés par ses attérissemens. Ce projet offrait de grands avantages : on aurait évité par là cette longue gorge de la Gonfolina qui ralentit la vitesse du courant, et qui augmente

---

(1) Non-seulement Léonard avait observé les circonstances les plus importantes du mouvement des ondes liquides, mais il avait appliqué les mêmes principes à la propagation des ondes sonores. Il avait observé les ondes permanentes et les rides, ou ondes secondaires (*Vinci, L. da, del moto e misura dell'acqua*, p. 320-321, 324, 327-328, 319, etc.). C'est surtout dans les dessins qu'on a extraits des manuscrits de Léonard pour les publier dans ce traité, que se trouvent les observations les plus intéressantes sur les différentes figures des ondes et des veines liquides, sur les tourbillons, sur les remous, etc., etc.

le danger des inondations ; tandis qu'en ménageant à propos le limon apporté par la rivière
dans ses crues, on aurait rehaussé le sol et
rendu fertile une grande étendue de terrain qui
depuis long-temps est perdue pour l'agricul-
ture. Mais le ciel a voulu que le pays qui vit
naître Léonard ne profitât d'aucune de ses grandes conceptions, ne sût conserver aucun de ses
grands ouvrages, ne possédât ni ses manuscrits
ni ses cendres, et que la Lombardie et la France
jouissent seules du fruit de ses découvertes. En
effet, Léonard a dirigé les canaux les plus importans de la Lombardie, il en a fait creuser
en France ; et, bien qu'il ne soit pas l'inventeur
des écluses, il les a perfectionnées, il en a répandu l'usage, et c'est de lui surtout que datent
les grands travaux hydrauliques modernes. (1)

Un passage de Pline nous porte à croire
que les Etrusques s'étaient servi du limon des
rivières pour combler les marais ; mais rien ne
fait connaître leur procédé, dont, pendant plusieurs siècles, il n'est plus fait aucune mention.
Depuis, Léonard est le premier qui ait donné

---

(1) Voyez ci-dessus, tom. II, p. 230-231. — *MSS. de Léonard de Vinci*, vol. N, f. 43, etc. — *Venturi, essai*, p. 40.

des règles pour former les attérissemens ar-
tificiels. Non-seulement il y employait les dé-
pôts que pouvaient produire les eaux des rivières chargées naturellement de limon, mais il
a montré aussi comment il fallait faire enlever
par les eaux pluviales la terre végétale des mon-
tagnes, pour la conduire par des canaux particuliers dans les terrains inférieurs qu'on voulait
féconder (1). Les travaux entrepris à différentes
époques en Italie, et qui ont eu pour résultat
de fertiliser des provinces entières, doivent, au
moins sous le rapport théorique, être attribués
à l'influence de Léonard. S'il n'a pas inventé les
calmate, qui sont déjà mentionnés en Toscane
dans des documens du douzième siècle (2), il a
été le premier à les décrire exactement, et à
montrer comment il fallait les exécuter par les
moyens que fournit la science. En creusant des
canaux, Léonard fut amené naturellement à
étudier les différentes couches terrestres, et à
faire des observations géologiques. Nous avons
déjà signalé quelques vers de l'Acerba (3), où il

_____

(1) Voyez la note IX à la fin du volume.
(2) *Targioni, ragionamento sulla Valdinievole*, Firenze,
1761, 2 vol. in-4, tom. I, p. 5, 6 et 57.
(3) Voyez ci-dessus, tom. II, p. 199.

est parlé des fossiles : des indications analogues se trouvent dans d'autres anciens écrivains; mais ces passages isolés, jetés au hasard dans des poèmes ou dans des chroniques (1), ne produisaient aucun effet, et l'on s'obstinait à ne voir dans ces pétrifications que des jeux de la nature ou l'influence des astres. Léonard est le premier qui ait observé avec soin les plantes et les animaux fossiles; qui les ait décrits en examinant en même temps les couches où on les trouve, et qui ait démontré long-temps avant Scilla (2) l'absurdité des hypothèses auxquelles on était conduit lorsqu'on ne voulait pas admettre les ossemens fossiles. C'est en traitant ce sujet, après s'être occupé longuement d'a-

---

(1) J'ai dit dans le second volume de cet ouvrage (p. 257) qu'il m'avait été impossible de retrouver le passage du Filocopo, où Brocchi assurait qu'il était question des fossiles. La citation de Brocchi est inexacte : ce passage se trouve dans un ouvrage *de Montibus,* etc., composé également par Boccace. On peut voir, à ce sujet, la première partie de l'*Hodœporicon*, dans le dixième volume des *Deliciæ eruditorum* de Lami (Florentiæ, 1736 et suiv., 18 vol. in-8). Aux pages 43-59 de ce volume, Lami a réuni un grand nombre d'extraits d'anciens auteurs qui parlent des fossiles et des eaux pétrifiantes.

(2) *Scilla, la vana speculazione,* Napoli, 1670, in-4. Voyez la note X à la fin du volume.

4.

natomie (1), qu'il a émis une idée qui, reproduite dans ces derniers temps par quelques naturalistes, a suscité de vives discussions. En effet, le premier il a divisé les animaux en deux grandes classes : ceux qui ont les
os ou le squelette en dedans, et ceux qui les ont
en dehors (2). Il est probable que si l'on pos-
sédait encore son traité de l'anatomie du cheval, on y trouverait d'autres idées non moins
originales sur l'histoire naturelle et sur l'anatomie comparée.

Il semble, d'après quelques-unes de ses notes,
qu'il avait observé la circulation du sang (3);
il s'occupa aussi de physiologie botanique,
et l'on a inséré dans le *Traité de la peinture*
un livre entier de ses recherches en ce genre (4). Il avait inventé un procédé ingénieux
pour dessécher les plantes et pour en reproduire facilement l'image (5) sur le papier.

(1) *Lomazzo, trattato della pittura*, p. 177 et 614.—*Vasari,
vite*, tom. VII, p. 69.
(2) Voyez la note X à la fin du volume.
(3) *MSS. de Léonard de Vinci*, vol. G, f. 1.
(4) *Vinci, L. da, trattato della pittura*, p. 391-428, lib. VI.
Voyez la note XI à la fin du volume.
(5) *MSS. de Léonard de Vinci*, vol. N, f. 71.

Nous n'entreprendrons pas de citer toutes les
observations et toutes les expériences de physique
que cet homme extraordinaire a consignées dans
ses écrits. Jamais il ne s'est laissé préoccuper par
aucune idée systématique. Parfois il ne fait que
décrire ce qu'il a observé; dans d'autres cas, il
parle des conséquences auxquelles il est arrivé
par le raisonnement; souvent il indique des doutes qu'il faut éclaircir ou vérifier par des expériences directes, et alors il trace la route à suivre et donne toujours un projet d'expériences.
Le flux et reflux que les modernes ont appelé
secondaire (1), les mouvemens de la foudre
(qu'il supposait forcée de suivre une route déter-
minée par la raréfaction ou la densité de l'air (2),
et à propos de laquelle il a parlé du vide qui se
forme dans (3) l'atmosphère), et ses effets dans
quelques circonstances extraordinaires, avaient
été observés par lui. Il savait que les coups de

---

(1) Voyez la note XII à la fin du volume.
(2) Léonard de Vinci s'est occupé beaucoup de météorologie : c'est lui qui a inventé l'hygromètre (*MSS. de Léonard de
Vinci*, vol. N, f. 8).
(3) *MSS. de Léonard de Vinci*, vol. N, f. 58.
Voyez la note XIII à la fin du volume.

canon peuvent dissiper les trombes (1); il fit
des observations sur l'aimant, sujet qui l'intéressait particulièrement (2), et il s'occupa de la
scintillation des étoiles : phénomène singulier,
si difficile à expliquer dans toutes ses parties; et
il avait déjà remarqué qu'il se produit dans l'œil
et non pas dans l'astre (3). On lui doit l'explication de la lumière cendrée de la lune (4), celle
de plusieurs illusions d'optique fort curieuses (5),
et une bonne théorie de la vision, à laquelle il
avait appliqué la chambre obscure (6). Enfin,
deux observations capitales, celle de l'action
capillaire (7) et celle de la diffraction (8),
dont jusqu'à présent on avait méconnu le véritable auteur, sont dues également à ce brillant
génie.

(1) *MSS. de Léonard de Vinci*, vol. N, f. 67.
(2) *MSS. de Léonard de Vinci*, vol. F, f. 2.
(3) Voyez la note XIV à la fin du volume.
(4) *Venturi, essai*, p. 11.
Voyez la note XV à la fin du volume.
(5) Voyez la note XVI à la fin du volume.
(6) *Venturi, essai*, p. 5 et 23-24.
Voyez la note XVII à la fin du volume.
(7) *MSS. de Léonard de Vinci*, vol. N, f. 11, 67 et 74.
(8) Voyez la note XVIII à la fin du volume.

On serait dans l'erreur si l'on croyait que ces belles découvertes, cette énorme masse d'observations, n'étaient dues qu'à l'activité d'un homme qui savait observer exactement ce qui s'offrait à ses yeux : le caractère spécial de l'esprit de Léonard le portait au contraire à préparer et à mûrir par de longues réflexions tous les sujets dont il voulait s'occuper. Dans ses notes, qui reproduisent à chaque instant ses observations, ses raisonnemens, ses projets, ce qui frappe surtout, c'est la méthode philosophique qu'il a constamment suivie. Un siècle avant Galilée et Bacon, pendant qu'on se bornait généralement à commenter les anciens, Léonard a porté le flambeau de la critique dans toutes les parties de la science, et il a donné les préceptes les plus vrais, les plus justes, les plus philosophiques, pour parvenir à reconnaître les causes des phénomènes naturels (1). Brisant le joug de l'autorité, combattant les qualités occultes, il proclama l'expérience comme le seul guide sûr, et il ne s'en écarta jamais. Il

---

(1) *Venturi, essai,* p. 4 et 31–32.
Voyez la note XIX à la fin du volume.

répète sans cesse que, pour parvenir à la connaissance des phénomènes naturels et pour en
tirer tout le fruit possible, on doit commencer
par l'observation, passer à l'expérience, et à
l'aide de celle-ci chercher à déterminer la cause,
puis formuler une règle et la soumettre au calcul (1). Souvent il revient à ce précepte et
il montre par de nombreuses applications toute
l'importance de la philosophie des sciences.
Dans les questions graves surtout, il ne manquait
jamais de préparer et de rédiger d'avance un
plan d'expériences à faire, de faits à constater,
de doutes à résoudre. On en trouve plusieurs
exemples dans ses écrits et l'on voit qu'il les
modifiait et les perfectionnait sans cesse (2),
pour leur donner une forme syllogistique. Ce
sont des modèles que les esprits les plus
philosophiques peuvent étudier avec fruit.
On conçoit qu'une telle méthode dans un
homme qui y joignait une grande indépen-

---

(1) *Venturi, essai,* p. 32.
(2) Au feuillet 5 du volume A, Léonard, après avoir tenté
différens moyens de résoudre une question, dit enfin *questo
è desso !*

dance en matière de religion (1), devait alors
rencontrer beaucoup d'opposition ; aussi ses manuscrits offrent-ils la preuve de la vive polémi-

---

(1) Vasari dit que, vers la fin de ses jours, Léonard voulut
enfin s'instruire dans les choses de religion (*Vasari, vite*, tom.
VII, p. 67). Un fait qui n'a pas été remarqué par les biographes, c'est que dans la première édition de l'ouvrage
de Vasari on traite beaucoup plus librement des matières de
religion que dans la seconde, publiée également par l'auteur, en 3 volumes in-4, en 1568. A une époque où l'on
se préparait à mutiler le *Décaméron*; où les inquisiteurs
effaçaient des ouvrages publiés en Allemagne tous les
noms des protestans (même celui des imprimeurs), et substi-
tuaient le nom d'un consul romain ou d'un empereur quand il
s'agissait de l'histoire scandaleuse d'un cardinal ou d'un
pape, il est naturel que l'on voulût transformer les artistes en saints et en anachorètes. De là est né ce préjugé
que les grands artistes n'avaient si bien traité des sujets de
dévotion, que parce qu'ils étaient eux-mêmes éminemm-
ment religieux. Quant à Léonard de Vinci, on trouve dans
la première édition de Vasari (*Vite*, part. 3ª, vol. II, p. 565 et
575) les deux passages suivans, dont le premier a disparu
des éditions postérieures, pendant que l'autre était considéra-
blement modifié : — « Per il chè fece ne l'animo un concetto sì
eretico che e' non si accostava a qualsivoglia religione, sti-
mando per avventura assai più lo esser filosofo, che chri-
stiano. » — « Finalmente, venuto vecchio, stette molti mesi
ammalato, et vedendosi vicino alla morte, disputando delle
cose cattoliche, ritornando nella via buona, si ridusse alla
fede christiana.»—On doit remarquer aussi d'autres passages
qui ne se trouvent plus dans la seconde édition ; entre autres
celui où il est dit, à propos de Léonard que « Il cielo ci

que qu'il eut à soutenir avec les ennemis de cette nouvelle méthode de rechercher la vérité (1).

Ce rapide exposé ne peut donner qu'une idée bien imparfaite des travaux du grand peintre. Ne possédant que quelques fragmens de ses ouvrages et seulement une partie des notes qui avaient servi à les composer, nous sommes loin de connaître tout ce qu'il fit dans les sciences ; toutefois ces débris sont de nature à nous révéler l'intelligence la plus multiple, la plus variée, le génie le plus fécond, le plus vaste, qui peut-être ait jamais existé.

Pressé par le désir d'arracher au temps qui les dévore, quelques-unes des découvertes de Léonard, nous n'avons pas rigoureusement suivi l'ordre chronologique. Cependant d'autres noms appellent notre vénération, car il ne fut pas un fruit isolé dans une terre stérile : il vécut au milieu d'une génération immortelle d'historiens, d'artistes, de poètes, qui pourraient paraître étrangers à la science, si, fortifier le caractère, épurer

---

manda talora alcuni, che non rappresentano la umanità sola, ma la divinità stessa. » (*Vasari, vite,* part. 3ª, vol. II, p. 562.) Voyez la note XX à la fin du volume.

(1) Voyez la note XXI à la fin du volume.

le goût, élever les sentimens de l'homme, ce
n'était pas le perfectionner tout entier, et si les
progrès des sciences ne suivaient pas toujours ceux de l'être qui les cultive. D'ailleurs,
ce n'est pas seulement par les chefs-d'œuvre
qu'ils nous ont laissés que les hommes éminens
agissent sur la société : c'est dans leur vie surtout que l'on doit trouver les plus belles leçons. Car celui qui n'enseigne que du bout de
sa plume ou de son pinceau n'est pas un grand
homme. Et si l'exemple de Michel Ange, employé d'abord par ses protecteurs à des jeux ridicules (1), plus tard servant de bouclier à sa
patrie, et enfin, quoique abreuvé de dégoûts
et d'amertumes (2), répondant à ses ennemis
par le Moïse, le Jugement Dernier et la Coupole de Saint-Pierre, si cet exemple, pénétrant
un jour dans une chaumière, a fécondé le cœur
généreux d'un jeune homme, qui s'est dit : Je
fuirai les protecteurs, je défendrai mon pays,
et je saurai travailler en méprisant la calomnie ;

---

(1) Voyez ci-dessus, tom. II, p. 281.
(2) Dans sa vieillesse Michel Ange, calomnié et persécuté,
disait dans une lettre : *Et chi mi ha tolta tutta la mia
giovinezza, et l'honore, et la roba mi chiama ladro (Bonar-
roti, lettera per giustificarsi,* Firenze, 1831, in-8, p. 7).

peu importe que ce jeune homme devienne plus tard artiste ou mathématicien, c'est Michel Ange et non pas Euclide qui aura été son véritable maître. C'est ainsi que tous les grands hommes servent à l'avancement des sciences et concourent aux progrès de l'humanité.

Mais nous devons résister au vif désir que nous éprouvons de célébrer dans cet ouvrage toutes les gloires de l'Italie; nous sommes forcé de nous renfermer dans les sciences, et de ne parler que des hommes qui les ont perfectionnées. Pendant que Léonard de Vinci se livrant en silence à des travaux si importans semblait dédaigner les suffrages du public, Christophe Colomb, dominé par le besoin d'une gloire éclatante, poussé par l'immense énergie de son génie, s'élançait à travers l'Océan et faisait faire à la cosmographie des progrès inespérés. Préoccupée de son admiration pour cet immortel navigateur, la postérité n'a pas rendu assez de justice à cette foule de hardis voyageurs italiens, qui avaient présidé ou concouru aux principales découvertes maritimes du quatorzième et du quinzième siècle. L'Europe moderne n'a eu en général pour maîtres dans les sciences que les Grecs, les Ro-

mains et les Arabes; mais en géographie et en
cosmographie, les sources ont été plus nombreuses. A une époque où les antipathies nationales
étaient si profondes, les voyages si difficiles, chaque peuple se bornait à la connaissance du sol où
il était né, de celui qu'il avait conquis et arrosé
de son sang : mais tant que les nations ne se
mêlèrent pas, ces faits isolés restèrent stériles.
Ce ne fut qu'après la chute de l'empire romain
que quelques-uns des peuples qui sillonnaient
l'Europe en tous sens y firent connaître leur
patrie. Les anciens nous avaient transmis des
notions plus ou moins exactes sur l'empire romain et sur celui d'Alexandre, et il paraît que
sous les empereurs l'étude de la géographie
s'était beaucoup répandue (1). Au moyen âge

(1) On exposait dans les écoles de grandes cartes géographiques (qui étaient peut-être des fresques ou des mosaï-
ques) pour l'instruction de la jeunesse (*Panegyrici veteres
ad usum Delphini*, Paris., 1676, in-4, p. 159, Orat. Eumen,
§ xx). Cet usage de peindre sur les murs des cartes géographiques, qui avait été indiqué déjà par Varron, s'est conservé après la chute de l'empire romain. Les invasions
des barbares contribuèrent aux progrès de la géographie.
L'anonyme de Ravenne, qui probablement écrivait au septième siècle, cite un grand nombre de géographes, parmi
lesquels il y a des Orientaux et des Goths (*Anonymi Raven-*

les Scandinaves, les Saxons, les Normands firent connaître l'Islande et la partie septentrionale de notre continent (1). Plus tard les
Arabes donnèrent aux Chrétiens quelques renseignemens sur la configuration de l'Afrique
et sur Madagascar, sur la mer des Indes et
sur l'Asie-Orientale (2), mais ce n'étaient là que
des notions imparfaites : l'étendue de l'ancien
continent, les dimensions de notre globe, res-
taient toujours ignorées. C'est à peine si quelques esprits hardis osaient parler des antipodes. Par suite des anciens préjugés de la cosmographie grecque on reculait encore à l'idée

---

natis, *geographia*, Paris., 1688, in-8, p. 49, 61, 99, 133,
161, etc.).

(1) L'ouvrage de Dicuil, les tables géographiques en argent, dont il est parlé dans le testament de Charlemagne,
la traduction d'Orose (appelée l'*Hormesta*), par Alfred-le-
Grand, sont les plus remarquables monumens de cette géographie septentrionale. Voyez, à ce sujet, *Letronne, recherches sur le livre* de Mensura orbis terræ, *composé en islandais
au commencement du neuvième siècle par Dicuil,* Paris, 1814,
in-8, prolegom. — *Humphredi Wanleii antiquæ litteraturæ
septentrionalis liber alter,* p. 85, dans le *Thesaurus lingua-
rum septentrionalium Hickesii,* Oxoniæ, 1705, 2 vol. in-fol.
— *Spelman, Aelfridi magni vita,* Oxonii, 1678, in-fol.,
p. 205, etc., etc.

(2) Du temps de Charlemagne, la géographie, si imparfaite

de traverser la ligne équinoxiale (1), et l'on ne
soupçonnait même pas l'existence de l'Amérique.
C'est à ce point que les Italiens trouvèrent la géographie à la renaissance : elle n'était qu'une simple
énumération de villes ou de pays ; et il n'y avait
pas encore de système scientifique. A peine

---

encore en Europe, était cultivée avec succès en Arabie. On
sait qu'Al–Mamoun fit mesurer un degré du méridien (voyez
sur cette mesure *Humboldt, examen critique de l'histoire de
la géographie du nouveau continent*, édition, in–fol., p. 28 et
224), et l'on trouve une longue suite de géographes arabes
dans Casiri et dans Abou'lfeda (*Geographiæ scriptores mino-
res*, Oxoniæ, 1698, 4 vol. in–8°, tom. III, *Abu'lfed*. passim).
Au neuvième siècle, les marchands arabes trafiquaient dans
tous les ports de l'Inde, et ce sont deux voyageurs de cette nation qui ont donné la première description de la Chine. C'est
en Orient que l'on a d'abord appliqué la géographie à l'art
nautique. Les cartes géographiques des Arabes, qui avaient
l'astronomie pour base, surpassent infiniment tout ce qu'on
faisait alors en Europe, où l'on ne cherchait qu'à représenter
grossièrement les pays. Les cartes occidentales de cette époque ne sont que des espèces de portraits qui n'ont rien de
scientifique. Leur forme actuelle est imitée des Arabes ; l'in-
tersection des méridiens avec les parallèles a été employée
d'abord par les Orientaux (*Barros, l'Asia*, Venetia, 1562, 2
vol. in–4, tom. I, f. 71).

(1) Dans la célèbre mappemonde de Turin, qui paraît
avoir été exécutée en 787, on indique une quatrième partie du
monde placée aux antipodes ; mais on ajoute : *solis ardore
incognita nobis est* (*Pasini, codices manusc. biblioth. tau-
rinens.*, Taurin., 1749, 2 vol. in–fol., tom. II, p. 28).

avait-on déterminé astronomiquement un petit nombre de points de la surface terrestre, et les cartes géographiques dressées en Occident ne donnaient alors aucune idée des circonstances cosmographiques les plus essentielles.

Maîtres de la navigation et du commerce de la Méditerranée, de l'Archipel et de la mer Noire, les Italiens avaient plusieurs fois tenté en vain d'établir directement des relations commerciales avec l'Inde, dont ils recevaient les produits par l'entremise des Arabes ou par les caravanes de la Boukharie: ce fut l'irruption des Mongols qui, au treizième siècle, ouvrit la route aux missions des frères mineurs et aux pélerinages gigantesques de la famille Polo. A partir de cette époque, l'activité des voyageurs italiens ne connaît plus de bornes : et quelque immenses que soient les découvertes de Marco Polo, après la Chine et l'Asie-Centrale, il reste encore bien des contrées à découvrir. Marino Sanuto entreprend un voyage en Arménie et en Arabie, et rapporte à Venise des cartes qui doivent servir à réformer la géographie de l'Afrique (1).

---

(1) *Baldelli, il milione*, Firenze, 1827, 2 vol. in-4, tom. I, p. CLIX.

La Syrie, l'Arabie, la Perse et l'Inde sont décrites par Nicolas Conti (1). Barbaro (2),
Zeno (3) et Contarini (4) vont par le nord de
l'Europe chercher en Perse des alliés à la république de Venise pour l'aider à combattre les
Turcs. En même temps de hardis navigateurs
franchissent le détroit de Gibraltar, les uns
pour retrouver les Canaries (5), ou pour se
perdre dans l'Océan (6), les autres pour trafi-

----

(1) *Zurla, dissertazioni di Marco Polo*, etc., Venezia, 1818,
2 vol. in-4, tom. II, p. 187 et suiv.

(2) *Zurla, dissertazioni*, tom. II, p. 205 et suiv.

(3) *Zurla, dissertazioni*, tom. II, p. 199 et suiv.

(4) *Contarini, viazo*, Venetiis, 1487, in-4, signat. *a* 2.

(5) *Ciampi, monumenti d'un manoscritto autografo di
G. Boccaccio*, Firenze, 1827, in-8, p. 54-67 et 90-103.

(6) Dès la fin du treizième siècle, deux navigateurs génois,
Doria et Vivaldi, sortirent du détroit de Gibraltar pour aller
aux Indes par l'Occident; mais ils se perdirent et on n'en
entendit plus parler. « Res quamvis privatis consiliis ten-
tata, quæ argumento est, quam vivida omnibus ætatibus fuerunt nostrorum hominum ingenia, nullo modo silentio
nobis prætereunda fuit. hoc. n. anno (1291), Tedisius Auria,
et Ugolinus Vivaldus, duabus triremibus privatim com-
paratis, et instructis, magnæ audaciæ animique immensa
spectantis rem aggressi sunt; maritimam viam ad eum diem
orbi ignotam ad Indias patefaciendi: fretumque Herculeum
egressi, cursum in occidentem direxerunt. Quorum hominum
qui fuerunt casus, quique vastorum consiliorum exitus, nulla
ad nos umquam fama pervenit. » (*Folietæ historiæ*, Genuæ,

quer avec les Anglais ou pour s'avancer, comme les Zeni, jusqu'aux contrées les plus septentrionales (1). Les Génois, les Florentins, les Vénitiens se rencontrent dans ces courses éloignées; parfois la jalousie les divise, parfois aussi, plus sages, ils unissent leurs efforts, comme le firent Usodimare et Cadamosto, et voyagent en commun (2). Les découvertes de ces deux habiles navigateurs sur les côtes occidentales de l'Afrique ont aplani le chemin aux Portugais, qui tentaient de parvenir au cap de Bonne-Espérance.

1585, in-fol., f. 110, lib. v). — On parle aussi de ce fait remarquable dans les Annales de Gènes, par Casoni (Genova, 1708, in-fol., p. 28). Pierre d'Abano, médecin contemporain, dans le *Conciliator* (Venetiis, 1521, in-fol, Diff. LXVII, f. 97, § P), fait mention de cette hardie tentative, sans dire cependant par quelle route on voulait aller aux Indes.

(1) Les voyages des frères Zeni sont un mystère qui a tourmenté les plus habiles géographes, et qui n'est pas encore expliqué. Après avoir lu attentivement la relation de leurs voyages, il m'a semblé que le fond en était vrai, mais que l'éditeur plus moderne y avait probablement ajouté ce que lui avaient appris les découvertes faites de son temps (*Zurla, dissertazione intorno i viaggi dei fratelli Zeni*, Venezia, 1808, in-8. — *Zurla, dissertazioni*, tom. II, p. 7-94. — *Humboldt, examen critique*, p. 159 et suiv. — *Commentarii dei viaggi di Caterino, Nicolò, e Antonio Zeno*, Venezia, 1558, in-8, f. 45-58).

(2) *Zurla, dissertazioni*, tom. II, p. 142 et suiv.

Ce n'est pas seulement par la partie que l'on
pourrait appeler pratique de la géographie que les
Italiens accélérèrent les progrès de cette science.
Après qu'Andalone de Negro eut appliqué l'astronomie à la navigation, et que les Vénitiens y
eurent introduit la trigonométrie et les fractions
décimales (1), après surtout qu'on eut inventé
et perfectionné les principaux instrumens astronomiques et nautiques, il devint plus facile de
dresser des cartes géographiques, et il se forma
en Italie une école de cosmographes célèbres.
Les cartes de Sanuto et de Pizigani furent suivies
de celles de Bianco, de Cadamosto, de Benincasa (2), et surtout de la fameuse mappemonde
de fra Mauro, dont les Portugais voulurent

---

(1) Voyez ce que nous avons dit là-dessus, tom. II, p. 262.

(2) On peut voir sur ces cosmographes, et sur d'autres géographes du quinzième siècle, *Zurla, dissertazioni*, tom. II,
p. 305-392. — *Zurla, il mappamondo di fra Mauro*, Venezia,
1806, in-4, p. 6-12, etc., etc. — Nous devons ajouter qu'on a
fait, jusqu'à présent, une énumération incomplète des *portu-
lans* de Benincasa : il en existe un plus grand nombre
qu'on ne l'avait cru d'abord, et il s'en est vendu plusieurs
dans ces derniers temps (voyez le catalogue de MM. *Payne
and Foss*, libraires de Londres, pour l'année 1837, et celui de
M. *Porri* de Sienne, pour la même année).

avoir une copie (1), et qui, sans doute, leur servit de guide vers les Indes - Orientales. Si l'on y ajoute la grande géographie de Berlinghieri (2) et les deux éditions de Ptolémée, avec de nombreuses cartes, publiées presque en même temps en Italie (3), si l'on se rappelle surtout que ce fut un cosmographe florentin, Toscanella, que Colomb consulta avant de traverser l'Atlantique, on sentira toute l'influence que ces géographes théoriciens ont eue sur les grandes découvertes maritimes de la fin du quinzième siècle, et l'on se persuadera que Colomb n'a été que le disciple le plus illustre d'une école déjà célèbre.

On a beaucoup discuté pour connaître dans quelle ville de l'Italie était né Christophe Colomb; mais quoique plusieurs faits semblent prouver qu'il ait vu le jour à Gênes ou dans les environs de cette ville (4), les érudits ne sont

---

(1) *Zurla, il mappamondo*, p. 84-87.

(2) Elle parut à Florence vers 1480, in-fol.

(3) A Rome en 1478, et à Bologne, sous la date erronée de 1462, avec des cartes en taille-douce.

(4) *Codice diplomatico Colombo-Americano*, Genova, 1823, in-4, p. VII-XII. — *Tiraboschi, storia della lett. ital.*, Venezia, 1795, 16 vol., in-8, vol. VII, p. 207 et suiv.— *Navarrete*,

pas d'accord sur le lieu de sa naissance, et il est douteux qu'on parvienne jamais à le découvrir, puisqu'en écrivant la vie de son père, Ferdinand Colomb (1) a montré de l'incertitude sur ce point (2). Ce voile, si difficile à lever, témoigne de l'obscure origine du grand navigateur; et l'on dit en effet que son père était à-la-fois batelier et tisserand (3). Bien que cette date ne soit pas certaine, il paraît probable qu'il est né vers 1447 (4). On ne sait rien de ses premières années ; seulement les biographes disent, et les faits le constatent, qu'il s'appliqua à l'astronomie et à la cosmographie (5). Il quitta

---

coleccion de las viages y descubrimientos que hicieron por mar los Espanoles desde fino del siglo XV, Madrid, 1825 et suiv., 5 vol. in-4, tom. I, p. LXXVII et suiv.

(1) Ferdinand, second fils de Colomb, écrivit cette vie en espagnol : plus tard, on voulut la faire paraître à Venise avec une traduction italienne, mais on ne publia que cette traduction (Voyez *Colombo, F., historie,* Venetia, 1571, in-8, à la Dédicace).

(2) *Colombo, F., historie,* f. 2-4.

(3) *Codice diplomatico,* p. XI.

(4) *Codice diplomatico,* p. XI. — *Bossi, vita di Colombo,* Milano, 1818, in-8, p. 68-70.

(5) « Studiò in Pavia tanto che gli bastava per intendere i Cosmografi, alla cui lettione fu molto affettionato, per lo qual rispetto ancora si diede all'Astrologia, et alla Geometria

Gênes de bonne heure, et, après de longs voyages, il alla se fixer en Portugal, où l'on s'occupait sans relâche de trouver un passage pour
se rendre aux Indes-Orientales, en doublant l'extrémité australe de l'Afrique. Pendant son séjour
à Lisbonne il s'appliqua spécialement à la cosmographie et dressa des cartes marines. Plus
tard, il navigua sur l'Atlantique, tantôt vers l'é-
quateur, tantôt vers le Nord, jusqu'en Islande (2),
observant toujours la direction des vents et des
courans, et rassemblant tous les renseignemens
que pouvaient lui fournir les navigateurs. D'après
quelques passages de Sabellico et de Giustinia-
ni, on a dit qu'il s'était fait corsaire, et que,
vaincu par les Vénitiens et forcé de se sauver
à la nage, il avait été jeté tout nu sur la
côte (3). Dès ce moment Colomb se livra ex-

(*Colombo, F. , historie*, f. 7). — Trivigiano, qui avait connu
Colomb après son retour d'Amérique *in grandissima scia-
gura, in disgrazia di que're e con pochi danari* , dit qu'il était
alors le seul à Grenade capable de tracer une carte géographique (*Bossi, vita di Colombo*, p. 237).

(1) En 1501, il écrivait au roi d'Espagne qu'il voyageait
depuis quarante ans (*Colombo, F., historie*, f. 8).

(2) *Colombo, F., historie,* f. 8-9.

(3) *Colombo, F., historie,* f. 10-11.

clusivement à ses hardis projets. Coordonnant
tous les faits qu'il avait recueillis (1), il détermina (d'après les idées que l'on avait alors sur
les dimensions du globe terrestre et suivant l'é-
tendue présumée de l'Asie, dont on avançait beaucoup trop (2) l'extrémité orientale) la largeur de
la mer Atlantique, qui, à ce qu'il croyait, séparait
seule l'Europe des contrées si riches et si puissantes décrites par Marco Polo. Après avoir
long-temps mûri son dessein, il voulut le soumettre à Paul Toscanella, Florentin, qui passait
pour le premier cosmographe de son temps (3).
Il s'établit entre eux une correspondance dont
Ferdinand Colomb nous a conservé quelques
fragmens (4) : ces lettres montrent que Toscanella
approuvait en tous points le projet de Colomb,
et que, pour l'encourager, il lui envoya une
mappemonde dans laquelle il avait représenté
l'ancien continent se développant sur le globe

---

(1) *Colombo, F., historie,* f. 11-12. — Colomb épousa en
Portugal, une demoiselle Mogniz, dont le père avait été
marin, et il consulta le journal de ses voyages (ibid. f. 11).
(2) *Colombo, F., historie,* f. 13.
(3) *Colombo, F., historie,* f. 15.
(4) *Colombo, F., historie,* f. 16.

terrestre, depuis le Portugal jusqu'à la Chine, avec l'Atlantique au milieu, comme un large canal qu'il serait facile de traverser. (1)

Après ce suffrage, après tant de travaux préparatoires, Colomb voulut enfin réaliser son projet. Trop pauvre pour équiper à ses frais les vaisseaux qui lui étaient nécessaires, n'oubliant pas qu'il était né en Italie, il offrit d'abord à la république de Gênes (2) le Nouveau-Monde qu'il allait découvrir; mais on le traita comme un visionnaire qui propose une folle entreprise : la tradition veut qu'il se soit adressé aussi aux Vénitiens, sans recevoir un accueil plus favorable. Il espéra davantage des Portugais : ceux-ci, long-temps sourds à ses propositions, nommèrent enfin une commission qui, ayant reçu les papiers et les cartes géographiques de Colomb, abusa de sa confiance, et les remit à un pilote qui fut chargé par le gouvernement d'aller réaliser le projet du navigateur génois. Mais

_____

(1) *Colombo, F., historie,* f. 16-19.— Une des lettres de Toscanella est datée de 1474.

(2) *Ramusio, viaggi,* Venetia, 1606, 3 vol. in-fol., tom. III, f. 1.

peu de jours après, le pilote et l'équipage, effrayés par les difficultés d'une telle entreprise, retournèrent en Portugal (1) et déclarèrent que l'exécution en était impossible. Colomb alors quitta un pays qui ne voulait que lui ravir sa gloire. Il envoya en Angleterre son frère Barthélemi (2) présenter son projet à Henri VII, et il alla lui-même en Espagne le soumettre à Ferdinand-le-Catholique. Après cinq années de souffrances (3), d'infructueuses tentatives et de discussions dans lesquelles il était forcé de réputer les objections les plus futiles et les plus ridicules (4) sur l'impossibilité de l'existence des antipodes, on lui dit que la guerre contre les

---

(1) *Colombo, F., historie*, f. 30-31.

(2) *Colombo, F., historie*, f. 31.

(3) Oviédo dit que Colomb tomba alors dans le plus grand dénûment. « Dove stette un tempo con molto bisogno et povertà senza essere inteso da coloro, che l'ascoltavano..... Ma perchè egli portava la cappa spelata e povera, era tenuto per un cianciatore et favoloso di quanto diceva..... Alfonso di Quintaniglia..... faceva dare da mangiare..... al Colombo, movendosi a compassione della sua povertà. » (*Ramusio, viaggi*, tom. II, f. 66).— Sa misère était telle qu'il fut forcé de laisser son fils dans un couvent (*Colombo, F., historie*, f. 32).

(4) *Colombo, F., historie*, f. 33.

Mores ne permettait pas de songer à d'autres
entreprises; en vain eut-il recours à la France;
comme ailleurs il n'y trouva qu'incrédulité. In-
quiet de ne recevoir aucune nouvelle de son frère,
qui, dépouillé par des corsaires, vivait à Londres
en faisant des cartes géographiques (1), il voulut
aller le rejoindre, mais il fut retenu par Jean Perez,
qui était gardien du couvent où la détresse l'avait
forcé de laisser son fils (2), et qui le recommanda
à la reine Isabelle. Cependant, repoussé de nouveau, il songeait définitivement à quitter l'Espagne (3), lorsque la prise de Grenade vint relever
son courage. Son plan fut enfin approuvé, et on
lui donna, pour cette entreprise, trois petits vaisseaux avec lesquels maintenant on oserait à peine
s'éloigner de la côte. Il s'embarqua le 3 août 1492,
et se dirigea d'abord sur les îles Canaries, qu'il
quitta le 6 septembre, pour aller braver un
Océan inconnu. Nous ne raconterons pas les
accidens de cette mémorable navigation, où,
pendant cinq semaines, Colomb dut seul lutter

---

(1) *Colombo, F., historie,* f. 31 et 34.
(2) *Colombo, F., historie,* f. 54.
(3) *Colombo, F., historie,* f. 36.
(4) *Colombo, F., historie,* f. 38.

contre les hommes et contre les élémens. Epou-
vantés de rester si long-temps sans voir terre, les
matelots menaçaient sans cesse d'abandonner l'entreprise et de retourner en Espagne ; et comme Colomb opposait à ces clameurs une inébranlable fer-
meté, elles se changèrent en une sédition ouverte.
Les uns parlaient de le forcer à renoncer à son
voyage ; les autres proposaient de jeter à la mer
cet étranger qui avait voulu s'enrichir au péril
de leurs vies (1). Enfin, l'ascendant du génie
triompha de toutes les difficultés, et le 11
octobre on vit l'île Guanahani : ses compagnons, le regardèrent alors comme un être sur-
humain. Il découvrit ensuite les îles de Cuba et
d'Haïti, et, le 16 janvier 1493, il reprit le chemin de
l'Espagne chargé des productions de ces nouvelles
contrées. Son retour fut difficile : il eut à lutter
contre d'épouvantables tempêtes et contre la
mauvaise volonté des Portugais (2). Mais, plein

(1) *Colombo, F., historie,* f. 45.
(2) *Colombo, F., historie,* f. 7.— Barros, conseiller du roi
de Portugal et historien contemporain, raconte que, lorsque
poussé par la tempète, Colomb fut contraint de se réfugier
dans le port de Lisbonne , quelques gentilshommes de la
cour offrirent au roi de Portugal d'assassiner le grand na-

de la grandeur de sa découverte, il était devenu insensible à tous les dangers. Un jour, la perte du vaisseau paraissait inévitable : les matelots faisaient des vœux à la Vierge et maudissaient leur amiral : tout était confusion et désespoir. Colomb, seul calme dans le péril, ne songe qu'à faire connaître à l'Europe le chemin de l'Amérique. Un instant sa pensée s'arrête aux deux enfans qu'il a laissés à Cordoue; puis il écrit rapidement une relation de son voyage, et après l'avoir soigneusement enfermée dans un baril vide, il la lance à la mer, à la vue de son équipage étonné, qui croit que l'amiral fait un sortilège pour apaiser les flots irrités (1). Enfin, il put arriver à Palos, et il se dirigea par terre (2) vers Barcelone, pour présenter à Ferdinand et à Isabelle les résultats de son voyage: Les populations l'accueillirent avec enthousiasme, et à la cour on lui prépara un véritable triomphe (3); tant ce grand succès semblait inespéré.

---

vigateur afin que l'Espagne ne profitât pas de ses découvertes (*Barros*, *l'Asia*, tom. I, f. 55).

(1) *Colombo, F., historie*, f. 76.

(2) *Colombo, F., historie*, f. 84.

(3) *Colombo, F., historie*, f. 84-85.

Après le voyage de Colomb, plusieurs nations ont prétendu que l'Amérique avait été déjà découverte. Indépendamment de ce que Platon raconte de l'ancienne Atlantide, on a dit que les Normands et les Scandinaves (1) y étaient allés

---

(1) Dans un ouvrage publié récemment à Copenhague par la Société des antiquités septentrionales, on a réuni un grand nombre de pièces originales qui semblent annoncer que les Scandinaves ont connu autrefois le Groënland. Cela ne paraît pas impossible lorsqu'on se rappelle avec quelle inconcevable hardiesse ces *hommes du Nord* s'aventuraient sur de frêles embarcations pour aller porter au loin leurs ravages; et il n'y a pas plus loin de l'Islande au Groënland, que de la Norwège à l'embouchure de la Seine. Mais du temps de Colomb, ces anciennes navigations étaient tout-à-fait oubliées, même dans le nord de l'Europe; et d'ailleurs il n'est nullement probable que si cet immortel navigateur eût pris pour modèle des voyages faits dans la zone glaciale, il eût cru devoir descendre jusqu'aux Canaries et se rapprocher de l'équateur pour aller chercher les Indes. Ce sont Marco Polo et Toscanella qui ont inspiré Colomb; et les Scandinaves ne peuvent participer à la gloire de la découverte. Quant au *monument du Massachusetts*, on doit regretter beaucoup que l'Académie des antiquités septentrionales ait cru devoir y chercher une preuve à l'appui de son assertion; ces signes informes, qui ont été copiés de différentes manières, semblent plutôt donner une idée de ces figures bizarres que les enfans tracent sur les murs, que devoir servir à l'étude des origines américaines. Si l'on trouvait beaucoup d'autres inscriptions (ou pseudo-inscriptions) pareilles, on pourrait tâcher d'en déduire quelques conséquences eth-

long-temps auparavant, et l'on a cru que les
Zeni y étaient aussi parvenus. On a parlé de
vaisseaux poussés par les vents jusqu'au banc
de Terre-Neuve (1). Enfin le nom d'*Antilles*,
que l'on trouve dans plusieurs écrits géographiques du quinzième siècle, a fait supposer que
ces îles étaient connues avant le navigateur génois. De savans écrivains ont expliqué ces différens faits (2) : ils ont prouvé que l'hypothèse
par laquelle on prétendait dépouiller Colomb de
sa gloire n'avait aucun fondement. Sans entrer ici
dans de longues discussions, il est évident que si
l'on avait eu la moindre idée de l'existence du
Nouveau-Monde, tous les états maritimes de l'Europe ne se seraient pas accordés, pendant de

---

nographiques ; mais dans son isolement la pierre de Massachusetts ne peut servir de base à aucune recherche historique (Voyez *Antiquitates americanæ, sive scriptores septentrionales rerum ante-columbianarum in America*, Hafniæ,
1837, in-4).

(1) Le fils de Colomb a réfuté ces opinions dans les chapitres
IX et X de ses *Historie;* mais il a fait connaître avec beaucoup de candeur tous les indices et toutes les traditions qui
avaient concouru à former les convictions de l'amiral.

(2) *Bossi, vita di Colombo*, p. 96-105.— *Tiraboschi, storia
della lett. ital.*, vol. VII, p. 218-219. — *Humboldt, examen
critique*, passim.

longues années, à regarder Colomb comme un
insensé ; les matelots n'auraient pas songé à
le jeter à la mer pendant la traversée, et les
Portugais, qui voulaient s'approprier son projet,
ne seraient pas retournés à Lisbonne en décla-
rant qu'il était inexécutable. Enfin ces mêmes
Portugais n'auraient pas formé le dessein de l'assassiner à son retour en Europe, pour lui déro-
ber un secret si peu caché, et les Espagnols ne
l'auraient pas reçu en triomphateur. Ces réclama-
tions tardives doivent être classées parmi celles
qui s'élèvent toujours à la suite d'une grande
découverte : elles ne font que constater son importance sans en diminuer le mérite.

On ne saurait tracer en quelques pages l'histoire des navigations de Christophe Colomb,
ni développer toutes les questions qui s'y rat-
tachent. Ce grand homme fit successivement
quatre voyages en Amérique, et seulement
au troisième il découvrit la terre ferme (1).
C'est alors que, calomnié par des Espagnols, à qui il ne permettait pas d'opprimer

_____

(1) Voyez la lettre de Colomb insérée par Bossi dans la *Vita di Colombo*, p. 232.—*Colombo*, *F.*, *historie*, f. 166.

les Indiens (1), il fut enchaîné avec ses frères,
et envoyé en Europe par un juge que Ferdinand
et Isabelle avaient investi de la suprême autorité (2). Malgré ce cruel affront, il fit encore un
dernier voyage, qui fut pour lui un surcroît de
misères (3). A son retour Isabelle n'existait plus, et

---

(1) *Colombo, F., historie,* f. 156.

(2) *Colombo, F., historie,* f. 172-182. — La conduite de
Colomb fut admirable de grandeur et de fierté. Le capitaine
du navire sur lequel il avait été embarqué voulut lui ôter
les fers qui l'enchaînaient ; mais il s'y refusa en disant
« Che poichè i re catolici comandavano per le loro lettere,
che egli eseguisse quello, che dal Bovadiglia per nome loro gli
fosse comandato, per la quale autorità et commissione
egli l'havea messo in ferri, non volea che altri che le istesse
persone delle altezze loro facessero sopra ciò quel che più
lor piacesse : et egli avea deliberato di voler salvar quei
ceppi per reliquie et memoria del premio de' suoi molti servitii. »—Son fils ajoute : « Si come anco fece egli, perciocchè
io gli vidi sempre in camera cotai ferri, i quali volle che con
le sue ossa fossero sepolti » (*Colombo, historie,* f. 191). —
Navarrete a fait une apologie des rois catholiques : suivant lui,
il n'y a que des révolutionnaires qui puissent prendre la
défense de Colomb (*Coleccion,* tom. I, p. xciii-xcviii).
Pour pallier les torts de Navarrete on ne peut dire qu'une
seule chose : c'est qu'il écrivait sous Ferdinand VII.

(3) Il fait le récit de ses malheurs dans une lettre qu'en
1503 il écrivit de la Jamaïque à Ferdinand et à Isabelle. En
voici quelques passages. « Sette anni stetti io in corte di Vostre Maestà, che a quanti di questa impresa si parlava, tutti ad

le roi voulut le contraindre à renoncer aux droits qu'il s'était réservés avant son premier voyage (1). Abandonné de tout le monde, il mourut dans la détresse à Valladolid en 1506. Avant d'expirer, il ordonna que ses fers fussent ensevelis avec lui (2). Le roi lui fit faire une magnifique épitaphe.

---

una voce diceano che eran ciance e pateraggie... fui preso e messo in un naviglio con due fratelli, caricato di ferro, nudo in corpo, con molto male trattamento, senza essere chiamato, nè ancora vinto per giustizia... Io venni a servire Vostre Maestà di tempo di anni 28, e adesso non ho capello che non sia canuto, il corpo debile e infermo e tutto dannato. Quanto io aveva portato con me, da costoro mi fu tolto ogni cosa a me e miei fratelli, fino il saio; senza essere nè udito, nè visto..... La intenzione buona e sana, quale sempre ebbi al servire di Vostre Maestà, e il disonore e rimerito tanto diseguale, non dà luogo all'anima che taccia....... Io sono restato così perso et disfatto. Io ho pianto fin qui per altri, che Vostre Maestà gli abbiano misericordia. Pianga adesso il cielo, e pianga per me la terra nel temporale, che non ho sola una quattrina per far offerta in spirituale. Io sono restato quà nelle Indie... isolato, in gran pena, e infermo, aspettando ogni dì la morte..... Pianga per me chi ha carità, verità o giustizia. Io non venni a questo viaggio a navigare per guadagnare onore nè roba, questo è certo, perchè la speranza era del tutto già persa » (*Bossi, vita di Colombo*, p. 234-236).

(1) *Colombo, F., historie*, f. 246.

(2) *Colombo, F., historie*, f. 191.

La découverte de l'Amérique, qui a eu tant d'influence sur les destinées de l'Europe, aurait peut-être assuré l'indépendance de l'Italie, si Gênes et Venise eussent accepté les offres de Colomb. Ces républiques étaient, il est vrai, au moment de voir échapper de leurs mains le commerce de l'Orient, qui les avaient rendues si florissantes; mais leur marine, alors si nombreuse, leur aurait assuré, aussi bien qu'à l'Espagne, la possession des plus riches contrées du Nouveau-Monde. Elles seraient parvenues à ressaisir l'empire des mers et à se rendre, par le commerce et les colonies, riches et puissantes comme le devinrent le Portugal et la Hollande. Toutefois ces deux pays étaient alors jeunes et vigoureux; tandis que Gênes et Venise, déchues du rang élevé qu'elles avaient occupé, perdaient chaque jour cette énergie qui jadis leur avait fait affronter tous les dangers : elles se tinrent à l'écart, et d'autres peuples profitèrent des découvertes de Colomb. On ne saurait calculer l'ascendant qu'auraient acquis ces républiques, si elles fussent arrivées les premières en Amérique. Placées comme deux bastions à l'entrée de la Péninsule, elles auraient arrêté pendant long-temps les invasions des étrangers; mais le sort en avait décidé autrement : une découverte qui devait sauver l'Italie la rendit esclave de l'Espagne.

Les conséquences de la découverte et de la conquête de l'Amérique ont été diversement appréciées. Les uns n'ont considéré que l'augmentation des richesses en Europe, la vaillance des conquérans, la civilisation d'une immense contrée et le triomphe de la religion : les autres ont été frappés des millions de victimes égorgées par les Européens, de la grande extension qu'a prise le commerce des esclaves après le dépeuplement de l'Amérique, et de l'affaiblissement que leur semblait avoir produit en Espagne l'émigration de tous ceux qui allaient chercher les richesses du Potosi. Cette question si vaste est loin d'être résolue; il nous semble même qu'on ne l'a pas encore étudiée sous toutes ses faces. Il est hors de doute que le voyage de Colomb a eu de grands résultats scientifiques; il a contribué puissamment aux progrès de la cosmographie, de l'astronomie, de la physique terrestre, de la navigation, de l'histoire naturelle. Le commerce, l'industrie ont pris un développement inconnu jusqu'alors, et le bien-être matériel a incontestablement augmenté en Europe. On doit ajouter aussi que c'est mentir à l'histoire que d'attribuer à la conquête du Nouveau-

Monde l'affaiblissement de l'Espagne ; car, même après la prise de Grenade, Ferdinand et Isabelle purent à peine disposer de la somme nécessaire à l'équipement des trois petits vaisseaux confiés à Colomb (1); et l'on voit au contraire, durant le seizième siècle, et tandis que la fièvre de l'émigration s'était emparée de tous les esprits, l'Espagne, élevée par l'or de l'Amérique à une puissance inattendue, bouleverser les états voisins et porter au loin sa domination (2). Mais ce ne sont là que les points secondaires de la question. Pour réhabiliter, aux yeux de l'histoire, ce mémorable évènement, il faudrait prouver qu'en Europe et en Amérique il a été la cause d'un grand progrès social. Or, nous ne saurions admettre qu'il y ait progrès lorsque la morale reçoit de profondes blessures ; et, certes, les horribles cruautés que l'on a commises en Amérique en la dépeuplant d'hommes rouges, celles non moins abominables que l'on

---

(1) Pour aplanir les difficultés qu'on lui opposait Colomb avait offert de contribuer pour un huitième dans les dépenses de l'armement (*Colombo, F., historie*, f. 36).

(2) Il serait plus juste d'attribuer la décadence de l'Espagne aux persécutions contre *los Moriscos* et à l'inquisition.

a été forcé de commettre pour tenter de la re-
peupler d'hommes noirs, ce vertige qui faisait
abandonner si facilement l'ancienne patrie pour
aller chercher un peu d'or au-delà des mers et
au milieu des cadavres, cette soif du bien-être,
cette ardeur pour les intérêts matériels, qui
à présent règnent en maîtres chez nous, et qui
ont pris naissance dans le Nouveau - Monde,
ne prouvent pas que la morale publique et
privée se soient beaucoup perfectionnées en
Europe, par suite de la découverte de l'Amérique.

Quant à cette découverte, il est vrai que ce n'est
qu'après avoir été rattachée à l'ancien continent
que l'Amérique a pu participer à la marche de la
civilisation. Mais d'abord, qu'a-t-on fait pour policer
les anciens habitans? On semble s'être proposé uniquement d'extirper la barbarie dans le Nouveau-
Monde, soit comme l'ont fait autrefois les Espagnols, en massacrant les peuples qu'ils y ont ren-
contrés, soit comme le font à présent les républicains des États-Unis, en les refoulant dans des
déserts stériles, pour les y laisser mourir de faim.
Et d'ailleurs, c'est par un préjugé européen et
par suite de notre ignorance que nous ne voyons
dans les habitans du Nouveau-Monde que des

sauvages sans mœurs et sans lois, se dévorant entre eux ou disputant leur nourriture aux animaux. Dans ces immenses contrées vivaient sans doute beaucoup de peuplades aussi peu avancées que les plus barbares de celles de l'ancien continent; mais sans parler de l'Asie et de l'Afrique, vers la fin du quinzième siècle on rencontrait même en Europe des peuples dénués de toute civilisation. Depuis la Dalmatie jusqu'à Moscou, les peuples, appartenant à la famille slave, avaient alors peu de supériorité sur les Caraïbes et les Botocudes; et il n'y avait pas long-temps qu'il avait fallu prêcher une croisade contre le nord de l'Allemagne pour renverser les idoles et faire sortir les hommes des forêts. En arrivant en Amérique, les Espagnols rencontrèrent deux puissantes nations, les Aztèques et les Péruviens, dont l'état social n'était guère moins avancé que le leur. Aussi dans les relations écrites par les premiers conquérans du Mexique et du Pérou, on voit percer partout leur étonnement de trouver des peuples si riches, si puissans, des lois régulières (1), une organisation

_____

(1) A Tlascala, il y avait des juges qui punissaient, suivant

politique si vaste et si compacte (1); des temples,
des routes (2, des ponts, des aqueducs (3), des

---

les lois; les voleurs étaient condamnés à la prison. A Mexico,
Cortez trouva, entre autres choses, un tribunal de commerce, et des vérificateurs des poids et mesures. Après la conquête, l'administration de la justice devint un peu moins
régulière; le fait suivant va le démontrer.

Deux familles indiennes se disputaient des possessions
considérables. Chacune d'elles produisait des plans topo-
graphiques qui n'étaient pas d'accord : le licencié Zuazo,
lieutenant de Cortez, fit lever de nouveaux plans par des
amanteques (*arpenteurs*) mexicains, et comme leurs mesures différaient encore, il en fit choisir d'autres et les me-
naça, s'ils ne s'accordaient pas, *de les faire dévorer par
son chien, à qui il avait déjà donné à manger plus de deux
cents Indiens.* L'accommodement ne tarda pas à être conclu
(*Ramusio, viaggi,* tom. III, f. 184). Les Espagnols, qui avaient
de si bons chiens, n'avaient peut-être pas d'aussi bons arpenteurs.

(1) Le Mexique était un état féodal sous la suzeraineté de
l'empereur, qui, dit Cortez, « envoyait des ordres à deux
cents lieues à la ronde de Mexico, et tout le monde obéissait.»
(*Ramusio, viaggi,* tom. III, f. 201).

(2) Il y avait au Pérou, de Cusco à Quito, une magnifique
chaussée de trois cents lieues avec des aqueducs, des ponts,
et des auberges pour les voyageurs (*Ramusio, viaggi,* tom.
III, f. 320).

(3) Les Américains avaient des canaux d'irrigation même
dans des contrées presque sauvages (*Ramusio, viaggi,* tom.
III, f. 29) : les aqueducs et les égouts gigantesques de Mexico
n'avaient rien à envier aux plus magnifiques constructions
faites en ce genre par les Romains (*Ramusio, viaggi,* tom. III,
f. 200).

monumens publics (1) de tout genre, si grandio-
ses, des villes nombreuses et très peuplées (2),

---

(1) *Ramusio, viaggi*, tom. III, f. 153, 189, 256, 258, etc.

(2) Cortez raconte qu'avant d'entrer dans Tlascala, il
trouva une ville où il y avait cinq mille maisons, *très bien
bâties*; que le lendemain il brûla six villages de cent maisons
chacun, et le surlendemain dix villes, dans une desquelles il
y avait trois mille maisons (*Ramusio, viaggi*, tom. III, f.
189-199). Quant à la ville de Tlascala, Cortez dit qu'elle était
*plus grande et plus forte que Grenade; plus remplie de beaux
et riches monumens et plus peuplée que ne l'était Grenade
lorsqu'on la prit aux Mores* (*Ramusio, viaggi*, f. 191). On
sait que Tlascala était une république aristocratique, et que,
pour ne pas être obligés aux Mexicains, les habitans de cette
république se privaient de sel. Cortez décrit les mœurs, les
lois, le commerce, les marchés, les monumens de cet état où
il y avait, à ce qu'il assure, cent cinquante mille maisons.
Mais tout cela n'était rien en comparaison de l'empire de
Montezuma. Cortez en parle avec une admiration inépui-
sable. Ici, c'est une ville bâtie sur pilotis au milieu d'un
lac avec un pont d'une lieue pour y arriver : là c'est Iztapalapa
avec ses quinze mille maisons, ses grands palais, ses jardins,
ses portiques. Des routes pavées et une suite non interrom-
pue de ponts fortifiés et de villes florissantes conduisaient
à Tlemistitan (Mexico), dont Cortez fait une description qui ressemble à un conte de fées. Des bazars entourés
de portiques remplis des plus riches marchandises, où se
réunissaient soixante mille négocians; un temple fortifié
qui pourrait contenir une ville, avec quarante tours
de pierre dont la moindre est haute *comme le clocher de la
cathédrale de Séville;* une ménagerie immense dans un palais
de marbre et de jade, enfin une grandeur et une magnificence qu'on retrouve encore dans les ruines de Palenqué

lés arts (1) et le commerce si développés, et,
à la tête de l'empire, cette immense ville de
Mexico, à laquelle même de nos jours aucune
ville de l'Espagne ne saurait être comparée.
*Ce pays est mieux administré que l'Espagne :
cette ville est plus grande qu'aucune de nos villes;
ce monument surpasse tous les nôtres :* voilà comment s'expriment Cortez et ses compagnons. Al-
varado, son lieutenant, s'avança jusqu'à quatre
cents lieues de Mexico, traversant toujours
des contrées fertiles et peuplées, où il y avait
des villes de trente mille maisons (2). Que sont

---

et qui rappellent les monumens de l'ancienne Égypte et les
ruines de Palmyre (*Ramusio, viaggi,* f. 195, 199-201 256-
259, etc.).

(1) Il ne faut pas juger des arts des Mexicains seulement
d'après les débris des magots qu'on a rapportés en Europe. Voici ce que dit à ce sujet Cortez : « Statues en
or, en argent, en plumes, en pierres précieuses de tout
genre... Les statues en or et en argent sont si bien sculptées
qu'aucun sculpteur ne saurait mieux faire : il n'y a pas d'intelligence humaine qui puisse deviner avec quel instrument
on a pu si parfaitement travailler celles qui sont en pierres
précieuses ; les figures en plumes étaient telles qu'on ne
pourrait en faire de plus merveilleuses ni en cire, ni brodées
en soie » (*Ramusio, viaggi,* tom. III, f. 201).

(2) *Ramusio, viaggi,* tom. III, f. 250. —Voyez aussi la relation du frère Marc de Nice (*Ramusio, viaggi,* tom. III,
f. 298).

devenus ces monumens, ces villes, ces peuples ?
Les Espagnols n'ont su que bouleverser, bapti-
ser et massacrer. Les Indiens du Mexique valent
moins à présent que du temps de la conquête, et il
faut s'enfoncer dans les déserts pour chercher les
ruines de Palenqué et de tant d'autres villes jadis
si florissantes. Un seul fait, s'il était vrai, pourrait
faire croire à la supériorité des envahisseurs : c'est
la conquête du Mexique par Cortez, à la tête de
trois cents Espagnols ; mais ce n'est qu'une fable.
Quoique les armes à feu et la cavalerie manquas-
sent aux Indiens, Cortez n'aurait jamais pu songer à soumettre cet empire, s'il n'avait su profiter des divisions qui l'agitaient, et se mettre à la
tête des ennemis de Montezuma (1). Il a fait combattre les Américains contre les Américains, et
s'est trouvé à la tête d'armées innombrables :
le siège seul de la capitale a coûté la vie à plus
de trente mille de ses auxiliaires. Ces faits, que
Cortez avait cachés soigneusement, pour s'en-

(1) Cortez lui-même dit dans sa seconde relation : « Ayant
vu les dissensions et les haines, j'en ressentis une grande
joie, car je reconnaissais que cela était fort utile à mes affaires et que j'aurais une voie très aisée de les opprimer. »
Ramusio, viaggi, tom. III, f. 192). — Mais ensuite il parle à
peine de ces auxiliaires.

tourer d'un grand prestige, ont été révélés par des écrivains espagnols, et sont prouvés jusqu'à l'évidence par plusieurs relations de la conquête, que les descendans des Aztèques ont composées (1); car non-seulement ces peuples, qu'on nous représente comme si barbares, connaissaient les arts et formaient une puissante nation, mais ils avaient des chants nationaux (2) et une peinture hiéroglyphique (3)

_____

(1) Nous citerons spécialement la treizième relation d'Ixtlilxochitl, descendant direct du rival de Montezuma. Cet écrit (extrait d'un ouvrage bien plus considérable sur l'histoire et les origines mexicaines, qu'il serait utile de publier) a paru en 1829 à Mexico, et a été traduit récemment en français. Il est rempli de faits intéressans. On y voit que l'aïeul de l'historien, subjugué par l'ascendant de Cortez, aida avec deux cent mille hommes les Espagnols à ruiner Mexico. Rien n'est plus grand que le siège de cette ville infortunée, où s'ensevelirent deux cent quarante mille Mexicains. Ixtlilxochitl, chargé des malédictions de ses concitoyens, et de celles de son propre frère, qui avait combattu pour l'indépendance de la patrie, fut cruellement puni d'avoir aidé les étrangers (_Ixtlilxochitl, mémoire_, Paris, 1838, in-8, p. 82, 100, 105, 107, 185, 235, 236, etc.). Bien que très bon chrétien, l'auteur est indigné de l'injustice de Cortez, qui nomme à peine des alliés auxquels il devait la victoire et la vie, et qui s'exposaient à tous les dangers, et enduraient pour lui des fatigues et des privations infinies.

(2) _Ixtlilxochitl, mémoire_, 302

(3) Ixtlilxochitl cite toujours _les peintures_ comme documens historiques.

pour perpétuer le souvenir des évènemens ;
et , après l'asservissement du Mexique , c'est
encore chez les Indiens qu'il faut chercher
les écrivains les plus distingués de l'Amérique
espagnole. (1)

Les mêmes faits se sont reproduits au Pérou ;
là, comme au Mexique, les Espagnols ont arrêté
le développement d'une civilisation naissante (2),
sans savoir substituer un nouveau système à
l'ancien; et les Indiens, après avoir reçu le bap-
tême, se sont trouvés, par le fait de la conquête,
moins policés que lorsqu'ils adoraient le soleil.

On se tromperait cependant si l'on croyait que
nous avons l'intention de comparer les Espagnols
aux Tupinambas et aux Payaguas. Nous avons seu-

---

(1) On sait que Garcilasso de Vega descendait des Incas
par les femmes : Ixtlilxochitl a été appelé *le Cicéron mexicain*.
Niça, Tezozomoc, Ayala , Dona Maria Bartola , Zapata, Cas-
tillo , Chimalpaire , Camargo , Ponce, Tobar descendaient,
ainsi que beaucoup d'autres écrivains du Mexique, des anciens maîtres du pays.

(2) A l'arrivée de Pizarro, le Pérou, couvert de villes bien
bâties et fort peuplées, était beaucoup plus florissant qu'il
n'a jamais été depuis (*Ramusio, viaggi*, tom. III, f. 321-327).
Cusco , avec son palais d'une demi-lieue de tour, surpassait
en magnificence la plupart des villes de l'Europe (*Ramusio,
viaggi*, tom. III, f. 33).

lement voulu prouver que là où il y avait des peuples sauvages, les Européens les ont détruits ou laissés dans la barbarie, et que les restes des grandes
nations qu'ils ont rencontrées dans le Nouveau-
Monde n'ont fait que dégénérer après la conquête. D'hommes capables de souffrir le martyre comme Guatimozin (1) ou de combattre
comme les Araucaniens (2), les Espagnols n'ont
fait que des demi-sauvages abâtardis. Ils ont
permis parfois à leurs sujets américains de se
nourrir de chair humaine (3) : parfois même,
pour servir aux intérêts du commerce, des chrétiens ont apporté en pâture d'autres chrétiens aux
anthropophages (4) : et lorsque émue par le cri

---

(1) Tout le monde connaît la leçon sévère qu'il donna à un
de ses courtisans qui, placé comme lui sur des charbons ardens pour qu'il découvrît l'endroit où étaient cachés les trésors de l'état, se lamentait.— Et moi, suis-je sur des roses ?
dit l'empereur.

(2) Cette petite nation, moins civilisée que les Mexicains
et les Péruviens, est la seule qui ait su résister aux Espagnols : elle a toujours combattu avec un si indomptable
courage que ce pays mérita d'être appelé *la Flandre amé-
ricaine* (*Molina, storia del Chili*, Bologna, 1787, in-8, p. 30-
37, 118 et suiv.).

(3) *Cabeça de Vaca, commentaires*, Paris, 1837, in-8, p. 461.

(4) *Staden de Homberg, histoire d'un pays situé dans le
Nouveau-Monde*, Paris, 1837, in-8, p. 118 et 208.

de tous les honnêtes gens et par le dépeuplement de ses colonies, la cour d'Espagne a voulu enfin améliorer le sort des Indiens, le mal était sans remède et aucune loi n'en pouvait empêcher le progrès.

Il serait inutile, à notre avis, de s'arrêter sur un point qui a été longuement discuté par les géographes et les érudits, savoir, qui de Colomb, Améric Vespuce ou Cabot a le premier découvert le continent américain. Pendant long-temps on a cru que Vespuce, qui a donné son nom au Nouveau-Monde, était arrivé avant tout autre à la terre ferme. Dans cette discussion, les Florentins étaient pour Vespuce, les Vénitiens pour Cabot, comme si Florence et Venise n'avaient pas dû participer à la gloire italienne de Colomb. Maintenant ces mesquines querelles municipales devraient avoir perdu toute importance; mais il est prouvé de plus, d'après les documens originaux, que les deux émules de Colomb n'ont aucun droit à cette découverte (1). Quoi qu'il en soit, la mer Atlantique une fois traversée, il était facile de s'a-

_____

(1) Dans son *Examen critique*, M. de Humboldt a détruit les conjectures sur lesquelles on s'efforçait d'appuyer les titres de

vancer des Antilles jusqu'au continent, qui
barrait le chemin, et tous ceux qui navi-
guaient vers l'Occident devaient le rencontrer : la grande, l'unique difficulté était d'arriver à l'île de Guanahani. Aussi, après le
premier voyage de Colomb, tous les navires cin-
glèrent vers l'Amérique, seulement parce qu'on
savait qu'il était possible d'y arriver. (1)

Outre son immortel voyage, Colomb a d'autres
titres à l'admiration de la postérité; il fut le premier
cosmographe de son temps. On lui doit de nombreuses observations météorologiques (2), et il sut
en déduire de nouvelles raisons de croire à l'existence d'un grand continent situé à l'occident.
Le premier il signala la variation de la décli-

Vespuce ; mais il a prouvé en même temps que le navigateur
florentin n'avait jamais eu l'intention de s'attribuer la découverte de la terre ferme (*Humboldt, examen critique*, p. 540
et suiv.).

(1) Après le premier voyage de Colomb, son frère Barthélemi quitta l'Angleterre pour aller le rejoindre ; mais à son
arrivée en Espagne, il le trouva déjà reparti pour le Nouveau-
Monde. Cependant, sans avoir jamais fait le voyage, sachant
seulement qu'il était possible de traverser l'Atlantique, il
s'embarqua et alla retrouver l'amiral en Amérique (*Colombo,
F., historie*, f. 120).

(2) Il paraît que Colomb a été le premier à tenir un journal météorologique (*Colombo, F., historie*, f. 38).

naison de l'aiguille aimantée (1); l'effroi que ce phénomène inspira à tout l'équipage, l'explication que Colomb en donna pour calmer ses compagnons, prouvent qu'on le remarquait pour la première fois (2). Il fit des observations astronomiques, et dans une occasion décisive, il sut, par la prédiction d'une éclipse, imposer aux Indiens prêts à se révolter, et les faire rentrer dans l'obéissance en les menaçant d'ôter la lumière à la lune (3). Il paraît même qu'il avait écrit un ouvrage sur l'art nautique (4); mais on n'en est pas certain, car ses écrits, comme ceux d'autres grands hommes, ont été pour la plupart perdus ou négligés.

Vespuce aussi fut un habile astronome ; son

---

(1) Voyez ce que j'ai déjà dit à ce sujet, tom. II, p. 70-72. — Au reste, Ferdinand Colomb assure que jusqu'alors personne n'avait remarqué la déclinaison (*Historie*, f. 41).

(2) La phrase du biographe n'est pas claire, mais on pourrait peut-être en conclure que Colomb avait observé les variations horaires de l'aiguille. Voici le texte italien : « Parimente notò, che da prima notte le agucchie norvestavano per tutta una quarta, et, quando aggiornava, stavano giustamente con la stella. » (*Colombo, F., historie*, f. 46).

(3) *Colombo, F., historie*, f. 236.

(4) Cet ouvrage avait pour titre : *De la racion de la tabla navigatoria* (*Bossi, vita di Colombo*, p. 77). Barros dit que Colomb était éloquent et bon latiniste (*Barros, l'Asia*, tom. I,

principal mérite est d'avoir déterminé, par des occultations d'étoiles, les longitudes des pays qu'il découvrait (1). Il avait exposé cette méthode (qu'il paraît avoir appliquée le premier d'une manière générale à la géographie et à la navigation) dans un ouvrage intitulé *les Quatre journées*, où il rendait compte de ses voyages, en y ajoutant des observations astronomiques sur un grand nombre de constellations australes qu'il avait découvertes, et dont il avait déterminé la position et les mouvemens (2). Cet ouvrage, perdu aujourd'hui, aurait été pour le voyageur florentin un plus beau titre de gloire que celui d'avoir, par hasard, donné son nom au Nouveau-Monde. Vespuce ne fut guère plus heureux que Colomb : sa veuve se vit réduite à mendier une pension de soixante francs par an (3).

---

f. 55). En effet, dans ses lettres on trouve des passages pleins d'éloquence.

Voyez la note XXII à la fin du volume.

(1) Consultez à ce sujet *Humboldt, examen critique,* p. 475 et suiv.

(2) *Bandini, vita e lettere di Amerigo Vespucci,* Firenze, 1745, in-4, p. 26, 53, 69-73.

(3) *Humboldt, examen critique ,* p. 539. — Vespuce mourut en 1512, à Séville.

A côté des astronomes voyageurs, il y avait en Italie des astronomes théoriciens qui enseignaient dans les universités; la liste en serait fort longue, mais peu méritent d'être nommés. Plusieurs s'adonnèrent à l'étude des astres pour cultiver l'astrologie : de ce nombre furent Manfredi, auteur du livre du *Pourquoi* (1), Bianchini, qui fut en correspondance avec Regiomontanus (2), et Laurent Buonincontri : on les cite de préférence, parce que l'astrologie ne les empêcha pas de se livrer à de plus utiles travaux. Pontanus, si connu pour son érudition classique, fit preuve dans ses ouvrages d'une grande connaissance de l'ancienne astronomie; Toscanella, dont nous avons parlé

---

(1) Manfredi mourut en 1492. Son ouvrage intitulé *De homine* et qu'on appelle communément *il libro del Perchè*, parut pour la première fois à Bologne en 1474. Fantuzzi s'est trompé en assignant à cette première édition la date de 1473 : je la possède et elle porte l'année 1474 (*Fantuzzi, scrittori bolognesi*, Bologna, 1781, 9 vol. in-fol., tom. V, p. 197.— *Manfredi, De homine*, Bononiæ, 1474, in-fol.).

(2) *Fantuzzi, scrittori bolognesi*, tom. II, p. 180-187. *Tiraboschi, storia della lett. ital.*, vol. VII, p. 366.—Bianchini avait écrit dix traités d'arithmétique, d'algèbre, de géométrie, qui n'ont pas été publiés, mais qui existaient manuscrits en 1782 à la bibliothèque de Bologne (*Fantuzzi, scrittori bolognesi*, tom. II, p. 186).

plusieurs fois, forma des tables astronomiques et fit construire, dans le dôme de Florence, la plus grande méridienne qui existe au monde (1); Dominique Novara, professeur à Bologne, détermina de nouveau la position des étoiles qui se trouvent dans l'Almageste, et eut, presque en même temps qu'un jurisconsulte napolitain, l'idée d'un changement dans l'axe de rotation de la terre (2). Bien qu'erronée, cette hypothèse mérite d'être citée, parce qu'elle portait la discussion sur les élémens du système du monde, qu'on avait toujours supposés invariables. Mais Novara restera surtout dans l'histoire pour avoir été le maître de Copernic (3), car le grand astronome alla s'instruire en Italie et doit se rattacher à l'école italienne, comme Purbach, Regiomontanus et l'illustre Agricola. Sans doute le génie du fils du serf polonais n'avait pas besoin pour éclore des leçons du professeur de Bologne; mais l'Italie doit être fière de pouvoir le compter au nombre de ses disciples. D'ailleurs la théorie du mouvement de la terre,

---

(1) *Ximenes, dello Gnomone*, Firenze, 1757, in-4, p. xx.
(2) *Montucla, hist. des math.*, tom. I. p. 549.
(3) *Tiraboschi, storia della lett. ital.*, vol. VII, p. 366-368.

reproduite à la fin du quinzième siècle par Léonard de Vinci et par d'autres Italiens, n'a pas
été peut-être sans influence sur l'admirable con-
ception du philosophe de Thorn.

Un seul nom, celui de Fracastoro, domine à présent les noms de tous ces astronomes italiens. Il fut
célèbre par la profondeur et la variété de ses connaissances. De Thou, qui, dans son histoire, en a
fait un magnifique éloge, dit que Sannazar s'a-
voua vaincu par les vers latins (1) du médecin
de Vérone. Il fut botaniste (2), philosophe (3) et
mathématicien, et, cultivant des sciences si diverses, il s'illustra dans toutes. En combattant
les épicycles, il aplanit la route au système de
Copernic. Il substitua l'action des atomes aux causes occultes (4); il considéra tous les corps comme
s'attirant mutuellement (5), et les actions élec-

(1) *Thuani historiæ*, Londini 1733, 7 vol. in-fol., tom. I,
p. 430, lib. XII, § 15.

(2) Voyez à ce sujet les lettres de Fracastoro insérées
dans le recueil de Pini (*Scielta di lettere*, Venet., 1574,
4 vol. in-8, tom. III, p. 399-436).

(3) Fracastoro fut élève de Pomponace ; il composa un
traité *De anima*, et un dialogue *De intellectione* (*Fracastori
opera*, Venet., 1574, in-4, f. 121 et 149).

(4) *Fracastori opera*, f. 57.

(5) *Fracastori opera*, f. 62.

triques, magnétiques et physiologiques comme ayant pour cause un principe impondérable (1). Son livre *de Sympathia et Antipathia* est rempli d'observations intéressantes; ses *Homocentres* décèlent le savant astronome; on lui doit peut-être la première idée des lunettes astronomiques (2). Il mourut à soixante-dix ans, en 1553. Vérone, sa patrie, lui fit ériger une statue.

Mais ce sont surtout les mathématiques pures qui furent à cette époque perfectionnées par les Italiens : leurs travaux doivent se partager en deux classes. Quelques savans s'appliquèrent à bien connaître les écrits des anciens, à les compléter, et à exposer, dans des traités spéciaux, l'ensemble des recherches déjà faites; tandis que d'autres, plus hardis et plus heureux, s'occupèrent exclusivement de per-

---

(1) *Fracastori opera,* f. 62.

(2) Voici deux passages tirés des *Homocentres* où il est certainement question de la combinaison des deux lentilles, et du grossissement des astres. « *Per dua specilla ocularia si quis perspiciat, altero alteri superposito, majora multo et propinquiora videbit omnia.*»—«*Quin imo quædam specilla ocularia fiunt tantæ densitatis, ut si per ea quis, aut lunam, aut aliud siderum spectet, adeo propinqua illa indicet, ut ne turres ipsas excedant.*» (*Fracastori opera,* f. 13 et 42. *Homocentres,* sect. II, c. 8, et sect. III, c. 23).

fectionner l'algèbre et de lui donner un degré de généralité que les anciens n'avaient
point connu, et qu'en plusieurs points les modernes n'ont jamais pu surpasser. Plus loin nous
analyserons les écrits de ces algébristes qui
ont posé les limites de la résolution des équations, mais nous commencerons par nous occuper des continuateurs de l'antiquité.

A leur tête brille François Maurolycus de
Messine, qui, sans négliger l'algèbre moderne,
s'appliqua surtout à perfectionner les méthodes
d'Archimède, d'Apollonius et de Diophante, et
qui sut en déduire de nouveaux résultats. Il
se montra le digne soutien des sciences dans le
midi de l'Italie. Depuis la mort de Frédéric II,
les études avaient décliné dans le royaume de
Sicile. Les malheurs de ses successeurs, l'invasion
de Charles d'Anjou, la terrible vengeance (1) qui
sépara la Sicile de Naples, et qui fit d'un royaume
uni deux états mortellement ennemis, inter-
rompirent dans ces contrées le progrès des
lumières. En vain le roi Robert protégea les
savans : il en appela plusieurs de l'étranger, sans

_____

(1) On ne doit pas oublier, à ce propos, que Jean de Pro-
cida fut un des plus savans médecins de son temps.

pouvoir ranimer les sciences dans ces contrées.
Saint Thomas d'Aquin ne laissa aucun disciple digne d'un si grand maître, et Barlaam de Seminara
fut, au quatorzième siècle, le seul mathématicien
napolitain dont l'histoire ait gardé le souvenir (1).
Les sciences ne devaient pas se relever sous l'empire de deux reines dissolues, meurtrières cou-
ronnées, dominées par des favoris insolens,
et fuyant tour-à-tour devant les Hongrois et
les Angevins. Enfin Naples se soumit aux maîtres de la Sicile, et Alphonse encouragea de
nouveau les études. Mais, Jérôme Tallavia, à
qui on a voulu attribuer le mérite douteux (2)
d'avoir, avant Copernic, enseigné le mouvement
de la terre, et Pontanus, qui fut plutôt érudit
que savant, ont pu seuls arriver à la pos-

---

(1) *Signorelli, vicende della coltura nelle due Sicilie,* Napoli, 1784, 5 vol. in-8, tom. III, p. 41 et suiv. — Barlaam
contribua beaucoup à répandre l'étude de la littérature grecque en Italie. Il était né dans une province pour laquelle
Frédéric avait rédigé en grec ses Constitutions.

(2) *Tiraboschi, storia della lett. ital.,* vol. VII, p. 367. —
Celio Calcagnini publia aussi un traité qui a pour titre : *Quod cœlum stet, terra autem moveatur;* mais quoique
cet ouvrage ait paru avant celui de Copernic, cependant
l'auteur italien a pu avoir connaissance des opinions du grand
réformateur de l'astronomie (*Tiraboschi, storia della lett.
ital.,* vol. XI, p. 445).

térité. Ils furent éclipsés bientôt par Maurolycus, seul véritable géomètre qu'ait eu la Sicile depuis Archimède.

Il naquit (1) à Messine, en 1494, d'une famille grecque que les Turcs avaient forcée à chercher un asile en Italie (2). Son père lui apprit le grec et l'astronomie (3). A vingt-sept ans il embrassa la carrière ecclésiastique, et pour soutenir ses frères, il devint, comme plus tard Newton, directeur (4) de la monnaie. Souvent il fut consulté sur des affaires d'état par Véga, qui, en qualité de viceroi, gouvernait alors la Sicile pour Charles-Quint (5). Il entra en correspondance avec les

---

(1) Le savant abbé Scinà de Palerme, dont la Sicile déplore la perte récente, a écrit un éloge historique de Maurolycus que nous suivons ici pour les dates et pour les faits principaux. Il a eu à sa disposition des ouvrages imprimés et manuscrits qui nous manquent, et il s'en est servi avec beaucoup de jugement. Nous croyons seulement que, n'ayant pas assez souvent comparé les travaux de Maurolycus avec ceux des autres géomètres de son âge, il leur a quelquefois attribué plus d'originalité et d'importance qu'ils n'en ont réellement. L'éloge que nous citons a paru en 1808 à Palerme, in-8.

(2) *Foresta, Della, vita di F. Maurolico*, Messina, 1613, in-4, p. 1.

(3) *Foresta, Della, vita*, p. 2.

(4) *Baluzii, miscellanea*, Lucæ, 1761, 4 vol. in-fol., p. 396.

(5) *Baluzii, miscellanea*, tom. IV, p. 399. — *Scinà, elogio*, p. 109.

hommes les plus célèbres de son temps (1), mais peu de ses lettres nous sont parvenues. On doit regretter surtout celle qu'il adressa au cardinal Bembo, et dans laquelle il décrivait une grande éruption de l'Etna (2). De toutes parts on avait recours à lui : Clavius le consultait sur les mathématiques, et don Juan d'Autriche lui demandait des instructions pour diriger la flotte qui fut victorieuse à Lépante (3). Il fit élever les fortifications de Messine (4), et, malgré sa piété, il s'arma pour défendre cette ville contre des soldats espagnols qui menaçaient de la dévaster (5). Par lui la Sicile opprimée reprit de l'éclat : non-seulement il l'illustra par sa science, mais il en fut aussi l'un des premiers historiens (6). Il mourut octogénaire, en 1575, emportant dans le tombeau les

---

(1) *Scinà, elogio*, p. 6 et 109.

(2) *Scinà, elogio*, p. 103.

(3) *Foresta, Della, vita*, p. 17.

(4) *Foresta, Della, vita*, p. 6.

(5) Il le dit lui-même dans la dédicace de sa Cosmographie au cardinal Bembo (*Maurolyci cosmographia*, Venetiis, 1543, in-4).

(6) Il fut nommé historiographe par le sénat de Messine, qui lui assigna cent écus d'or de rente viagère pour qu'il pût terminer et publier son histoire et ses ouvrages de mathématiques (*Baluzii miscellanea*, tom. I, p. 399).

regrets des savans et la vénération de ses concitoyens.

Malgré des occupations si diverses, et bien
que livré à des recherches historiques et à
des travaux d'érudition, Maurolycus composa
tant d'ouvrages qu'ils semblent surpasser les forces d'un homme. Malheureusement, il ne publia
presque aucun de ses écrits, très peu ont été imprimés depuis, et tout le reste a péri ; mais nous
en avons la liste dans sa *Cosmographie* et dans
les *Opuscules mathématiques,* qui parurent à
Venise peu de jours après sa mort (1). On voit
par le premier de ces ouvrages que déjà, en
1540, il avait composé une immense encyclopédie des mathématiques pures et appliquées,
où se trouvaient réunis les ouvrages des géomètres et des astronomes grecs et romains,
avec les principales productions des astronomes
arabes et des mathématiciens du moyen âge (2).
Les auteurs grecs avaient été traduits par lui
de l'original, et devaient paraître presque tous

(1) *Maurolyci opuscula mathematica,* Venetiis, 1575,
in-4.
(2) Dans cette collection il n'y avait rien de Fibonacci ;
mais Maurolycus n'aimait pas l'algèbre.

pour la première fois. Il les avait enrichis d'un commentaire et de différens traités sur les principales branches des mathématiques. Sans parler des écrits d'autres auteurs, auxquels il a ajouté des recherches nouvelles ou dont il a perfectionné la rédaction, il avait composé un traité d'arithmétique spéculative et des nombres polygones, un traité de perspective, une optique, un traité des mouvemens et de leur symétrie, un traité de musique théorique et pratique, une géométrie, une algèbre, un traité de la sphère, une astronomie, une table des sinus, plusieurs traités sur l'astrolabe, sur les horloges, sur la gnomonique, et une foule de recherches mathématiques sur différens sujets (1). A la fin des Opuscules mathématiques, on trouve un autre catalogue qui contient quatorze traductions, avec ou sans commentaires, plus de trente ouvrages de mathématiques, l'histoire de la Sicile, un martyrologe, un livre d'hymnes ecclésiastiques, deux livres de poésies et d'épigrammes, la tra-

_____

(1) Maurolycus s'est occupé aussi de philosophie; dans ses opuscules on trouve un triple arbre des connaissances humaines (*Maurolyci opuscula*, p. 3).

Voyez la note XXIII à la fin du volume.

duction, en vers latins, de Phocylide, la généa-
logie des dieux, une vie de Jésus-Christ en vers
italiens, des poésies en patois sicilien, une chro-
nologie, un itinéraire syriaque, la description
de l'éruption de l'Etna, deux ouvrages de théologie et une grammaire. (1)

Un nombre si prodigieux d'ouvrages, sur les
parties les plus élevées de la science (2), dut
nécessairement frapper d'étonnement les contemporains de Maurolycus. Cette fécondité lui
valut le titre de *second Archimède* (3), qu'il
mérita plutôt par la variété des recherches que
par l'originalité des méthodes ou la nouveauté
des résultats. Bien que la plupart de ses ouvrages

---

(1) La grammaire a été imprimée à Messine en 1528, in-4.
Le Martyrologe, la Vie de Jésus-Christ en vers, l'Histoire de
Sicile, la Construction du Cadran horaire, les Sphériques de
Théodose et la Cosmographie, parurent également du vivant
de l'auteur.

(2) Pour en compléter le catalogue il faudrait en ajouter
d'autres dont parle Mongitore, qui a donné une longue liste
des ouvrages de Maurolycus : on y remarque un *Traité des
Poissons de la Sicile*, les *Lettres*, un grand nombre de vies
de saints et d'extraits divers (*Mongitore, bibliotheca sicula*,
Panormi, 1707, 2 vol. in-fol., tom. I, p. 229. — Voyez aussi
Floresta, Della, vita, p. 36-41).

(3) *Archimedis opera nonnulla cum commentariis Commandini*, Venet., 1558, in-fol., 42.

aient péri, les titres qui nous restent ne semblent pas annoncer que l'on doive regretter quelque découverte importante en mathématiques. Cependant il serait possible que ses écrits, surtout ceux qui concernent l'optique, la météorologie (1) et la mécanique, eussent renfermé des faits curieux. En effet les fragmens sur ces matières, que nous connaissons du géomètre de Messine, contiennent des observations intéressantes et méritent d'être consultés. On doit regretter que ni les allocations spéciales de sa ville natale, ni les intentions généreuses de son ami Siméon Ventimiglia (2), n'aient pu suffire à nous conserver tous les écrits de cet homme célèbre.

Après ces pertes, il serait impossible de faire connaître l'ensemble de ses travaux. Un extrait détaillé des ouvrages qui ont été publiés n'offri-

---

(1) Sa météorologie, qu'il appelait *Compendium judiciariæ..... exclusis superstitionibus*, était destinée aux agriculteurs, aux médecins, aux marins et aux soldats. Si le manuscrit existe encore dans quelque bibliothèque de la Sicile, il serait intéressant de l'étudier et d'en assurer la conservation; car cet ouvrage contribuerait probablement à éclaircir quelques-unes des questions qui s'agitent maintenant entre les physiciens sur les températures terrestres.

(2) *Scinà, elogio*, p. 214-215.

rait pas un grand intérêt. Nous ne signalerons donc que les recherches les plus intéressantes, les faits les plus curieux qu'ils contiennent, en faisant remarquer cependant que la plupart de ces écrits ayant été imprimés après la mort de l'auteur, et lorsque déjà d'autres savans s'étaient occupés des mêmes questions, ils ont perdu, au moment de leur apparition, une grande partie de l'intérêt qu'ils méritaient d'exciter. (1)

---

(1) En prenant pour base l'année de la mort de Maurolycus, on peut assigner une date certaine à ses écrits, qui cependant avaient été tous composés depuis long-temps. Les manuscrits autographes portaient ordinairement, à la fin de chaque traité, des dates qui ont été reproduites par les éditeurs. Je ferai remarquer ici qu'il y a eu discussion entre les biographes sur l'époque à laquelle parut l'*Archimède* de Maurolycus. Montucla assigne la date de 1570 à la première publication de ce livre en ajoutant que toute l'édition a péri dans un naufrage. Scinà en reproduisant ce passage dit qu'il ne sait pas d'où Montucla a tiré ce fait, et il suppose que cette première édition avait pu paraître entre 1550 et 1560. Le fait rapporté avec peu d'exactitude par Montucla, se trouve indiqué dans les lettres de différens jésuites publiées dans les préliminaires de l'*Archimède* de Maurolycus imprimé à Palerme en 1685; on y voit que la première édition avait été dirigée par Borelli, vers 1670, et qu'elle resta inachevée par suite des persécutions qu'on fit éprouver à l'éditeur (*Montucla, hist. des math.*, tom. I, p. 238.—*Scinà, elogio*, p. 127.—*Archimedis monumenta ex traditione Maurolyci*, Panormi, 1685, in-fol.).

Le traité d'algèbre de Maurolycus est égaré ;
mais d'après l'idée qu'il en donne lui-même dans
sa lettre à Bembo, on doit croire que cet ouvrage ne renfermait que les premiers élémens.
D'ailleurs, nourri de la lecture des classiques,
l'auteur repoussait ce nom d'algèbre, qu'il
appelle *barbare* (1), et qui devait contribuer à
l'éloigner de cette science. Son arithmétique (2)
contient des recherches curieuses sur la théorie
des nombres ; les propriétés des nombres polygones y sont traitées d'une manière beaucoup plus
complète qu'elles ne l'avaient été par Diophante
dans le livre qu'il nous a laissé sur le même
sujet. On y considère plusieurs nouvelles séries
des nombres composés de deux ou de trois fac-
teurs, dont on fait connaître le terme général
et la somme. Cependant il faut remarquer que
la somme des carrés des nombres naturels et
celle des cubes (les plus difficiles parmi les résultats de ce genre obtenus par Maurolycus) étaient
déjà connues. Archimède avait déterminé géo-

---

(1) *Maurolyci cosmographia*, Dedic.
(2) Elle a été publiée à la fin des *Opuscula*, avec une pa-
gination à part.

métriquement la somme des carrés et il avait démontré la règle pour la trouver; cette somme, ainsi que celle des cubes, avait été publiée par Paciolo l'année même de la naissance de Maurolycus (1). Toutefois le géomètre de Messine, qui ne cite pas l'ouvrage de Paciolo, y a ajouté des démonstrations simples et ingénieuses. (2)

Les ouvrages d'Apollonius ne nous sont parvenus que mutilés, et plusieurs géomètres ont tenté, à différentes reprises, de les compléter. Maurolycus s'est appliqué le premier à cette espèce de divination (3); et bien que la découverte postérieure d'une partie d'Apollonius, traduit en arabe, ait prouvé que ce premier essai ne pouvait pas suppléer à l'original, cependant les recherches du savant sicilien sur les maxima et les minima des sections coniques, témoignent de la force et de la pénétration de son esprit. Ces courbes qui présentaient de grandes difficultés aux mathématiciens, et dont les modernes com-

---

(1) *Paciolo, summa de arithmetica geometria*, Venetiis, 1494, 2 part., in-fol., part. I, f. 38 et 44, dist. II, tr. 5. — Ces deux règles appartiennent à Fibonacci.

(2) *Scinà, elogio*, p. 183-174.

(3) *Scinà, elogio*, p. 141-147.

mençaient à peine à s'occuper, avaient un grand attrait pour lui. Il composa un traité spécial sur cette matière, et il en fit une application ingénieuse aux intersections des lignes horaires et à la théorie des ombres. (1)

Maurolycus s'occupa beaucoup d'astronomie : il écrivit plusieurs ouvrages sur la cosmographie, sur la théorie et le mouvement des astres, et fit des observations astronomiques dont quelques-unes nous sont restées. Il proposa, pour la mesure de la terre (2), une nouvelle méthode qui plus tard fut rappelée par Picard, lorsqu'il s'occupa de la mesure du méridien. Il a décrit, dans un traité spécial, les principaux instrumens astronomiques qu'on employait de son temps ; et comme il en a aussi tracé l'histoire, cet ouvrage a beaucoup d'intérêt pour nous (3). C'est à lui qu'il faut probablement attribuer la première ob-

---

(1) Avant la publication de l'ouvrage de Maurolycus, Benedetti, dont nous devrons parler bientôt, publia des recherches analogues, mais moins générales (*Benedicti de gnomonium usu*, August. Taurin., 1574, in-fol.). Cependant Maurolycus, qui mourut en 1575, a sans doute la priorité comme l'atteste Clavius (*Scinà, elogio*, p. 185).

(2) *Maurolyci cosmographia,* f. 73.

(3) *Maurolyci opuscula*, p. 48-79.

servation de l'astre qui, en 1572, se montra tout-
à-coup dans la constellation de Cassiopée (1),
et dont l'apparition et la disparition produisirent
une si vive impression. Tycho-Brahé ne semble
avoir observé cet astre célèbre que trois jours
après Maurolycus.

Archimède, qu'il faut toujours citer lorsqu'on
veut remonter aux sources des principales découvertes en mathématiques, avait créé la statique
par le principe du levier et par la détermination
du centre de gravité des figures planes. Il avait déterminé aussi celui de plusieurs solides, et l'on
voit dans ses ouvrages qu'il connaissait la position
du centre de gravité du paraboloïde de révolution ; mais les écrits dans lesquels il avait dû con-
signer ces recherches ne sont pas arrivés jusqu'à
nous (2). Après ce grand géomètre, la mécanique resta stationnaire jusqu'à Léonard de Vinci,

***

(1) *Scinà elogio,* 181-184.— Il paraît même qu'à cette occasion il publia un écrit dont on ne connaît à présent aucun
exemplaire.

(2) C'est Commandin qui a fait cette remarque, dans la
Dédicace de son *Liber de centro gravitatis solidorum* qui se
trouve à la suite de l'ouvrage intitulé : *Archimedis de iis
quæ vehuntur in aqua ; libri duo, a F. Commandino restituti,* Bononiæ, 1565, in-4.

qui, comme on l'a vu, détermina le centre de gravité de la pyramide; mais ses recherches, ensevelies dans des manuscrits difficiles à lire, n'étaient connues de personne. En 1548, Maurolycus détermina de nouveau le centre de gravité de la pyramide, du cône et du paraboloïde de révolution (1). Son travail n'ayant vu le jour que bien long-temps après sa mort, il a été précédé par la publication de l'ouvrage sur *le centre de gravité des solides,* composé par Commandin. Il est probable que les deux géomètres se sont appliqués séparément au même sujet, et rien ne paraît devoir nous porter à rejeter la

---

(1) Ces résultats, qui n'ont paru que dans l'Archimède de Maurolycus publié à Palerme en 1685 (p. 156-180), se trouvaient dès 1575 annoncés à la fin des *Opuscula :* dans les manuscrits de l'auteur ils portaient la date de 1548 (*Archimedis monumenta ex traditione Maurolyci*, p. 180). Au reste Commandin lui-même dans la dédicace qui précède son traité *de ce ntrogravitatis solidorum,* reconnaît que Maurolycus s'é tait occupé de cette matière avant lui. Si M. Mamiani, qui a publié une vie fort intéressante de Commandin, avait pu lire cette dédicace, il n'aurait probablement pas dit que : « Archimède non avea tenuto proposito che di sole figure piane… talchè primo in questa impresa avanzò di gran lunga il Messinese Maurolico, che dello stesso argomento occupossi in appresso » (*Mamiani, elogi storici,* Pesaro, 1828, in-12, p. 28).

date des recherches de Maurolycus; date qu'on
a trouvée dans ses manuscrits autographes; d'autant plus que Commandin lui-même parle des
travaux de son émule, dont cependant il n'a
pas eu communication. Il faudrait citer aussi le
géomètre de Messine, pour avoir déterminé la
surface des figures curvilignes à l'aide du centre
de gravité. Mais cette méthode, qui a soulevé de
vives discussions de priorité entre les mathématiciens du dix-septième siècle, doit être attri-
buée principalement à Pappus, qui l'a indiquée
fort clairement dans son grand recueil. (1)

C'est surtout dans ses recherches sur l'optique
que Maurolycus a montré le plus de sagacité.
L'explication de l'arc-en-ciel que frère Théodoric
de Saxe (2) avait donnée au commencement du
quatorzième siècle ayant été oubliée ou négli-
gée, les physiciens s'occupèrent souvent de cette
question, qui ne fut éclaircie de nouveau que
par Dominis. Le géomètre de Messine en fit
aussi l'objet de ses recherches, et il pensa d'a-
bord avec justesse qu'il fallait comparer ce

---

(1) *Montucla, hist. des mathém.*, tom. I, p. 329.

(2) *Venturi, storia dell' ottica*, Bologna, 1814, in-4, tom. I,
p. 350 et suiv.

phénomène à celui de la réfraction produite par des gouttes d'eau. Mais ensuite il abandonna cette analogie pour introduire dans son explication la réflexion des rayons lumineux (1). Plus heureux dans la théorie de la vision, il n'osa cependant pas achever ce qu'il avait si bien commencé; car, après avoir déterminé et décrit convenablement les effets du cristallin (2), il fut effrayé de la conséquence à laquelle il arrivait nécessairement, et n'osant pas adopter le renversement de l'image sur la rétine, il s'arrêta (3). On a déjà vu (4) que Léonard de Vinci n'avait pas hésité à comparer l'œil à la chambre obscure; mais Maurolycus ne connaissait pas les manuscrits inédits du grand peintre de Florence, et il s'appliqua surtout à décrire la réfraction opérée par le cristallin. On lui doit l'explication des effets produits par les bésicles sur les presbytes et sur les myopes (5). Les lentilles, les miroirs con-

---

(1) *Maurolyci de lumine et umbra*, Lugduni, 1613, in 4, p. 47, 56, 58, etc.
(2) *Maurolyci de lumine et umbra*, p. 85.
(3) *Maurolyci de lumine et umbra*, p. 84.
(4) Ci-dessus, p. 54.
(5) Voyez la note XXIV à la fin du volume.

caves et convexes, la marche des rayons lumineux, réfléchis ou réfractés, ont été étudiés avec
soin par lui, et il a expliqué les principaux phénomènes de la dioptrique et de la catoptrique.
On trouve même dans son ouvrage des observations sur la chaleur rayonnante, sur la photo-
métrie (1), et la description des caustiques (2),
courbes que l'on a toujours attribuées à Tschir-
nausen, et que Léonard de Vinci avait déjà ob-
servées. Cet ouvrage, rempli de faits curieux
et de recherches ingénieuses, mérite, à tous
égards, l'attention de la postérité.

Maurolycus avait un émule qui ne lui survécut
pas. Né à Urbin en 1509, Frédéric Commandin
mourut en 1575, comme le savant Sicilien, après
s'être comme lui livré surtout à l'étude des
mathématiciens grecs. Archimède, Ptolémée,
Apollonius, Pappus, Héron, Serenus, Euclide,
Aristarque, l'occupèrent tour-à-tour. Il les traduisit de nouveau du grec, et les enrichit de savans commentaires. Commandin se hâta de faire
paraître ses travaux, et précéda par ses publi-

_____

(1) *Maurolyci de lumine et umbra*, p. 5 et 10-15.
(2) *Maurolyci de lumine et umbra*, p. 47.

cations le géomètre de Messine. La plupart des
ouvrages des mathématiciens grecs étaient déjà
connus par les traductions des Arabes. Ces ver-
sions orientales, qu'il avait fallu traduire en latin,
avaient pu faire connaître généralement les méthodes et les résultats, mais ne suffisaient plus à
une époque où les progrès de la critique et de la
philologie avaient rendu les esprits plus exigeans.
La science y gagna : car en discutant les textes,
on s'accoutuma à discuter aussi la rigueur des
démonstrations. Pour traduire alors des ouvrages
de géométrie d'après des manuscrits souvent incomplets ou défectueux, pour rétablir une démonstration tronquée ou dénaturée, il fallait
à-la-fois bien connaître et la langue et la science. Les Italiens, qui, pendant qu'ils faisaient
de si importantes découvertes dans l'analyse
algébrique, surent rendre sa rigoureuse pu-
reté à la synthèse des anciens, ont été au seizième siècle les maîtres en mathématiques de
toute l'Europe. Leur influence se fera long-
temps sentir : de nos jours encore, aucun géomètre ne saurait résoudre un problème, sans
profiter, souvent à son insu, des travaux de
Maurolycus et de Commandin, des découvertes
de Ferro, de Tartaglia, de Ferrari.

Commandin composa peu d'ouvrages originaux, et il consigna surtout ses recherches dans
des commentaires. Un essai sur la gnomonique,
et le traité sur le centre de gravité des corps
solides que nous avons déjà cités, ont été publiés par lui à la suite de deux ouvrages anciens (1). On a dit qu'il avait inventé avant Galilée une espèce de compas de proportion (2);

---

(1) *Ptolemæi de analemmate cum F. Commandini de
horologiorum descriptione*, Romæ, 1562, in-4. — *Archimedis
de iis quæ vehuntur in aqua libri duo a F. Commandino
restituti.* Tartaglia avait déjà publié, en 1549, ce traité
à la fin d'une édition latine des ouvrages d'Archimède ;
mais il ne s'était pas occupé du centre de gravité des solides. Le texte grec existait à cette époque, Commandin l'a-
vait reçu en manuscrit du cardinal Cervino, mais il a été
perdu depuis (*Mazzuchelli, vita d'Archimede*, Brescia, 1737,
in-4, p. 101 et 112-113). Les recherches du géomètre d'Urbin
sur le centre de gravité des solides ont paru les premières,
mais elles ne sont certainement pas les plus anciennes. Voyez
ce que j'ai dit à ce sujet aux p. 41 et 114-115 de ce volume.
Commandin s'est occupé aussi d'une question fort générale,
savoir : de déterminer la courbe formée sur un plan par les
rayons visuels tangens à une figure quelconque donnée
(*Mamiani, G., elogj storici*, p. 22-23).

(2) *Mamiani, G., elogj storici*, p. 36-37. — L'ouvrage où l'on
trouve cette indication pour la première fois, a paru à
Milan presque trente ans après la publication du *Compas
de Galilée* : au reste l'instrument dont parle l'auteur cité
par M. Mamiani n'est pas un compas de proportion (*Oddi,*

mais cette assertion ne repose sur le témoignage d'aucun auteur contemporain : d'ailleurs l'instrument que l'on attribue à Commandin ne pouvait servir qu'à diviser une droite en parties égales. C'était un compas double, à charnière mobile et à branches variables.

Parmi les hommes qui, à cette époque, cultivèrent avec succès la synthèse, il faut citer surtout Jean-Baptiste Benedetti de Venise, qui, à vingt-trois ans (1), avait publié un ouvrage fort ingénieux, intitulé : *Résolution de tous les problèmes d'Euclide avec une seule ouverture de compas* (2). Cette condition augmente de beaucoup

---

fabbrica del compasso polimetro, Milano, 1633, in-4, p. 1-2).

(1) Voyez la vie de Benedetti (*Mazzuchelli, scrittori d'Italia*, Brescia, 1755, 2 tom. en 6 part., in-fol., tom. II, part. 2ᵉ, p. 817), où l'on trouve aussi la liste de ses ouvrages. Baldi, qui en parle dans sa Chronique des mathématiciens (*Urbino*, 1707, in-4, p. 140), n'a pas su apprécier le mérite du géomètre vénitien.

(2) *Benedictis (J. B.) de resolutio omnium Euclidis problematum aliorumque... una tantummodo circuli data apertura*, Venetiis, 1553, in-4. — Dans la dédicace à Gabriel de Guzman, Benedetti dit : « Scientiis eam (*vitam*) placuit a teneris unguiculis consecrare, atque huc usque progressus sum (Deo duce) sine monitore praeceptoreque ullo, nullum gymnasium unquam, nullamque scholam frequentavi, neque

la difficulté : l'écrit dont nous parlons a pu donner à Mascheroni la première idée de sa *Géométrie du compas*. Léonard de Vinci, qu'on est si souvent forcé de citer lorsqu'il s'agit de quelque nouvelle invention, s'était occupé le premier de ce genre singulier de géométrie, mais ses travaux gisaient dans l'oubli. Cardan (1) et Ferrari paraissent l'avoir cultivé aussi avant Benedetti, mais les recherches de Ferrari n'ont jamais paru, et Cardan n'a donné que des indications abrégées sans démonstration. Les méthodes et les solutions du géomètre de Venise décèlent une grande sagacité (2). L'auteur, qui

---

hæc studui, quod vulgus solet (sed absit verbo arrogantia), pro tempore in scholis transacto, eruditionem estimare, ac septennario finito finem studiis imponere, sed dum vivo, illa prosequi. » — Cette dédicace est très importante ; on y trouve pour la première fois la considération de la gravité proportionnelle à la masse, d'où l'auteur déduit que les corps de même forme et de même nature tombent dans le même temps de la même hauteur, quelle que soit leur masse, pourvu que la densité du milieu reste constante.
Voyez la note XXV à la fin du volume.

(1) *Cardani, de subtilitate*, Lugduni, 1559, in-8, p. 526.— Cette édition est postérieure à la publication de l'ouvrage de Benedetti ; mais on voit, par la Dédicace de Cardan, que le traité *de subtilitate* avait déjà paru en 1552.

(2) Voyez la note XXVI à la fin du volume.

n'avait étudié que les quatre premiers livres d'Euclide sous Tartaglia (1), à dix-huit ans, passait, non sans quelque raison, pour un prodige (2). On l'aurait admiré davantage si l'on avait compris, à cette époque, toute l'importance de sa théorie de la chute des graves, dont on n'a jamais parlé, et qui mérite cependant une place distinguée dans l'histoire des sciences. Il devint plus tard mathématicien du duc de Savoie, et mourut en 1590 (3). Sa *Gnomonique* contient des recherches intéressantes; mais c'est dans les *Spéculations mathématiques et physiques* qu'il a consigné les résultats les plus remarquables de ses travaux.

---

(1) C'est l'auteur qui le dit dans la préface de l'ouvrage déjà cité : cette assertion insérée dans un livre qui paraissait dans la patrie de Benedetti et sous les yeux de Tartaglia ne semble pas pouvoir être combattue. Voici le passage original : « Cæterum quia cuiusque quod suum est reddi debet, nam et pium et iustum est, Nicolaus Tartalea, mihi quatuor primos libros solos Euclidis legit, reliqua omnia, privato et labore et studio investigavi, volenti namque scire, nihil est difficile. » — On voit, par cette préface, qu'à peine âgé de vingt-trois ans, il avait préparé un traité complet de mathématiques.

(2) *Mazzuchelli, scrittori d'Italia*, tom. II, part. 2ª, p. 817.

(3) *Riccioli, chronologia reformata*, Bononiæ, 1669, 3 vol. in-fol., tom. III, p. 246.

Ce livre (1), qui est divisé en six parties, contient les *Théorèmes arithmétiques*, la *Perspective*, la *Mécanique*, les *Proportions*, les *Disputes* et des *Lettres* sur les mathématiques et sur la
physique. Tant de matières différentes y sont
traitées que l'on ne saurait en donner une analyse détaillée. Nous nous bornerons à dire que,
dans ses Théorèmes, il a construit et résolu géométriquement la plupart des théorèmes de l'a-
rithmétique et de l'algèbre élémentaire, à-peu-
près comme on le ferait aujourd'hui (2). Ces
premiers élémens de la géométrie analytique
méritent d'être remarqués (3). Dans sa *Mécanique*, il a su expliquer l'action de plusieurs
machines (4); il a connu la force centrifuge,
et il a dit que, laissés en liberté, les corps s'échap-

---

(1) *Benedicti (J. B.) patritii Veneti diversarum specula-
tionum*, Taurini, 1585, in-fol.

(2) Ces *Théorèmes arithmétiques* contiennent des recherches assez curieuses sur les nombres : l'auteur y donne la démonstration de l'équation $abc = bac$ (*Benedicti diversar. speculat.*, p. 57). On sait que Legendre a démontré des propositions analogues dans sa *Théorie des Nombres*.

(3) Voyez la note XXVII à la fin du volume.

(4) Surtout le coin et la moufle, qu'il réduit au levier (*Benedicti diversar. speculat.*, p. 162-163).

pent par la tangente (1); l'équilibre du levier recourbé a été bien déterminé par lui (2). Il a réduit le mouvement d'un corps à celui de son centre de gravité, et il a expliqué par là pourquoi les sphères et les cylindres, dont le centre de gravité ne monte pas lorsqu'on les fait tourner sur un plan horizontal, offrent moins d'obstacles au mouvement que les autres corps (3). Dans ses *Disputes*, il prend à partie Aristote et il combat avec raison plusieurs de ses assertions. Il reproduit ici ce qu'il avait dit ailleurs sur la chute des graves, et il prouve que *dans le vide les corps de différente masse tombent avec la même vitesse* (4). Il dit qu'Aristote s'est trompé en voulant démontrer que le vide n'existe

---

(1) *Benedicti diversar. speculat.*, p. 160-161.

(2) C'est en cherchant à résoudre cette question qui avait embarrassé tant de mathématiciens que Benedetti a donné le théorème fondamental de la théorie des momens, théorème qu'il énonce de la manière suivante : « Quod quantitas cuiuslibet ponderis, aut virtus movens respectu alterius quantitatis cognoscatur beneficio perpendicularium ductarum a centro libræ ad lineam inclinationis » (*Benedicti diversar. speculat.*, p. 143).

(3) *Benedicti diversar. speculat.*, p. 155-159.

(4) Voyez la note XXV à la fin du volume.

pas (1), et que ce n'est pas, comme le suppo-
saient les péripatéticiens, l'air qui est dans une
outre qui en augmente le poids dans l'air,
mais que cette augmentation de poids est due à la
condensation de l'air qu'on y a introduit par
force (2). Cette distinction est ingénieuse et

---

(1) « Quam sit inanis ab Aristotele suscepta demonstratio
quod vacuum non detur » (*Benedicti diversar. speculat.*,
p. 179).

(2) Voici ce que dit à cet égard Benedetti (*Diversar. speculat.*, p. 185) :

« Omne corpus esse in loco proprio grave, ut Aristoteli placuit, non est admittendum.

« Cap. XXVI, Arist. 4 cap., lib. 4. de cœlo sic scribit.

« Suo enim in loco gravitatem habent omnia præter ignem,
signum cujus est utrem inflatum plus ponderis, quam vacuum habere, etc.

« Quo in loco, manifeste indicat se causam nec gravitatis, nec
levitatis corporum naturalium nosce, quæ est densitas aut raritas corporis gravis, aut levis, maior densitate, aut raritate
medij permeabilis, in quo reperitur.

« Exemplum qui ipse de utre inflato proponit, debuisset saltem ei oculos ad veritatem, quæ clarissime fulget, inspicien-
dum aperire, verissimum est, utrem inflatum plus ponderis
habere quam vacuum, aut quando aer in eo non est per vim
inclusus.

« Ratio autem hujus rei est, quia quando inflatus est, ea
quantitas aeris, in eum per vim iniecti, minorem occupat
locum, quam si eidem libere vagari permitteretur, unde vio-
lenter, quodammodo, condensata est, et quia corpus den-

vraie; elle prouve, avec ce qu'on lit plus loin sur l'explication des effets des ventouses, qu'il faut faire remonter au seizième siècle la découverte de la gravité et de l'élasticité de l'air (1).

---

sum, in minus denso, semper descendit, et minus densum in magis denso ascendit. Hanc ob causam uter inflatus plenus corpore magis denso, quam est medium quod eum circumdat, descendit, non quia aer in aere aut aqua in aqua sit gravis. »

(1) « Qui autem asserunt cucurbitæ, quam apponunt chirurgi, effectum ex eo nasci, quod calidi sit attrahere, valde aberrant a vero, quia hoc, non nisi a raro, et a denso immediate, a calido et frigido causatis efficitur, quia aer in cucurbita rarefactus a calore et per consequens dilatatus, statim ut a dicto calore deseritur, iterum condensatur et tanto citius, quanto aer ambiens frigidior existet, et quia eadem materia cum condensata fuerit minorem semper occupat locum, restringens igitur sese in cucurbita aer dum condensatur, necessario fit ne ulla, scilicet pars vacua, remaneat quod cum alius aer ingredi cucurbitam nequeat aliud corpus ingrediatur. Idem cum amphora in qua nullum aliud, quam aerem sit corpus experiri possumus, si eam ad ignem primo calefactam, deinde cum ore in amplo aliquo cyatho, aut alio vase, vino aut aqua pleno ubi videbimus huiusmodi liquorem statim sursum ferri, quia dum calefit amphora, rarefit quoque aer qui in ea continetur, et quia rarescit dilatatur, et quia dilatatur, egit maiore loco; et ideo magna pars eius foras exit; cum vero ea aeris portio, quæ intus remanserit, iterum condensatur ob defectum caloris, restringitur minorique indiget loco. Quod cum ita se habeat, necessarium est, in alicuius locus vacuus remaneat, ut aliud quoddam corpus ingrediatur, cum ad ingrediendum aeri non patuerit aditus.

Nous verrons au reste bientôt que ces idées étaient alors généralement répandues parmi les savans italiens. Benedetti combat aussi l'assertion d'Aristote, qui attribue la chaleur solaire au mouvement de cet astre (1); il explique les variations annuelles de la température par la différente inclinaison des rayons qui se réfléchissent à la surface de la terre, et par l'inégale épaisseur des couches atmosphériques qu'ils doivent traverser suivant qu'ils arrivent plus ou

---

Quod si corpus admodum non erit fluxile, aut humidum, ita ut ingredi amphoram possit ita amphoræ hærebit, ut non cito divelli possit, et eomodo sæpe cum admiratione videam fragile vas vitreum magnum et grave lapideum corpus elevare. Sed ut ad densum et ad rarum redeamus, mihi videtur frigidum esse consequentem qualitatem densi, et calidum rari, quia quævis res dum calefit, rarefit, et quælibet materia dum refrigeratur, simul condensatur. Qua ratione fit ut terra frigidior sit aqua, et ignis calidior fit aere.

« Nec proprie locutus est Aristoteles 9 et 10 capite primi lib. et secundo secundi metheororum cum dixerit calorem solis eum esse, qui sursum humores, vaporesque evehat, quia sol nil aliud facit, quam calefacere, cuius caloris ratione, ea materia rarefit et ob rarefactionem levior facte ascéndit, non quia sursum a sole feratur. »

(1) « Non esse solis calorem a motu locali ipsius corporis solaris, Aristoteli placuit. » (*Benedicti diversar. specul.*, p. 187.)

moins obliquement (1). Il y a là, comme on le voit, beaucoup de saines idées de physique. La scintillation des étoiles est expliquée dans cet ouvrage par le mouvement des couches interposées (2), on y rejette l'incorruptibilité des cieux (3), et l'on y soutient la pluralité des mondes (4); on y parle des vapeurs qui peuvent réfléchir la lumière, et de leur condensation par le froid (5). Enfin on y mentionne l'inflamma-

(1) Cependant Benedetti s'est trompé en considérant la terre comme un miroir qui réfléchit les rayons calorifiques, de manière à faire l'angle d'incidence égal à celui de réflexion (*Benedicti diversar. speculat.*, p. 188-189 et 359).

(2) *Benedicti diversar. speculat.*, p. 186.

(3) *Benedicti diversar. speculat.*, p. 197.

(4) *Benedicti diversar. speculat.*, p. 195.

(5) *Benedicti diversar. speculat.*, p. 191, 412 et 416. — Dans ses lettres, l'auteur applique ses principes à la suspension des nuages de la manière suivante (p. 361): « De causa suspensionis nubium in aere contra Antonium Bergam. — Clarissimo Francisco Venerio.

« Ego enim non tantum miror ea quæ mihi scripsisti de opinione Ortensij quantum quod Antonius Berga putat nubes a sole suspensas teneri, id plane falsum est, vera causa huiusmodi effectus, alia nulla est, nisi earundem raritas, hoc est, cum rariores sint ipso aere subiecto, propterea supra ipsum natant et stant sub eo qui rarior ipsis est, eo quod corpora rariora posita in medio non tam raro, ascendunt, et densiora in medio minus denso descendunt. Nam si sol

tion spontanée des matières en fermentation. (1)

Dans sa correspondance, Benedetti traite une multitude de questions diverses. La correction du calendrier, l'art nautique, la géométrie (2), l'astronomie, l'hydrostatique, la musique, la physique, forment tour-à-tour le sujet de ses

---

ipsas nubes suspensas in aere teneret, hoc inter diu tantummodo foret, sed noctu cur non descendunt usque ad terram et in eodem loco semper manent? Sciendum igitur est nubes ascendere in altum quousque inveniant aerem eiusdem raritatis cuius ipsæ sunt. Raritas enim et densitas non sunt res visibiles nisi per accidens, quemadmodum etiam levitas, et gravitas, opacitas vero et diaphaneitas magis compræhenduntur; opacitas enim ex reflexione radiorum luminosorum, diaphaneitas vero compræhenditur ex penetratione ipsorum radiorum; opacitas autem nubis non est densitas, cum valde diversa sit densitas ob opacitate, sicut raritas ab diaphaneitate, ut alias dixi. Et quando dixit, quod sol calefaciendo aerem ipsam nubem ambientem, rarefaciat eum magis quam ipsam nubem, respondeo, hoc verum non esse, propterea quod radius solis non multum calefacit ea corpora, quæ ipsi permittunt liberum transitum, unde corpora, quando magis diaphana sunt tanto minus ab ipso radio luminoso calefiunt, sed ea quæ magis opaca sunt magis etiam calefiunt et per consequens magis rarefiunt, cum calidi sit per se rarefacere, et non attrahere, ut ipsi et fere omnes alij putant.

(1) *Benedicti diversar. speculat.*, p. 190.

(2) Il a résolu le problème de déterminer un cercle dans lequel on puisse inscrire un quadrilatère dont les quatre côtés sont donnés (*Benedicti diversar. speculat.*, p. 211).

lettres. Son élément est la polémique : ici il corrige Nonius, là il combat Tartaglia, pour lequel cependant il professe toujours une grande vénération : il était l'ennemi des péripatéticiens ; et il rendit des services réels à la physique en combattant leurs erreurs. Sous ce rapport surtout, le mathématicien du duc de Savoie a bien mérité de la science. Benedetti, dont le nom est à peine prononcé aujourd'hui en Italie, doit être placé au premier rang des savans du seizième siècle. (1)

Cette courte analyse suffirait déjà pour prouver que dès cette époque Aristote ne dominait plus dans les écoles italiennes. Si nous devions écrire l'histoire de la philosophie, nous prouverions par une multitude de faits que ce sont les Italiens qui ont renversé l'ancienne idole des philosophes. On répète sans cesse que la

---

(1) Il me semble que M. Chasles a été trop sévère envers Benedetti, lorsqu'il a dit : « Les ouvrages de Cardan et de Tartalea, infiniment supérieurs à celui de J.-B. Benedetti » (*Chasles, aperçu*, p. 541). — Car si Benedetti a moins d'invention en algèbre, il prend amplement sa revanche en physique et en mécanique. Montucla a fait un éloge mérité des travaux du savant vénitien (*Montucla, hist. des math.*, tom. I, p. 693-694).

lutte a été engagée par Descartes, et on le pro-
clame le législateur de la philosophie moderne.
Mais, lorsqu'on examine les écrits scientifiques
de Fracastoro, de Benedetti, de Cardan (1), et
surtout ceux de Galilée; lorsqu'on voit de tous
côtés s'élever des protestations énergiques contre le péripatétisme, on se demande ce qui restait à faire à l'inventeur des tourbillons pour
abattre la philosophie naturelle d'Aristote. D'ailleurs les mémorables travaux de l'école Cosentine (2), de Telesius, de Giordano Bruno, de
Campanella; les écrits de Patrizj, qui fut bon
géomètre aussi, de Nizolius, que Leibnitz esti-
mait tant (3), et des autres métaphysiciens de la

(1) Voyez à ce sujet *Tiraboschi, storia della lett. ital.*, vol.
XI, p. 429-444.
(2) Voyez sur l'école Cosentine, *Spiriti, memorie degli
scri   , Cosentini*, Napoli, 1750, in-4, p. 23-29, 39-46, 83-
93 etc. — *Tiraboschi, storia della lett. ital.*, vol. XI, p. 435
et suiv. — *Zavarroni, bibliotheca calabra*, Neapol., 1753,
in-4, p. 126-129. — *Toppi, biblioteca napolitana*, Napoli,
1678, in-fol., p. 47. — *Nicodemo, addizioni alla biblioteca
napolitana*, Napoli, 1683, in-fol., p. 52-54. — *Bruckeri,
historia philosophiæ*, Lipsiæ, 1767, 6 vol. in-4; tom. V,
p. 12-62, etc., etc.
(3) On sait que Leibnitz a fait réimprimer le traité de Nizolius : *De veris principiis et vera ratione philosophandi,
contra pseudo-philosophos*, qui avait paru d'abord en 1553.

même époque, prouvent que l'ancienne philosophie avait déjà perdu son empire au-delà des
Alpes, lorsque Descartes se jeta sur des ennemis en déroute. Le joug était secoué en Italie, et
l'Europe entière n'avait qu'à suivre l'exemple,
sans qu'il fût nécessaire de donner une nouvelle impulsion.

Mais il est temps de revenir à notre sujet. Des
faits qui se lient et s'enchaînent nécessairement
nous ont forcé d'anticiper sur l'avenir et de citer
des noms qui appartiennent à une époque plus
récente. Nous allons maintenant retourner sur
nos pas pour exposer rapidement les travaux
et les découvertes algébriques des Italiens au
seizième siècle, et nous commencerons par Luc
Pacioli, dont l'immense compilation a servi de
guide aux géomètres qui lui ont succédé.

Ce moine de l'ordre des Mineurs naquit à
Borgo San Sepolcro en Toscane, vers le milieu
du quinzième siècle (1). On a très peu de rensei-

---

(1) Dans la *Summa arithmetica geometria*, l'auteur se
nomme seulement *Frater Lucas de Borgo Sancti Sepulchri*;
mais dans la première dédicace de *la Divina proportione*, il
s'appelle *Frater Lucas Patiolus Burgensis* et dans la seconde
Pacioli; c'est le nom qui lui est resté.

gnemens sur sa vie. Il en est à peine question dans les biographies religieuses (1), et l'on est réduit à chercher quelques détails dans les dédicaces de ses ouvrages et dans les registres des universités où il professa. Il enseigna successivement les mathématiques à Pérouse, à Rome, à Naples, à Pise, à Venise (2). Il paraît même qu'il rédigea plusieurs fois le texte de ses leçons; mais il n'est pas certain qu'il ait publié ces premiers ouvrages (3). Plus tard il alla se fixer à Milan, à la

---

(1) *Waddingus, scriptores ordinis minorum*, Romæ, 1806, in-fol., p. 162. — Wadding ne s'est pas même donné la peine d'indiquer exactement les ouvrages de Pacioli, qu'il a partagés en autant de traités qu'ils contiennent de parties.

(2) *Baldi, cronica de matematici*, Urbino, 1707, in-4, p. 107. — *Fabroni, historia academiæ Pisanæ*, Pisis, 1791, 3 vol., in-4, tom. I, p. 392. — *Renazzi, storia dell' università di Roma*, Roma, 1803, 4 vol., in-4, tom. I, p. 227.—*Vermiglioli, biografia degli scrittori Perugini*, Perugia, 1828, 2 vol., in-4, tom. I, p. 214. — Vermiglioli se plaint que Tiraboschi n'ait pas parlé de la chaire que Pacioli avait occupée à Pérouse, mais il se trompe, car Tiraboschi avait indiqué cette circonstance dans le vol. VII, p. 380, de son Histoire de la littérature italienne.

(3) C'est Pacioli lui-même qui nous fait connaître ce fait : voici ce qu'il dit à ce sujet : « Per l'operare de l'arte magiore : ditta dal vulgo la regola de la cosa over Alghebra e amucabala servaremo noi in questo le qui da lato abreviature over caratteri : si commo ancora neli altri nostri quatro volumi de

cour de Louis-le-More; il y travailla avec Léonard de Vinci, et à l'arrivée des Français, il quitta
la Lombardie avec lui (1). Florence et Venise

---

simili discipline per noi compilati havemo usati : cioe in
quello che ali gioveni di Peroscia intitulai nel 1476. Nel quale
non con tanta copiosità se tratto. E anche in quello che a
Zara nel 1481 de casi più sutili e forti componemmo. E anche
in quello che nel 1470 derizammo alli nostri relevati disci-
puli ser Bart°. et Francesco e Paulo fratelli de Ropiansi da
la Zudeca, degni mercatanti in Vinegia : figlioli già de ser
Antonio. Sotto la cui ombra paterna e fraterna in lor propria
casa me relevai. E a simili scientie sotto la disciplina de miser
Domeneco Bragadino li in Vinegia da la excelsa signoria
lectore de ogni scientia publico deputato. Qual fo immediate
successore al perspicacissimo e Reverendo doctore, e di san
Marco canonico maestro Paulo da la Pergola suo preceptore.
E ora a lui, al presente el magnifico et eximio doctore miser
Antonio Cornaro nostro condiscipulo, sotto la doctrina del
detto Bragadino. E questo quando eravamo al secolo. Ma da
poi che l'abito indegnamente del seraphyco san Francesco ex
voto pigliammo : per diversi paesi c' è convenuto andare
peregrinando. E al presente qui in Peroscia per publico
emolumento a satisfation comuna : a simili facoltà ci retro-
viamo. E sempre per ordine de li nostri reverendi prelati:
maxime del reverendissimo P. nostro generale presente
maestro Francesco Sansone da Brescia : correndo gli anni
del nostro signore Jesu Christo 1487. L'anno 4° del pontifi-
cato del sanctissimo in Christo P. Innocentio Ottavo » (*Pacioli*,
summa de arithmetica geometria, part. I, f. 67, dist. V,
tr. 1). — Ce passage contient tout ce que nous avons de plus
authentique sur la vie de Pacioli.

(1) *Pacioli, divina proportione*, f. 1 et 28.

sont les villes où il paraît avoir résidé dans les dernières années de sa vie. On ignore à quelle époque il mourut, mais ce fut probablement peu de temps après avoir dédié, en 1509, la *Divina proportione* à Pierre Soderini, gonfalonier perpétuel de la république de Florence; car depuis cette année on ne trouve son nom mentionné nulle part.

Pacioli a été souvent cité après sa mort, mais peu de ses contemporains parlent de lui. Daniel Gaetano, qui a publié son commentaire sur Euclide, assure qu'il fut très savant dans toutes les sciences, et loue beaucoup son talent d'orateur. Les personnes qui ont lu ses ouvrages pourraient peut-être conserver quelques doutes sur ce dernier point, car ils sont écrits d'une manière si barbare qu'ils semblent mériter le nom de *Ceneraccio* que leur donnait Annibal Caro (1). Mais ce Ceneraccio, comme ajoutait le célèbre traducteur de l'Enéide, renferme beaucoup d'or, et ce sont les ouvrages du moine toscan qui ont servi de base aux travaux de tous les mathématiciens du seizième siècle.

_____

(1) *Baldi, cronica de matematici,* p. 107.

Il composa d'abord la *Somme d'arithmétique et de géométrie*, qui, pour la première fois, parut à Venise en 1494. Cet ouvrage est divisé en deux parties (1) : la première renferme l'arithmétique et l'algèbre; la seconde contient la géométrie. On a déjà vu que Pacioli nous a conservé une portion du traité de Fibonacci sur les nombres carrés : c'est dans la première *Distinction* de la *Somme d'arithmétique* que sont exposées les recherches difficiles du géomètre de Pise sur la théorie des nombres. On y trouve la résolution de plusieurs équations indéterminées du second et du quatrième degré, la somme de certaines séries numériques et une table des *nombres parfaits* (2). La seconde distinction contient les quatre règles avec tous les genres de multiplication et de division alors usités, avec les règles du sept et du neuf; le calcul des radicaux les plus simples, la somme de la série des carrés et des cubes (3), et la résolution de quelques problèmes arithmétiques fort curieux.

(1) Voyez l'extrait qu'en a donné M. Chasles (*Aperçu*, p. 533-538).

(2) *Pacioli, summa de arithmetica geometria*, part. I, f. 7, 26, etc.

(3) *Pacioli, summa de arithmetica geometria*, part. I,

Dans les deux distinctions suivantes, on enseigne le calcul des fractions. La cinquième contient la règle de trois, et se termine par l'exposition des notations algébriques employées par l'autre (1). La sixième distinction est consacrée aux progressions en général. La règle d'Helcataym, ou de *fausse position,* se trouve dans la septième, qui est terminée par un grand nombre de préceptes pour la résolution des problèmes de premier degré. La huitième contient l'algèbre et l'almucabale, autrement appelée l'*art de la chose* ou l'*art majeur,* où sont résolues les équations du second degré avec leurs dérivées du quatrième et du sixième. Enfin dans la dernière distinction on trouve des applications aux questions commerciales. La seconde partie renferme en huit distinctions un traité complet de géométrie théorique et pratique. En le comparant avec les manuscrits de Fibonacci, on voit que le moine

f. 38, 44, 45, etc. — Dans la distinction huitième, Pacioli reprend le calcul des radicaux; il donne les règles pour les multiplier, pour les diviser et pour extraire dans certains cas la racine des binomes.

(1) *Pacioli, summa de arithmetica geometria,* part. I, f. 67.

de San-Sepolcro a pris pour modèle la *Pratique de la Géométrie,* dont nous avons donné précédemment des extraits.

Ce grand recueil se compose surtout de matériaux tirés d'ouvrages dont nous avons déjà parlé. Quelques-uns des écrits de Fibonacci y sont reproduits presque en entier. C'est là qu'on trouve tout ce qui nous reste de ce Traité des nombres carrés (1) où sont résolues des questions qui, même à présent, offrent de grandes difficultés. Pacioli s'est tant servi des travaux de Léonard de Pise qu'après l'avoir nommé fort souvent, il dit, pour abréger, que lorsqu'il ne cite personne, c'est à Léonard qu'il a emprunté (2). Il y a dans la *Somme d'arithmétique* une méthode fort ingénieuse pour la résolution de plusieurs équations indéterminées du second ou du quatrième degré (3). Sans être générale, elle

_____

— (1) Voyez ci-dessus tom. II, p. 40.

(2) « E perchè noi seguitiamo per la magior parte Leonardo Pisano, io intendo dechiarire che quando si porrà alcuna proposta senza autore, quella fia di detto Leonardo. E quando d'altri fia, qui sarà l'autorità adiuta » (*Pacioli, summa de arithmetica geometria*, part. II, f. 1, dist. I, c. 1).

(3) Voici l'énoncé de quelques-unes des questions d'analyse indéterminée, résolues par Pacioli , « Trovame un nu-

mérite d'être remarquée. On y trouve aussi, sans démonstration à la vérité, des règles pour déterminer la somme des carrés ou des cubes des nombres naturels (1). Outre la résolution des

---

mero che trattone 5 resti quadrati e giontovi 12 faci quadrato. — Trovame un numero quadrato che giontovi 30 la summa simelmente sia quadrata, e trattone 30 ancora el remanente sia numero quadrato. — Trovame un numero quadrato che trattone 7 remanghi quadrato e giontoci 7 ancora la summa sia quadrata. — Trovame un numero quadrato che giontovi 5 facia quadrato, e trattone 5 ancora resti quadrato. — Trovame un numero quadrato che giontovi 13 facia quadrato e trattone 13 remanga quadrato.— Trovame un numero quadrato che trattone le tre sue radici resti quadrato, e giontovi le 3 sue radici ancora facia quadrato. » (*Pacioli, summa de arithmetica geometria*, part. I, f. 17, 15, et 16, dist. I, tr. 4.)

Voyez la note XXVIII à la fin du volume.

(1) Ces règles correspondent exactement aux formules que l'on emploie aujourd'hui pour le même objet (*Pacioli, summa de arithmetica geometria*, part. I, f. 38, dist. II, tr. 5, r. 10, et f. 44, dist. II, tr. V, c. 30). Pacioli dit que la première est due à Fibonacci; et il y a lieu de penser que les autres lui appartiennent aussi. « Le quali cose de raccoglier detti numeri donde la forza di tali regole proceda, Leonardo Pisano in un tratato che lui fece de quadratis numeris probat geometrice omnia que usque non dicta sunt de collectione maxima numerorum quadratorum.» (*Pacioli, summa arithmetica geometria*, part. I, f. 39, dist. II, tr. 5, r. 12). — On déduit de ce passage que Fibonacci avait donné les démonstrations, et qu'elles étaient géométriques.

équations du second degré, qui est enseignée
dans une petite pièce de vers (1), on y voit la
résolution des équations dérivées. du second
degré (2), et celle de certaines équations exponentielles (3). Dans quelques problèmes relatifs
à la règle des partis, le calcul des probabilités se
montre pour la première fois (4). Son calcul des

---

(1) *Pacioli, summa de arithmetica geometria*, part. I,
f. 145, dist. VIII, tr. 5. — On verra plus loin que Tartaglia
a mis en vers les règles pour la résolution des équations du
troisième degré.

(2) *Pacioli, summa de arithmetica geometria*, part. I,
f. 149, dist. VIII, tr. 8, art. 6.—Cardan dit qu'on ne connaît
pas celui qui a résolu ces équations : cependant elles se
trouvent déjà dans Fibonacci, dans l'algèbre d'*Alibabraa* que
nous avons déjà citée et dans d'autres ouvrages (*Cardani Ars
magna*, Nurembergiæ, 1545, in-fol., f. 3, cap. 1. — Voyez ci-
dessus tom. II. p. 519). Au reste, Pacioli s'est occupé des
équations dérivatives de tous les degrés, et il a résolu aussi
une équation complète du quatrième degré. Ces solutions
numériques se trouvent fréquemment dans les anciens traités
d'algèbre (*Pacioli, summa de arithmetica geometria*, part. I,
f. 44, dist. II, tr. 5); mais la méthode de Pacioli mérite d'être
remarquée, parce qu'elle peut réussir dans d'autres cas.

(3) *Pacioli, summa de arithmetica geometria*, f. 39. L.
p. 327, part. I, f. 187, dist. IX, tr. 7, pr. 8. — Pacioli résout
par approximation l'équation exponentielle.
Voyez la note XXIX à la fin du volume.

(4) La première question que veut résoudre Pacioli est la
suivante : « Una brigata gioca a palla a 60, el gioco e 10 per

radicaux simples et composés contient les règles
et les simplifications principales pour les radicaux des premiers degrés (1). Enfin on y trouve
l'application de l'algèbre à la géométrie (2) et une

---

caccia, e fanno posta ducati 10; acade per certi acidenti che
non possono fornire e l'una parte a 50 e l'altra 20 : se dimanda
che tocca per parte de la posta. » — Il dit qu'il a entendu
plusieurs personnes en donner différentes solutions qu'il
n'adopte pas. Pour la résoudre, il prend la somme des coups
qu'on peut faire; il en trouve onze, le premier joueur a cinq
onzièmes, le second deux onzièmes : leur somme, qui est
sept onzièmes, vaut dix ducats; donc, par la règle de trois,
le premier aura sept ducats et un septième, et le second deux
ducats et six septièmes. Comme on le voit, cette solution
est inexacte; car on sait maintenant que le second joueur
devrait avoir seulement un seizième de l'enjeu, et le premier
tout le reste (*Pacioli, summa de arithmetica geometria*,
part. I, f. 197, dist. IX, tr. 10). D'autres questions du même
genre sont résolues par l'auteur d'une manière analogue.

(1) Cossali (*storia dell' algebra*, Parma, 1797, 2 vol. in-4,
tom. II, p. 220-265) a donné une analyse des recherches de
Pacioli sur les radicaux : je ne la reproduirai pas ici pour
éviter de trop longs calculs. Fibonacci avait déjà indiqué
quelques-unes des plus simples réductions.

(2) Cossali s'est étonné avec raison que l'on pût mécon-
naître les travaux des Italiens sur les applications de l'algèbre à la géométrie. Le titre suivant d'un petit traité con-
tenu dans la *Somme* de Pacioli prouve que ces recherches
sont beaucoup plus anciennes qu'on ne le croit commune-
ment. « *Modus solvendi varios casus figurarum quadrila-
terarum rectangularum per viam algebre.* » (*Pacioli, summa de arithmetica geometria*, part. II, f. 15, dist. III, c. 3).

multitude de faits, relatifs à diverses branches des connaissances humaines et fort utiles aux personnes qui veulent étudier l'histoire des sciences (1). C'est, par exemple, dans un traité de commerce inséré dans cette *Somme* (2), que l'on trouve pour la première fois la tenue des livres en partie double.

Dans la *Divina proportione*, Pacioli a voulu

---

(1) Ainsi, par exemple, on voit, contrairement à ce qu'a pensé M. Chasles (*Aperçu*, p. 473), que du temps de Pacioli on appelait *abbaco*, non-seulement la numération moderne, mais aussi celle des Romains (*Pacioli, summa de arithmetica geometria*, part. I, f. 202, dist. IX, tr. 11, c. 15).

(2) Dans le catalogue La Vallière, on a prétendu que Pacioli avait été un plagiaire, parce que dans son ouvrage on trouve inséré en entier le *Libro di mercatantie et usanze di paesi* qui a paru pour la première fois à Florence, en 1481, in-4. M. Brunet, qui a rétabli dans ses *Nouvelles recherches* la date de l'ouvrage de Pacioli, a cru que ce savant moine était aussi l'auteur du *Libro* cité. Cependant les manuscrits attribuent cet ouvrage à un nommé Chiarini. Je croirais plutôt que Pacioli l'a inséré dans sa *Somme*, comme une table toute faite qu'il copiait sans vouloir nullement se l'approprier (*Pacioli, summa de arithmetica geometria*, part. I, f. 211, dist. IX, tr. 12. — *Brunet, Nouvelles recherches*, Paris, 1834, 3 vol. in-8, tom. II, p. 303). J'ajouterai ici que dans le catalogue de La Vallière, on a confondu mal-à-propos Pietro Borgo (de Venise), avec Luc Pacioli de Burgo.

faire servir de base à toutes les sciences une certaine proportion connue depuis long-temps des
géomètres. Il en a déduit les principes de l'architecture, les proportions de la figure humaine,
et même celles qu'il faut donner aux lettres de
l'alphabet. C'est un traité systématique dont le
principal mérite consiste dans la coopération de
Léonard de Vinci, qui a gravé (1) les figures et qui
a probablement aussi dirigé la partie qui se rapporte aux arts. Il y a quelques propositions de
géométrie sur l'inscription des polyèdres les
uns dans les autres, qui doivent exciter l'attention des personnes qui cultivent la synthèse. On
y trouve aussi l'emploi des lettres pour indiquer
des quantités numériques (2). D'ailleurs, cet ouvrage contient un grand nombre de faits biogra-
phiques curieux qui en rendent la lecture fort
intéressante pour tous ceux qui s'occupent de

---

(1) « Tanto ardore ut schemata quoque sua Vincii nostri
Leonardi manibus sculpta » (*Pacioli, divina proportione,*
part. I, signat. A. II).

(2) *Pacioli, divina proportione,* part. I, f. 4, c. VII. —
« Sieno tre quantite de medesimo genere (che altramente non
se intende essere fra loro proportione), la prima sia. a. e sia. 9.
per numero, la seconda sia. b. e sia. 6. la terza sia. c. e sia. 4.
Dico che fra loro sonno doi proportioni, l'una dal. a. al. b...»

l'histoire littéraire ou scientifique de l'Italie.

Un autre ouvrage publié peu de temps après la *Divina proportione* est encore plus intéressant pour l'histoire des sciences : c'est la *Somme d'arithmétique* que François Ghaligai dédia en 1521 au cardinal Jules de Médicis, plus connu depuis sous le nom de Clément VII. L'auteur était probablement un des ancêtres de cette maréchale d'Ancre dont le nom rappelle le premier crime d'un prince cruel, qui trembla toute sa vie, et qui, n'ayant pas le courage de punir en roi, se fit chef d'assassins pour partager avec ses courtisans les dépouilles de la victime : de cette Eléonore Galigai, dont les enfans, non moins malheureux que les enfans du favori de Tibère, étaient forcés de danser un menuet devant la cour, pendant que leur mère montait à l'échafaud ! La *Somme d'arithmétique,* en treize livres, contient la résolution des équations déterminées des deux premiers degrés; celle de plusieurs équations indéterminées assez difficiles (1), le calcul des ra-

---

(1) C'est dans le livre VIII qu'on trouve ces recherches : l'auteur a aussi imité Fibonacci (*Ghaligai, summa de arithmetica,* Firenze , 1521, in-4, f. 60 et suiv.).

dicaux les plus simples et quelques notations plus ou moins ingénieuses. Mais c'est surtout comme répertoire historique que cet ouvrage acquiert de l'importance (1). On y trouve des fragmens considérables du traité des nombres carrés de Fibonacci ; des extraits d'une algèbre traduite de l'arabe par ce Guillaume de Lunis que nous avons déjà cité (2) : quelques recherches tirées des écrits de Jean del Sodo, qui avait été le maître de Ghaligai (3), et des citations relatives à ce Benedetto, que Verino a tant célébré, et dont nous ne connaissons pas les ouvrages. (4)

L'ouvrage de Ghaligai, moins diffus que celui de Pacioli, a dû avoir plus d'influence sur l'étude des mathématiques. C'est un résumé fort bien fait de tout ce qu'on savait alors. Il se distingue sous ce rapport de tous les traités précédens, et il a dû être employé avec avantage comme ouvrage élémentaire. On pourrait citer aussi d'au-

---

(1) Voyez la note XXX à la fin du volume.

(2) Voyez ci-dessus, tom. II, p. 46.

(3) *Ghaligai, summa*, f. 2. — Dans le livre X, Ghaligai a donné les notations algébriques de del Sodo.

(4) Voyez ci-dessus, tom. II, p. 206.—*Poccianti, catalogus scriptorum florentinorum*, Florentiæ, 1589, in-4, p. 27.

tres *Abbachi* de la même époque. Celui de Pellos, écrit en patois de Nice à la fin du quinzième siècle (1); celui de Pierre de Burgo; qu'on a mal-à-propos attribué à Pacioli (2). L'arithmétique de Sfortunati de Sienne, dont le nom se trouve mêlé à la grande querelle entre Tartaglia et Cardan (3); celle d'Uberti, où l'on donne les règles et les figures pour calculer avec les doigts (4); le traité de Feliciano, intitulé *Scala grimaldelli* (5); un petit ouvrage composé par Verini (6), où se trouvent des jeux numériques; la *Pratique des mathématiques* par Catani de Sienne (7); enfin l'ouvrage d'Ortega, qui a été composé en Italie par un Espagnol et publié à Rome en 1515 (8). Mais ces divers écrits ne

---

(1) *Pellos, compendion de abacho,* Thaurino, 1492, in-4.

(2) *Borgo, libro de abacho,* Venetia, 1561, in-4.

(3) *Sfortunati, nuovo lume di arithmetica,* Venetia, 1561, in-4.

(4) *Uberti, thesoro universale de abacho,* Vinegia, 1548, in-8°.

(5) *Feliciano, libro di arithmetica e geometria, intitulato scala grimaldelli,* Vinegia, 1550, in-4.

(6) *Verini, specchio del mercatante,* Milano, 1542, in-8.

(7) *Catani, pratica delle due prime matematiche,* Venetia, 1546, in-4. — Dans cet ouvrage on cite Fibonacci.

(8) *Ortega, summa de arithmetica,* Roma, 1515, in-fol. Voyez la note XXXI à la fin du volume.

contiennent que les premiers élémens : ils sont moins complets que ceux que nous venons d'analyser, et ne méritent pas qu'on s'y arrête. Nous exposerons de préférence les travaux de ces analystes qui ont tant perfectionné une des principales branches de l'algèbre : la résolution littérale des équations.

Jusqu'à la fin du quinzième siècle, les mathématiciens n'avaient pu résoudre que les équations déterminées des deux premiers degrés, avec quelques-unes des équations dérivatives qui en dépendent : on n'avait jamais considéré les racines négatives ni les imaginaires; et l'on s'était à peine aperçu, dans un cas spécial, de la multiplicité des racines. Ce sont les algébristes italiens du seizième siècle qui, lorsque la science était encore dans l'enfance, ont inventé le calcul des imaginaires et résolu les équations générales du troisième et du quatrième degré : ils ne se sont arrêtés qu'à une barrière que tous les efforts de Lagrange n'ont pu franchir, et que l'on considère à présent comme insurmontable.

La résolution des équations du troisième degré fut une découverte remarquable : pour y parvenir, il fallait créer de nouvelles méthodes. Et, cependant, le nom de celui qui résolut le premier ces équations ne nous est arrivé que par hasard : aucun historien du temps ne le cite, et sa méthode a péri avec lui. Cet homme, à qui l'algèbre doit un si notable progrès, fut Scipion Ferro de Bologne, qui professa dans cette ville, depuis 1496 jusqu'en 1525 (1). Ayant résolu généralement cette équation qu'on désignait alors par le nom de *cubes et choses égales aux nombres*, il mourut sans publier sa découverte; mais il avait confié sa formule à Antoine Fiore, qui s'en servit pour proposer des problèmes à différens géomètres, et entre autres, en 1535, à Tartaglia (2). Comme Fiore n'était qu'un calculateur, le géomètre de Brescia ne crut pas d'a-

---

(1) *Fantuzzi, scrittori bolognesi*, tom. III, p. 324.

(2) *Tartaglia, quesiti et inventioni diverse,* Venetia, 1554, in-4, f. 102, 106, 114, etc. — Tartaglia parle en plusieurs endroits de l'année 1534; mais ensuite il dit : « Cioe del 1535 a dì 12 di febraro (vero e che in Venetia veniva a essere del 1534). » — En 1530, un professeur de Brescia, nommé Jean de Tonini da Coi, avait proposé à Tartaglia deux problèmes du troisième degré; mais il ne savait pas en trouver la solution, et bien que Tartaglia crût un instant avoir résolu les équations cubiques, il dit ailleurs qu'il ne fit cette découverte que huit jours avant de déposer chez un notaire les trente problèmes qu'il proposait à Fiore (*Tartaglia, quesiti*, f. 106, 101 et 114).

bord qu'il connût la solution des problèmes qu'il lui avait envoyés. Mais Fiore ayant ajouté que la méthode pour les résoudre lui avait été communiquée trente ans auparavant par *un grand mathématicien*, Tartaglia s'y appliqua, et en trouva la solution (1). On lit ce récit dans le neuvième livre des *Quesiti et inventioni diverse;* mais Ferro n'y est pas nommé : cependant Cardan rappelle ces discussions dans le premier chapitre de l'*Ars Magna*, et il cite Scipion Ferro comme ayant communiqué à Fiore sa découverte, qu'il appelle *chose belle et admirable; art qui surpasse toute subtilité humaine, toute excellence de l'intelligence des mortels; pierre de touche de la force d'esprit, telle que quiconque y sera parvenu peut croire que rien ne lui échappera* (2). Cet éloge magnifique, sorti de la

---

(1) *Tartaglia, quesiti*, f. 106. — On ignore la méthode de Tartaglia, qui n'a jamais vu le jour. Lagrange regrettait de ne pas connaître la première résolution de l'équation du troisième degré (*Mémoires de l'Académie de Berlin*, année 1770, p. 36). Tartaglia dit seulement qu'il y est parvenu à l'aide d'une construction géométrique qui donne le cube de la somme de deux droites (*Tartaglia, general trattato di numeri e misure, Vinegia*, 1556, 6 part., in-fol., part. II, f. 30-31, lib. II, c. 5).

(2) *Cardani ars magna*, f. 5, c. 1.

plume d'un homme qui a beaucoup contribué
aux progrès de l'algèbre, doit prouver mieux
que toute autre considération combien la découverte de Ferro était belle et inattendue.
On voit même que les meilleurs mathématiciens
la croyaient alors impossible, surtout parce que
Pacioli l'avait déclarée telle (1). Ferro a donc
bien mérité de la science, et son nom doit rester, non-seulement pour ce qu'il a fait, mais
aussi parce que, ayant franchi le premier un
obstacle qu'on s'était accoutumé à regarder
comme insurmontable, il ouvrit le chemin à
d'autres algébristes qui s'enhardirent à le suivre, et fécondèrent ses recherches.

A voir tous ces problèmes du troisième degré qu'on se proposait par des hérauts au commencement du seizième siècle, on comprend
l'importance que l'on attachait alors aux décou-

---

(1) *Pacioli, summa de arithmetica geometria*, part. I, f. 149,
dist. VIII, tr. 6, § 2. — *Cardani ars magna*, f. 3, c. 1. —
Tartaglia, quesiti, f. 106.— Cossali a cru que Pacioli n'avait
pas dit cela d'une manière absolue et générale. Cependant
dans un endroit il les déclare *impossibles*, et ailleurs il suppose que la résolution en est aussi difficile que la quadrature
du cercle (*Cossali, storia dell' algebra*, tom. II, p. 96-97).

vertes algébriques. Il serait difficile de trouver dans l'histoire des sciences l'exemple d'un fait semblable. Les paris, les disputes publiques, les cartels, se succédaient sans interruption : toutes les classes de la société s'intéressaient à ces luttes scientifiques(1), comme dans l'antiquité on s'intéressait aux défis des poètes et aux jeux des athlètes. On paraissait pressentir la découverte, et la découverte ne se fit pas attendre. Cependant, malgré cet enthousiasme universel, le nom du premier inventeur fut à peine prononcé.

L'incident le plus remarquable de ces longues discussions fut la querelle qui s'éleva entre Cardan et Tartaglia. Après que celui-ci eut retrouvé de son côté la résolution des équations que Ferro avait traitées, il résolut aussi dans tous les autres cas les équations du troisième degré(1).

---

(1) Les *quesiti* sont un recueil en neuf livres des réponses données par Tartaglia aux questions qui lui étaient adressées par des princes, des moines, des docteurs, des ambassadeurs, des professeurs, des architectes, etc. Souvent ces questions renferment des problèmes du troisième degré. Benedetti aussi a publié un livre de lettres adressées à des personnes de toutes les conditions en réponse aux questions scientifiques qu'on lui avait faites.

(1) *Tartaglia, quesiti*, f. 106-107.—Tartaglia dit que dès l'an-

Sa découverte, qu'il cachait soigneusement, fit du bruit. Jérôme Cardan, célèbre médecin milanais, qui s'occupait d'algèbre, s'y intéressa vivement. A plusieurs reprises, il sollicita et fit solliciter Tartaglia pour qu'il lui communiquât sa méthode : après plusieurs refus (1), il en obtint une pièce de vers dans laquelle on expliquait la manière d'avoir une racine de toutes les équations du troisième degré. Ceci se passait en 1539 (2) : Cardan découvrit la démonstration qu'on lui avait cachée; il forma des élèves, à la tête desquels il faut placer Ferrari, et les excita contre Tartaglia. Ferrari découvrit la résolution des équations du quatrième degré (3) : on se proposa des problèmes; il y eut des défis et des

---

née 1530 il avait trouvé à Vérone la résolution de l'équation $x^3 + a = bx^2$; on ne comprend pas comment, ayant résolu celle-ci, il a pu rester cinq ans sans résoudre l'équation $x^3 + ax = b$. Mais peut-être, en 1530, Tartaglia n'avait traité que dans des cas particuliers l'équation dont il parle (*Tartaglia, quesiti,* f. 106-107). Dans la pièce de vers qu'il communiqua à Cardan, Tartaglia dit qu'il a trouvé en 1534, pendant son séjour à Venise, la résolution générale de l'équation du troisième degré (*Tartaglia, quesiti,* f. 120).

(1) *Tartaglia, quesiti,* f. 113-125.

(2) *Tartaglia, quesiti,* f. 113.

(3) *Cardani ars magna,* f. 72, c. 39.

discussions publiques à Milan (1). Ce qui avait piqué le plus Tartaglia, c'est que, malgré les promesses les plus solennelles (2), Cardan avait inséré dans son *Ars magna* la résolution des équations du troisième degré. Le médecin milanais reconnaissait l'antériorité de Tartaglia (3), mais celui-ci fut blessé vivement de voir sa découverte publiée pour la première fois dans l'ouvrage d'un autre, et il s'en plaignit avec amertume. Il avait raison de se plaindre, car à cause de cette publication, la postérité s'est obstinée à appeler du nom de Cardan la formule qui donne la résolution des équations du troisième degré.

(1) Tartaglia nous a conservé la plupart des questions qui furent proposées à cette époque (*Tartaglia, general trattato,* part. V, f. 71–90, lib. III). Cette discussion eut lieu en 1547 (*Tartaglia, general trattato,* part. V, f. 85, lib. III. —*Tartaglia, ragionamenti sopra la sua travagliata inventione,* Venetia, 1551, in-4, rag. 3, signat. E, ij.— *Fantuzzi, scrittori bolognesi,* tom. III, p. 322).

(2) On voit par le récit de Tartaglia que Cardan avait désiré publier la découverte du géomètre de Brescia, mais que, sur son refus, il lui répondit : « Io vi giuro, ad sacra Dei evangelia, e da real gentil'huomo, non solamente di non publicar giammai tale vostra inventione, se me le insegnate, etc. » (*Tartaglia, quesiti,* f. 119).

(3) Hujus (*Scipionis Ferrei*) emulatione Nicolaus Tartalea

On a répété souvent que Nicolas Tartaglia
était un esprit irritable (1) et chagrin : ce reproche serait fondé que personne plus que lui
n'aurait droit à notre indulgence. Né à Brescia,
vers le commencement du seizième siècle, il avait
à peine six ans lorsqu'il perdit son père, qui
était un postillon. Il se trouva, avec deux frères, à la charge de sa mère, qui n'avait aucune
fortune. Lors de cette cruelle boucherie que Gas-
ton de Foix fit à Brescia, Nicolas, encore enfant,
se réfugia avec sa famille dans la cathédrale. Mais
quoiqu'il dût s'y croire en sûreté, il fut blessé et
mutilé horriblement par un soldat. Son crâne fut
brisé en trois endroits, et le cerveau laissé à découvert. Il reçut à travers la figure un coup qui lui
fendit les deux mâchoires, et lui ouvrit le palais.
Il ne pouvait plus ni parler, ni manger. Sa maison
ayant été pillée, aucune ressource ne restait à sa
pauvre mère : pour le soigner *elle imita les chiens,*

Brixellensis, amicus noster, cum in certamen cum illius
discipulo Antonio Maria Florido venisset, capitulum idem,
ne vinceretur, invenit, qui mihi ipsum multis precibus exo-
ratus tradidit. » (*Cardani ars magna*, f. 3, c. 1.)

(1) Voyez la préface de l'algèbre de Bombelli, où l'auteur
montre un peu de partialité pour son concitoyen Ferrari
(*Bombelli, algebra*, Bologna, 1572, in-4).

qui étant blessés se guérissent en se léchant. Il guérit, mais comme il resta long-temps bègue, on l'appela *Tartaglia ;* et ne sachant pas le nom de son père, il adopta ce sobriquet. Il se forma de lui-même : à cinq ans, on lui enseigna à lire ; à quatorze, il commençait à écrire, mais hors d'état de payer le maître, il dut s'arrêter à la lettre K, et apprendre seul à former les autres lettres de l'alphabet (1). Depuis lors il n'eut jamais d'autre précepteur ; *mais accompagné uniquement par l'industrie, fille de la pauvreté, il s'exerça continuellement sur les œuvres des morts.* Ce récit, qu'on lit au milieu d'un de ses ouvrages de mathématiques, produit une profonde émotion (2). Un orphelin mutilé par le fer d'un soldat, trop pauvre pour apprendre à écrire la première lettre de son nom (3), avait à trente

_____

(1) Montucla, avec son inexactitude ordinaire, dit qu'à cette époque Tartaglia fut obligé de voler son maître ; mais dans le récit original de Tartaglia, il n'y a rien de semblable (*Montucla, hist. des math.*, tom. I, p. 567. — *Tartaglia , quesiti*, f. 69).

(2) Voyez la note XXXII à la fin du volume.

(3) C'est à lui que l'on doit la première traduction d'Archimède, faite d'après le texte grec (*Archimedis opera ,* Venet., 1546, in-4).

ans dévoilé le secret de Ferro, et résolu générale-
lement les équations du troisième degré, qui
tourmentaient depuis quinze siècles les géomètres. Ce fut, nous le répétons, une découverte
importante : alors pour la première fois les modernes l'emportèrent en mathématiques sur les
Grecs et sur les Orientaux. Tartaglia communiqua sa découverte à Cardan, qui en recueillit tout
le fruit : il se plaignit amèrement, mais qui ne
l'aurait pas fait à sa place? Il fut malheureux
dans sa famille : on l'appelait à Milan, à Venise,
et puis on l'oubliait; on voulut le ravoir à Brescia et on le délaissa. Tout le monde le vilipen-
dait (1) : il retourna à Venise où il mourut en
1559 (2). Tel fut le sort d'un des hommes les
plus éminens du seizième siècle.

Tartaglia a composé de nombreux ouvrages,
mais celui où il devait exposer la résolution des

---

(1) *Tartaglia, ragionamenti*, rag. 3. — *Rossi, elogi di
Bresciani illustri,* Brescia, 1620, in-4, p. 387. — *Tartaglia,
quesiti,* f. 70.

(2) Il n'y a que les deux premières parties du *general
trattato* qui aient été publiées du vivant de Tartaglia : la
troisième a paru en 1560, et dans la dédicace de l'imprimeur
datée du 1er janvier 1560, on y parle de l'auteur comme
n'existant déjà plus.

équations du troisième degré et donner ses autres recherches algébriques, n'est pas parvenu jusqu'à nous (1). Son grand *Traité des nombres et mesures* est un cours complet de mathématiques pures. L'arithmétique, l'algèbre, la géométrie, les sections coniques, y sont successivement enseignées. Nous n'en donnerons pas une analyse détaillée, parce que, aujourd'hui, il n'y a que quelques résultats individuels qui conservent encore de l'intérêt. Nous citerons spécialement le développement du binôme pour le cas de l'exposant entier et positif : la formule est générale, et l'on doit s'étonner que d'autres géomètres modernes s'en soient attribué l'honneur (2). Tartaglia a repris les questions de probabilités que Pacioli avait tenté de résoudre; mais, bien qu'il ait changé les résultats, il n'en a pas obtenu la vé-

(1) Dans la dédicace de la sixième partie du *general trattato*, l'imprimeur dit qu'il a pu trouver dans les manuscrits de Tartaglia tous les matériaux de son algèbre; mais cela est inexact, car cette sixième partie ne contient que le premier livre, qui traite seulement des problèmes du second degré.

(1) *Tartaglia, general trattato*, part. II, f. 69-72, lib. II, c. 1.

Voyez la note XXXIII à la fin du volume.

ritable solution (1). Le calcul des radicaux a été
perfectionné par Tartaglia : il s'est occupé,
comme son élève Benedetti, de la résolution des
problèmes de géométrie à l'aide d'une seule ouverture de compas (2), et de la construction des
équations algébriques. Cet ouvrage volumineux
contient aussi des problèmes sur les maxima et
minima des fonctions algébriques, indépendamment de toute considération géométrique (3).
Au reste, Tartaglia n'eut pas le temps de le terminer, et probablement il n'eut même pas le
loisir d'en corriger la rédaction, Car plusieurs
parties sont posthumes (4) et l'on y remarque
du désordre. Cependant toutes intéressent l'his-

(1) *Tartaglia, general trattato*, part. I, f. 265, lib. XVI,
§ 206. — *Montucla, hist. des math.*, tom. I, p. 569. — On
trouve aussi quelques problèmes du même genre dans
l'arithmétique de Peverone, mais ils sont mal résolus (*Peverone, aritmetica e geometria*, Lione, 1581, in-4, p. 40-41).

(2) *Tartaglia, general trattato*, part. V, f. 63.

(3) Un de ces problèmes avait été proposé à Tartaglia par
Cardan, en voici l'énoncé : « diviser le nombre 8 en deux parties, telles que le produit de l'une par l'autre et par leur dif-
férence, soit un maximum. » (*Tartaglia, general trattato*,
part. V, f. 88).

(4) Voyez ci-dessus p. 157. — Tartaglia voulait probablement réunir toutes ses découvertes dans l'*algebra nova*, qu'il

toire des sciences, par les faits curieux qu'on y trouve. Sa grande querelle avec Cardan et Ferrari y est racontée : et les questions proposées par les différens champions y sont presque toutes énoncées. Elles roulent principalement sur les équations du troisième degré et sur la géométrie.

Tartaglia s'est, à plusieurs reprises, occupé de balistique, et il en a posé les premiers fondemens. Dans la *Science nouvelle,* il est parvenu à ce résultat curieux, que l'on obtient le plus grand effet en tirant sous un angle de 45 degrés (1). Cette proposition est vraie, mais sa démonstration est tout-à-fait incomplète, et tous les efforts qu'il a faits pour déterminer la trajectoire sont restés infructueux. Tartaglia a essayé de créer la mécanique, mais il n'a pu réussir : il a été arrêté surtout par d'anciennes définitions et divisions qu'il n'a pas su abandonner. Cependant, il faut lui savoir gré d'avoir appliqué

avait annoncée, mais qui n'a jamais paru (*Tartaglia, general trattato,* part. V, f. 88, lib. III).

(1) *Tartaglia, scientia nova,* Venetia, 1550, in-4, f. 18, lib. II, c. 9. — On voit par la dédicace au duc d'Urbin que dès l'année 1532 Tartaglia avait trouvé cette curieuse proposition.

le premier la géométrie à la détermination du
mouvement curviligne et à la chute des graves.
Malgré ses erreurs, il a su entrevoir quelques-
uns des principes fondamentaux de la chute des
corps (1); et l'on ne peut douter qu'en écrivant
un siècle plus tard ses *Scienze nuove*, Galilée
n'ait médité la *Science nouvelle* de Tartaglia. (2)

Au reste cet ouvrage, qui devait avoir cinq livres, n'est pas achevé : les deux derniers manquent. Le cinquième, que l'auteur annonce
comme une espèce de manuel de chimie appliquée à la fabrication de la poudre et des feux
d'artifice en général, aurait pu nous faire connaître beaucoup de faits intéressans sur l'histoire de la pyrologie.

Les *Quesiti et inventioni diverse* se compo-

---

(1) *Tartaglia, scientia nuova*, f. 3-4.— Voici l'énoncé de
quelques-unes des propositions de Tartaglia : « Se corpi
egualmente gravi, simili et eguali, veranno da egual altezze
sopra a resistenti simili di moto naturale, faranno in quegli
eguali effetti. » — « Ogni corpo egualmente grave nel moto
naturale quanto più el se andarà aluntanando dal suo principio, over appropinquando al suo fine, tanto più andarà
veloce. » (*ibid.*)

(2) Cependant, d'après ce que nous avons dit ci-dessus,
c'est surtout dans Benedetti que Galilée a dû puiser les élémens de la mécanique.

sent d'un très grand nombre de questions adressées au géomètre de Brescia , par plusieurs personnes dont il donne les noms, avec ses réponses. Dans les trois premiers, il s'occupe encore
de l'artillerie et de la balistique. On y trouve les
dimensions des pièces dont on se servait alors,
leur calibre et la manière d'en déterminer la ca-
pacité intérieure , ainsi que différentes recettes
pour faire la poudre : il parle de l'inflamma-
tion successive de la poudre ; il explique par l'é-
chauffement de la pièce, et par la raréfaction de
l'air qui en dérive , l'absorption qu'on observe
quelquefois; il fait entrer le déplacement (ou la
résistance) de l'air dans la détermination de l'am-
plitude du tir, et reconnaît que la trajectoire
ne sera jamais une ligne droite. (1)

Le cinquième livre des *Quesiti* contient l'ar-
pentage et la levée des plans. On y trouve la
description des instrumens dont on se servait
alors, et la figure de la boussole que les arpenteurs employaient déjà (2). Dans les autres li-

---

(1) *Tartaglia, quesiti*, f. 11, 19, 21, 26, 27, 36, 38, 39, etc.
(2) L'histoire des instrumens employés à différentes époques par les navigateurs , les astronomes et les arpen-

vres, il y a des recherches sur les fortifications, sur la statique, sur l'algèbre. Comme

---

teurs, serait très intéressante. Malheureusement il y a peu
d'ouvrages où ils soient décrits avec exactitude. Au moyen
âge on trouve une foule de traités *De astrolabio*, ou *De qua-
drante*, qui se ressemblent tous, mais les nouveaux instrumens, les méthodes pratiques plus modernes, y sont rare-
ment décrits, et il faut les chercher dans des ouvrages où
l'on ne s'attendrait pas à les trouver (Voyez ce que j'ai déjà
dit à ce sujet tom. II, p. 218-222). Le traité de Maurolycus,
dont nous avons parlé précédemment, est fort incomplet.
Pacioli a décrit quelques-uns de ces instrumens (*Pacioli,
summa de arithmetica geometria*, part. II, f. 50 et suiv.,
dist. VII). On en trouve aussi dans le manuscrit de la bibliothèque ambroisienne de Milan, d'où Amoretti a tiré la
relation du voyage de Pigafetta, et le traité de navigation
dont il n'a malheureusement publié qu'un extrait (*Pigafetta,
primo viaggio*, Milano, 1800, in-4, p. 207 et suiv.). C'est
principalement sur les instrumens destinés à mesurer le
temps que nous sommes dans l'ignorance, car on s'attachait
de préférence à décrire le mouvement des automates des
grandes horloges publiques, et l'on parlait à peine du
mécanisme intérieur, dont peut-être les artistes faisaient
un secret. J'ai déjà parlé (tom. II, p. 220) d'un traité de
Dondi sur la construction des horloges, qu'il serait fort
important de connaître, si l'on était assez heureux pour retrouver le manuscrit. Il y a quelques renseignemens sur ce
point dans Cardan (*De subtilitate*, p. 22, 579 et 608, etc),
et dans Maurolycus (*Maurolyci problemata mechanica*,
Messanæ, 1613, in-4, p. 44). On faisait à cette époque de
très petites montres qui pouvaient tenir dans une bague.
Quant à la boussole, elle était employée par les arpenteurs

nous l'avons déjà dit, le neuvième livre est rempli de questions relatives aux équations du troisième degré, et fait connaître un grand nombre
de particularités sur les défis portés à Tartaglia
par Fiore et par d'autres personnes. On y voit
par quels moyens et par quelles promesses Cardan était parvenu à se faire révéler la résolution générale des équations du troisième degré.
On y voit aussi que, dès l'année 1541, Tartaglia
avait reconnu la multiplicité des racines (1). Cependant, il n'avait pas su en déterminer le nom-

---

dès le commencement du seizième siècle (*Vasari*, *vite*, tom.
XI, p. 177).

(1) « La causa è, che tutti tai capitoli riceveno due diverse
riposte e forse più » (*Tartaglia, quesiti*, f. 127). — On voit
par les exemples qu'il a choisis, que Tartaglia évitait les racines négatives même dans les équations dérivatives du second
degré. Ce qui fait qu'excepté dans le cas signalé par Mohammed ben Musa, on n'avait pas encore constaté l'existence de
deux racines dans les équations du second degré. Au reste,
Tartaglia ajoute : « qu'il est presque certain qu'il y a quelquefois plus de deux solutions, » en ne considérant toujours
que les solutions réelles et positives (*Tartaglia, quesiti*,
f. 127 et 228). Cependant Cossali a remarqué que Tartaglia
s'était trompé dans les exemples qu'il avait choisis, et qu'il
avait pris deux expressions différentes de la même quantité
pour deux racines différentes (*Cossali, storia dell'algebra*,
tom. II, p. 125-127).

bre : il dit en effet que les équations du troisième degré *ont toujours deux solutions et peutêtre davantage.*

Tartaglia a traduit Euclide en italien, et on lui doit le traité *de Insidentibus* d'Archimède, dont il connaissait l'original grec, qui a été perdu depuis (1); de sorte qu'à présent sa traduction tient lieu de l'original. C'est probablement à ses méditations sur cet ouvrage que l'on doit la *Travagliata inventione,* qui a pour but d'enseigner à soulever les vaisseaux submergés et dont

----

(1) Ce traité parut en latin pour la première fois à la fin des œuvres d'Archimède, publiées par Tartaglia (*Venetiis*, 1543, in-4); il fut ensuite traduit en italien et inséré dans les *Ragionamenti di Nicolo Tartaglia sopra la travagliata inventione* (Venet., 1551, in-4). Le géomètre de Brescia avait publié sur cette matière différens petits traités qu'on rencontre fort difficilement et qui sont presque toujours incomplets, comme le sont les *Quesiti*, auxquels il manque d'ordinaire le neuvième livre. La *Travagliata inventione* et les deux premiers *Ragionamenti* ont été réunis et réimprimés par Cartio Trajano à Venise, en 1562, in-4. On ne sait pas pourquoi cet éditeur négligent a omis le dernier *Ragionamento*, qui contient des renseignemens si curieux sur la vie de Tartaglia, ni pourquoi il a daté de 1562 la lettre de Tartaglia à Landriano qui se trouve en tête du livre *De insidentibus*, tandis que Tartaglia qui, comme nous l'avons déjà vu, était mort avant 1560, avait dans la première édition daté cette lettre de 1551.

le troisième livre est un petit traité de météorologie. Il reprit ensuite et étendit cette matière,
dans ses *Ragionamenti* , et il donna une table
des pesanteurs spécifiques d'un grand nombre
de corps, en prenant l'eau pour unité (1). Ces
pesanteurs semblent en général un peu trop
faibles; mais il faut remarquer que non-seulement Tartaglia, qui les déterminait en observant combien un corps perdait de son poids
lorsqu'on le plongeait dans l'eau, ne se servait
pas d'eau distillée; mais que, de plus, faisant
ses expériences à Venise, dans le dessein surtout de les appliquer au sauvetage des vaisseaux
submergés , il employait peut-être l'eau de la
mer pour unité.

Doué d'un esprit éminemment positif, le géomètre de Brescia ne s'occupa que des mathématiques et de leurs applications. Ni les sciences
occultes, si admirées de son temps, ni les sys-
tèmes philosophiques qu'on enfantait sans relâche, n'eurent d'attrait pour lui. Impassible au
milieu d'une admirable génération d'artistes et
de poètes, il ne cultiva que l'algèbre, et n'eut

_____

(1) *Tartaglia, ragionamenti*, lib. II.

pas d'autre passion. L'Arioste et Michel-Ange
passèrent à côté de lui sans l'émouvoir. Il laissa
gronder la réforme, attaquer Aristote, et asservir l'Italie, sans paraître y faire attention; mais
il proposait ses problèmes avec pompe, en public,
au son des fanfares, comme on marcherait au
combat.

Son rival, celui qui pendant long-temps lui
déroba le suffrage de la postérité, était d'un caractère tout différent. Une prodigieuse étendue
d'esprit n'empêcha pas Cardan de tomber dans
toutes les puérilités, d'être esclave de toutes les
superstitions. S'il n'avait pas tracé sa vie lui-
même (1), on ne pourrait croire à tant de faiblesses et de contradictions. D'une inconcevable
hardiesse en philosophie, il tremblait à tous les
pronostics (2) et croyait avoir un démon fami-
lier (3). Médecin célèbre, géomètre subtil et inventif, il avait foi dans les rêves (4) et s'adonnait

_____

(1) Le livre *De vita propria* se trouve dans le premier
volume des ouvrages de Cardan (*Cardani opera*, Lugduni,
1663, 10 vol. in-fol., tom. I, p. 1-54).

(2) *Cardani opera*, tom. I, p. 34-39, *de vit. propr.*,
c. 41-44.

(3) *Cardani opera*, tom. I, p. 44, *de vit. propr.*, c. 47.

(4) *Cardani opera*, tom. I, p. 27, *de vit. propr.*, c. 37.

à la magie et aux sortilèges. Tantôt austère,
tantôt dissolu, il vivait avec luxe; ou se cou-
vrait de haillons. Il voulait tout savoir et jouir
de tout. Insensible aux plus épouvantables malheurs, il tomba dans une affreuse misère (1)
et vit sans s'émouvoir (2) décapiter un de ses
fils (3). De Thou raconte que, pour ne pas faire
mentir une de ses prédictions, il se laissa mourir
de faim à l'âge de soixante et quinze ans (4).
D'origine milanaise, il avait été, par force, tiré
du sein de sa mère (5) à Pavie, en 1501. Ses ouvrages ont été publiés en dix volumes in-folio,

---

(1) *Cardani opera*, tom. I, p. 16, *de vit. propr.*, c. 25.

(2) « Ipse enim secus ferreus natura, ac omnibus futurus
eram adversis superior » (*Cardani opera*, tom. I, p. 17, *de
vit. propr.*, c. 26).

(3) *Cardani opera*, tom. I, p. 17, *de vit. propr.*, c. 27.

(4) *Thuani historiæ*, tom. III, p. 462, lib. LXII, § 5. —
Au reste, Tiraboschi a combattu cette assertion (*Tiraboschi,
storia della lett. ital.*, vol. XI, p. 431).

(5) *Tiraboschi, storia della lett. ital.*, vol. XI, p. 429. —
Cardan avait été souvent malade dans son enfance : ses pa-
rens le maltraitaient beaucoup; il raconte même que sa mère
avait voulu accoucher avant le terme. « Tentatis, ut audivi,
abortivis medicamentis frustra, ortus sum anno MDVIII »
(*Cardani opera*, tom. I, p. 2, *de vit. propr.*, c. 2). — Cette
date est une faute d'impression, comme l'a prouvé Tiraboschi.

et ce recueil ne contient pas la moitié de ce qu'il avait écrit. (1)

Philosophie, physique, médecine, mathématiques, astronomie, histoire naturelle, rien ne lui a échappé. Il a cultivé toutes les sciences; il les a toutes perfectionnées. Il osa seul secouer entièrement le joug, et déclara la guerre à toute l'antiquité. Telesius et Patrizj n'avaient fait qu'attaquer Aristote, sous la bannière de Parmenide et de Platon : Cardan méconnut toute autorité, et ne voulut que sa propre intelligence pour guide. Il proclama trois principes universels : la matière, la forme et l'âme (2); trois élémens : la terre, l'eau et l'air (3). Suivant lui, les astres sont phosphorescens en même temps qu'ils sont éclairés par le soleil (4). Les plantes ont des sens, et il n'y a qu'une seule âme pour l'homme et les animaux. Ce hardi réformateur, qu'aucune barrière n'arrêtait, croyait pouvoir obtenir tout ce qu'il demandait au ciel, le

---

(1) *Argelati, bibliotheca script. mediolanensium*, Mediol., 1745, 2 tom. en 4 part., in-fol., tom. I, pars 2, col. 307-316.

(2) *Cardani, de subtilitate*, p. 16, lib. I.

(3) *Cardani, de subtilitate*, p. 44-45, lib. II.

(4) *Cardani, de subtilitate*, p. 138, lib. III.

1er avril de chaque année, à huit heures du matin. (1)

S'il n'a pas résolu, comme on l'avait prétendu, les équations du troisième degré, il s'est montré, dans ses recherches, analyste inventif et subtil. Il a reconnu la multiplicité des racines (2), et il a eu égard aux racines négatives, qu'on avait toujours évitées (3). Les racines imaginaires se trouvent pour la première fois dans son *Ars magna* (4), où les règles pour les multiplier entre elles sont exposées avec exactitude (5). Le calcul des imaginaires, branche féconde de l'analyse, qui a fourni matière à des discussions animées parmi les géomètres du dix-huitième siècle, est une découverte mémorable de Cardan, qui avait déjà vu que, dans les équations, les racines imaginaires vont toujours

---

(1) *Cardani opera*, tom. I, p. 28; *de vit. propr.*, c. 37.

(2) *Cardani ars magna*, f. 39, c. 18, et f. 5, c. 1.

(3) *Cardani ars magna*, f. 66, c. 37. — Cardan appelle *moins pures* les racines négatives dont il se sert quelquefois comme racines positives, et il désigne les quantités imaginaires par le nom de *racine de moins* ou de *moins sophistique*.

(4) *Cardani ars magna*, f. 66, c. 37.

(5) *Cardani ars magna*, f. 65-66, c. 37.

par couples (1). On lui doit aussi une méthode pour la résolution approchée des équations (2), fondée sur le changement du signe qui s'opère lorsqu'on substitue successivement, à la place de l'inconnue, deux nombres entre lesquels est comprise une racine. Il a trouvé plusieurs des relations qui lient les racines aux coefficiens des équations (3). Il a connu et traité les racines égales (4) : il s'est même approché du

---

(1) Voyez à ce sujet Cossali (*Storia dell' algebra*, tom. II, p. 337 et suiv.), qui a exposé avec détail les recherches de Cardan.

(2) *Cardani ars magna*, f. 53, c. 30. — *Cardani opera*, tom. IV, p. 408. — *Cossali, storia dell'algebra*, tom. II, p. 326 et suiv.

(3) Les théorèmes connus par Cardan sont les suivans : 1° toute équation du troisième degré est divisible par l'inconnue diminuée de la racine; 2° le coefficient du second terme est égal à la somme des racines avec le signe changé (*Cardani ars magna*, f. 39, c. 18, et f. 4-6, c. 1. — *Cossali, storia dell'algebra*, tom. II, p. 325-328).

(4) « Ita reliqua ficta, de qua diximus, in alio exemplo, aggregatur ex duabus veris, sed quia veræ sunt invicem æquales, ideo ficta semper dupla est veræ. » (*Cardani ars magna*, f. 4, c. 1). ← Cardan s'est occupé aussi de la transformation des équations. Voyez à ce sujet Cossali (*Storia dell'algebra*, tom. II, p. 159-166, 565 et suiv.), qui a montré comment le géomètre milanais faisait évanouir le second terme, et par quels moyens il opérait d'autres transformations analogues.

théorème de Descartes, sur les variations et les successions de signe; et l'on voit que s'il n'avait pas été arrêté par la méthode des Arabes, qui était suivie encore au seizième siècle, de ne pas égaler l'équation à zéro, mais de la partager en deux membres composés de termes tous positifs (1), il aurait certainement découvert la plupart des théorèmes qui constituent la théorie générale des équations. (2)

Bien qu'il n'ait pas démontré généralement la réalité des trois racines de l'équation du troisième degré, dans le cas où elles se présentent toutes sous la forme imaginaire, cependant Cardan a prouvé

---

(1) Cossali a cependant remarqué un cas dans lequel Cardan égale toute l'équation à zéro ; mais ce n'est qu'un accident dans les procédés de calcul employés à cette époque (*Cossali, storia dell'algebra,* tom. II, p. 324).

(2) On ne doit pas oublier que Cardan appliqua ses théorèmes sur la théorie des équations à la résolution d'une classe d'équations du sixième degré. Il s'est servi aussi des fonctions symétriques (*Cardani opera,* tom. IV, p. 421-422), et il a exposé une méthode très simple pour l'élimination entre plusieurs équations homogènes et du même degré. Cette méthode, qu'il appelle *regula de modo,* lui avait été enseignée par un certain maître Gabriel *de Aratoribus,* qui l'avait apprise de Pacioli (*Cardani, opera,* tom. IV, p. 79-87). Cardan ajoute que c'est ce *Maître Gabriel* qui l'excita à composer son *Arithmétique pratique.*

leur réalité dans un grand nombre de cas (1),
surtout en les déterminant géométriquement
par les sections coniques (2). Les Arabes avaient
déjà fait des recherches analogues; mais Cardan
ignorait leurs travaux, et sa construction de l'é-
quation générale du troisième degré mérite d'ê-
tre remarquée, car elle renferme la première
idée de la représentation générale du rapport
qui existe entre deux quantités, par les rapports

---

(1) C'est dans son traité *De regula aliza* que Cardan s'est
occupé de cette question : ce traité est obscur et difficile à lire.
Cossali en a extrait les recherches les plus intéressantes
(*Cardani opera*, tom. IV, p. 377 et seq. — *Cossali, storia
dell'algebra*, tom. II, p. 341-484).

(2) *Cardani opera*, tom. IV, p. 396, 411, 420, etc. — Cardan appliqua l'algèbre à la géométrie en construisant les
équations du troisième degré, et il appliqua la géométrie à
l'algèbre, en démontrant par des constructions géométriques
les formules propres à la résolution des équations cubiques.
Tartaglia aussi avait démontré ses formules par des constructions, et Bombelli en a reproduit de semblables dans
son algèbre. C'est cela seulement qu'on doit appeler *Résolution géométrique des équations du troisième degré*; quant aux
constructions des Arabes, dont j'ai parlé précédemment
(tom. I, p. 505, et tom. II, p. 519), elles ne peuvent être
appelées *résolutions* que par des personnes qui n'ont
aucune connaissance de l'algèbre (*Cardani opera*, tom. IV,
p. 249 et seq., et 389-390. — *Tartaglia, quesiti*, f. 127. —
Bombelli, algebra, f. 283).

qui lient les abscisses et les ordonnées dans une courbe quelconque.

Cardan a rassemblé en différens ouvrages spéciaux ses recherches sur les mathématiques : quant à ses observations de physique, elles se trouvent disséminées dans tous ses écrits. L'*Opus novum* (1) contient des remarques judicieuses sur la mécanique (2). On y parle de la nécessité de tenir compte de la résistance du milieu (3) pour déterminer la vitesse des projectiles. Les mathématiques y sont appliquées à la médecine; et l'on discute cette question curieuse, savoir si les effets produits par les médicamens sont en proportion arithmétique ou géométrique de la dose des remèdes (4). Réciproquement, Cardan ap-

---

) *Cardani opera*, tom. IV, p. 463.

(2) *Cardani opera*, tom. IV, p. 483, 486, 487, 496, 499, 505, 509, 518-519, 523, 556, 572, et tom. III, p. 185, 214 et suiv. — Cardan a essayé aussi de démontrer l'impossibilité du mouvement perpétuel (*Cardani, de subtilitate*, p. 610).

(3) *Cardani opera*, tom. IV, p. 477, 489. — Dans ses *Paralipomenes*, Cardan a donné pour la première fois le parallélogramme des forces pour le cas où les composantes agissent à angle droit (*Cardani opera*, tom. X, p. 516). Lagrange semble attribuer cette proposition à Stevin (*Lagrange, mécanique analytique*, Paris, 1811, 2 vol. in-4, tom. I, p. 9).

(4) *Cardani opera*, tom. IV, p. 487-488.

plique les phénomènes physiologiques aux mathématiques, et se sert des battemens du pouls
pour mesurer le temps. Il prend en moyenne
quatre mille pulsations par heure, et dit que
dans les plus violens ouragans le vent ne parcourt que cinquante pas par pulsation. Il cherche à déterminer les rapports des densités de
certains corps, tantôt par leur différente réfraction (1), tantôt par la résistance diverse
qu'ils opposent aux projectiles qui les pénè-
trent (2) : en appliquant ces principes à l'air et
à l'eau, il en déduit que le poids de l'eau est
égal à cinquante fois le poids de l'air (3). Ce résultat, que Cardan lui-même trouve inexact, est
cependant digne d'attention. On a vu que les
anciens avaient à peine soupçonné la gravité de
l'air : le médecin de Milan est le premier qui a
tenté de la déterminer par l'expérience. (4)

---

(1) *Cardani opera*, tom. IV, p. 5o3.
(2) *Cardani opera*, tom. IV, p. 478, 489, 490, 491, 5o5.
(3) *Cardani opera*, tom. IV, p. 5o3.
(4) L'*Opus novum* contient beaucoup d'autres faits curieux qu'il nous est impossible de rapporter ici : il y a entre autres plusieurs chapitres sur la construction des horloges (*Cardani opera*, tom. IV, p. 486, 404, 540-543), et des
recherches sur les combinaisons (*Cardani opera*, tom. IV,

Son traité *de Subtilitate* est une véritable encyclopédie scientifique, où toutes les connaissances humaines sont successivement exposées.
Cardan commence par les principes de toutes
choses, la matière, la forme, les élémens, le ciel
et la lumière : il considère ensuite les corps
mixtes, les pierres, les plantes et les animaux :
il arrive ainsi à l'homme. Il en discute la nature;
il parle des sens, de l'intelligence, de l'âme. Puis
il traite des objets sur lesquels l'âme exerce ses
facultés, et par suite des sciences, des arts et
des choses merveilleuses; enfin, il parvient aux
démons, aux anges, à Dieu et à l'univers (1).
Cet ouvrage, qui est original même dans sa
forme, fut attaqué vivement par Scaliger ; mais
Cardan répondit avec vigueur et terrassa le
grand critique.

Ce traité renferme des idées ingénieuses et
des faits intéressans : l'auteur regarde le froid
comme n'étant que l'absence de la chaleur (2).

---

p. 467). Cardan a écrit un traité spécial de *Ludo aleœ*, où se
trouvent résolues plusieurs questions d'analyse combinatoire
(*Cardani opera*, tom. I, p. 263 et seq.).

(1) La dédicace du traité *de Subtilitate* est datée de 1552 ;
c'est problablement l'année où parut la première édition.

(2) « Frigus... nihil esse nisi calorem illum exiguum »

Il considère l'irradiation de tous les astres comme concourant, avec les rayons solaires, à élever la température de l'atmosphère (1), et, plus loin, il attribue la scintillation des étoiles aux courans atmosphériques qui paraissent faire trembler ces astres comme l'eau courante semble faire trembler les petites pierres sur lesquelles elle passe (2). Dans le Traité de la lumière, il revient sur la chaleur et il signale l'influence de la couleur sur l'absorption des rayons calorifiques (3); il analyse aussi les effets du prisme,

---

(*Cardani, de subtilitate*, p. 68-69). — Dans le même livre, Cardan parle de l'air qui est nécessaire à la combustion, et des deux genres de fumée qu'elle produit; il dit à ce sujet : « alter... oculos urit et suffocat, quidem in aerem non facile convertatur. Idem plerumque ex carbonibus pravis... excitari solet » (*Cardani, de subtilitate*, p. 51).—Il est difficile de ne pas voir ici le gaz acide carbonique. Un peu plus loin il parle d'un froid extraordinaire qui, en 1549, fit périr tous les citronniers de la Ligurie (*Cardani, de subtilitate*, p. 88); il décrit plusieurs machines, parmi lesquelles il vante beaucoup un blutoir pour la farine (*Cardani, de subtilitate*, p. 98), et il emploie les lettres de l'alphabet pour exprimer des quantités indéterminées (*Cardani, de subtilitate*, p. 90).

(1) « Aeris vero temperiem facit radiorum multitudo solis, tum siderum, quos excipit, qui illum calefaciunt » (*Cardani, de subtilitate*, p. 69).

(2) *Cardani, de subtilitate*, p. 139.

(3) *Cardani, de subtilitate*, p. 149. — Il avait reconnu

et ceux des divers miroirs (1). Dans la suite de
cet ouvrage, on trouve des expériences intéressantes sur l'aimant (2), la manière d'apprendre à
écrire aux aveugles (3), une espèce de télégraphe
de nuit (4), une encre sympathique (5) avec la
description de plusieurs machines et instrumens
dont quelques-uns ont été reproduits récemment comme des inventions modernes. (6)

Cette courte exposition ne peut qu'imparfaitement faire connaître l'étendue prodigieuse de

---

aussi que les rayons perpendiculaires sont les plus actifs
(*Cardani, de subtilitate*, p. 165).

(1) *Cardani, de subtilitate*, p. 166, 172, 174.

(2) Cardan a signalé les différences de l'attraction magné-
tique et de l'attraction électrique (*Cardani, de subtilitate*,
p. 207).

(3) *Cardani, de subtilitate*, 615.

(4) *Cardani, de subtilitate*, p. 396.

(5) *Cardani, de subtilitate*, p. 584.

(6) Par exemple, les serrures mécaniques qu'on ne peut
ouvrir qu'en combinant d'une certaine manière les lettres
des alphabets que porte le cadenas (*Cardani, de subtilitate*,
p. 606), une machine pour travailler les pierres précieuses
(*Cardani, de subtilitate*, p. 607), etc., etc. On trouve aussi
dans cet ouvrage des recherches sur la chimie : un composé
qu'on allume en le mouillant, une recette pour diminuer
l'action du feu sur la peau des animaux, la description de
plusieurs opérations chimiques, etc. (*Cardani, de subtilitate*,
p. 659, 586 et seq.).

l'esprit de Cardan. S'il était possible d'analyser tous ses ouvrages (1), on trouverait dans chacun des éclairs de génie. La morale, l'histoire, la politique, la philosophie (2), la théologie, l'occupèrent tour-à-tour, et il s'y appliqua avec tant de succès, que l'on aurait dit qu'il ne s'était jamais occupé d'autre chose. Il fut grand érudit, et on doit le placer parmi les hommes qui ont le mieux écrit en italien sur des matières philosophiques (3). On ne sait ce qui doit le plus étonner en lui, ou son esprit si supérieur, ou ses puériles et inconcevables faiblesses !

---

(1) **Deux** surtout mériteraient d'être examinés avec soin : ce sont le traité *De rerum varietate*, et les *Paralipomènes*. Cardan y a consigné une foule de faits curieux et d'observations intéressantes ; mais il est impossible d'en faire l'extrait.

(2) Ce qu'il dit sur les méthodes en géométrie mérite l'attention des philosophes (*Cardani, de subtilitate*, p. 646.— Voyez aussi le traité *de Inventione*, dans le tome X ses œuvres, p. 90 et suiv.).

(3) Je ne compte cependant pas parmi les écrits italiens de Cardan, les *Operationi* qu'on a insérées dans le quatrième volume de ses œuvres, et qui ne peuvent pas être de lui, puisqu'on y cite Galilée à plusieurs reprises (*Cardani opera*, tom. IV, p. 608); mais le dialogue intitulé : « Se la qualità può trapassare di subietto in subietto » et son « Discorso del vacuo » (*Cardani opera*, tom. II, p. 368 et 713) lui assurent un rang distingué parmi les écrivains italiens.

Cet homme extraordinaire forma plusieurs
élèves : il les nomme et il les juge dans ses
écrits (1). Le plus illustre de tous fut Louis Ferrari de Bologne, qui mourut à la fleur de
l'âge en 1565 (2). Dans sa courte carrière,
il résolut généralement les équations du quatrième degré, découverte qui le place à la tête
des algébristes de son temps. Suivant l'exemple de Ferro et de Tartaglia, il ne publia pas
sa méthode ; mais elle se trouve indiquée dans
l'*Ars magna* de Cardan (3), et exposée avec
détail dans l'Algèbre de Bombelli (4). Cardan a
fait de Ferrari un portrait peu flatteur : il avait,
dit-il, aussi peu de conduite et de savoir-vivre
que de talent et d'érudition en mathématiques (5). Il était surtout très irascible, et, à dix-
sept ans, il avait perdu tous les doigts de la main
droite dans une querelle (6). Il fut professeur à
Milan et à Bologne : il mourut à quarante-trois

(1) *Cardani opera*, tom. I, p. 26. — *Cardani opera*, tom.
IX, p. 568.

(2) *Fantuzzi, scrittori Bolognesi*, tom. III, p. 321.

(3) *Cardani, ars magna*, f. 72, c. 39.

(4) *Bombelli, algebra*, p. 353.

(5) *Cardani opera*, tom. IX, p. 569.

(6) *Cardani opera*, tom. IX, p. 569.

ans, et l'on soupçonna sa sœur de l'avoir em-
poisonné (1). On n'a imprimé de lui que des
lettres insérées dans la relation de la grande querelle qu'il eut avec Tartaglia (2). Son Traité de
l'erreur que l'on commet dans la détermination
du jour de Pâques existait (3) encore inédit
en 1731. Cardan nous apprend qu'il avait écrit
aussi (4) sur la géométrie. Si des ouvrages de Ferrari se conservent encore en manuscrit, ils méritent certainement d'être tirés de l'oubli où ils
sont restés depuis trois siècles.

Raphaël Bombelli ferme dignement cette série
d'illustres algébristes. Comme Ferro et Ferrari,
il naquit à Bologne, mais on ignore à quelle
époque. On ne sait de lui que ce qu'il nous apprend dans la dédicace de son ouvrage à l'é-
vêque de Melfi. Il dit qu'il avait eu pour précepteur Pierre-François Clementi (5) et qu'il
avait travaillé au desséchement des Chiane en

(1) *Fantuzzi, scrittori Bolognesi*, tom. III, p. 321. — *Cardani opera*, tom. IX, p. 568.

(2) *Fantuzzi, scrittori Bolognesi*, tom. III, p. 322.

(3) *Fantuzzi, scrittori Bolognesi*, tom. III, p. 322.

(4) *Cardani, de subtilitate*, p. 526.

(5) Voyez aussi *Fantuzzi, scrittori Bolognesi*, tom. II,
p. 282.

Toscane. Cet évêque de Melfi semble avoir été son protecteur. Il l'avait employé, ainsi que son frère Hercule, comme ingénieur, et il l'avait chargé ensuite de composer cette algèbre : elle ne parut qu'en 1572 ; mais on voit que Bombelli l'avait préparée depuis quelque temps. Dans la préface, il fait succinctement l'histoire de l'algèbre, en commençant par Diophante et Mohammed ben Musa, et il paraît croire que cette science a été inventée par les Indiens (1). Il cite Léonard de Pise et Pacioli, et il blâme Tartaglia d'avoir tant maltraité Ferrari et Cardan.

----

(1) Dans cette préface, Bombelli dit qu'il avait traduit avec Antoine Pazzi, professeur à Rome, les cinq premiers livres de Diophante, et il ajoute qu'on y cite souvent les Hindous. Tous ceux qui ont lu les ouvrages du géomètre d'Alexandrie savent que les Hindous n'y sont jamais mentionnés ; je suppose donc que le manuscrit dont parle Bombelli était accompagné d'un commentaire fait par quelque auteur byzantin, et l'exemple de Planude prouve que les Grecs du Bas-Empire ont cité souvent les savans de l'Inde. Il existe à la bibliothèque Palatine de Florence une traduction italienne manuscrite de Diophante qui, après l'avoir parcourue, m'a semblé antérieure à l'époque de Bombelli. Au reste, cet auteur parle de l'ouvrage de Diophante comme ne l'ayant vu qu'incomplet (*Bombelli*, *algebra*, p. 353).

L'Algèbre de Bombelli est divisée en trois livres. Le premier contient les élémens, le calcul des radicaux et celui des quantités imaginaires : le second renferme tout ce qui se rapporte à la résolution des équations (1) : et le troisième est un recueil de problèmes, parmi lesquels il y en a de fort difficiles sur l'analyse indéterminée. Dans ce traité, sont exposées méthodiquement toutes les connaissances que l'on avait alors sur l'algèbre ; les démonstrations sont rigoureuses et complètes, et l'on voit la science prendre une forme systématique. On y trouve des notations qui permettent d'effectuer facilement les calculs ; et l'on sait combien les notations ont eu d'influence sur les progrès de l'algèbre. Le calcul des radicaux y est complètement exposé (2), ainsi que la théorie générale des quantités imaginaires, dont l'auteur

---

(1) Voyez la note XXXIV à la fin du volume.

(2) Cossali a exposé la méthode de Bombelli pour extraire la racine cubique d'un binome réel ou imaginaire : elle mérite par son élégance l'attention des géomètres. Wallis l'a reproduite sans citer Bombelli, et il paraît avoir voulu se l'approprier (*Cossali, storia dell'algebra*, tom. II, p. 291-296. — *Wallis, opera*, Oxoniæ, 1695, 3 vol. in-fol., tom. II, p. 187 et seq.).

Voyez la note XXXV à la fin du volume.

fait une heureuse application à ce que l'on appelle ordinairement le cas irréductible. C'est en effet Bombelli le premier qui a généralement annoncé la réalité des trois racines d'une équation du troisième degré, lorsqu'elles se présentent toutes trois sous la forme imaginaire. Dans un grand nombre de cas, il a vérifié son assertion par l'extraction directe de la racine des deux binomes (1). Les géomètres précédens né s'étaient occupés que de résoudre de nouvelles questions. Bombelli perfectionna leurs démonstrations, et les rendit plus complètes et plus générales. Son ouvrage n'a pas peu contribué aux progrès des mathématiques. C'est là qu'on voit pour la première fois la rigueur de la synthèse appliquée aux démonstrations algébriques.

Cette longue suite de biographies scientifiques, ces analyses répétées d'ouvrages didactiques, ont dû répandre une couleur sombre et sévère sur le tableau que nous venons de tracer de la marche des sciences en Italie; mais il était nécessaire d'entrer dans ces détails pour démontrer que le seizième siècle n'a pas été seulement, comme on le

(1) *Cossali*, *storia dell'algebra*, tom. II, p. 484 et suiv.

répète sans cesse, le siècle des arts. Il est vrai que Léonard de Vinci, Michel-Ange, Raphaël, Cellini, le Titien, le Corrège, sont restés sans égaux, tandis que les travaux de Ferro, de Tartaglia, de Ferrari, furent promptement éclipsés par ceux de leurs successeurs. Cela tient au développement continuel des sciences, et aux bornes que la nature semble avoir prescrites aux progrès de l'esthétique et à la production du beau dans les arts; mais il ne faut pas déduire de notre impuissance à surpasser les grands artistes du seizième siècle, que les savans de cet âge leur fussent de beaucoup inférieurs. C'est plutôt en comparant un siècle avec ceux qui l'ont précédé qu'on doit lui assigner un rang dans l'histoire. Or, en mettant les grands maîtres que nous venons de nommer en parallèle avec Brunellesco, Donatello, Masaccio, Alberti, on ne trouve pas une distance supérieure à celle qui sépare les ouvrages de Tartaglia et de Cardan, des écrits de Canacci, de Dagomari, de Pacioli. Le développement de l'intelligence avait accompagné les progrès des arts; mais les artistes s'arrêtèrent, tandis que, par l'ascendant de Galilée et de l'Académie del Cimento, les sciences atteignirent, au dix-septième siècle, leur

apogée en Italie. Cependant on avait déjà beaucoup fait dans le siècle précédent : la grande
réaction contre Aristote avait commencé ; l'observation avait été proclamée la base des connaissances humaines ; les sciences qui en dépendent , la physique , l'histoire naturelle ,
avaient pris naissance. Il fallait réunir tous ces
élémens épars, extirper toutes les vieilles erreurs. On attendait un dictateur, il parut : ce
fut Galilée. Mais en admirant son vaste génie, il
ne faut pas être ingrat envers ses devanciers ; il
ne faut pas le charger de leur gloire ; elle lui est
inutile ; ils la réclament. On doit surtout ne pas
oublier que leurs travaux sur la résolution des
équations n'ont jamais été surpassés. (1)

Cependant, ce n'est pas par les sciences qu'au
seizième siècle l'Italie exerça son influence au
dehors. Pendant qu'elle perdait sa nationalité,
les œuvres de ses artistes se répandaient chez
les nations voisines et produisaient une révolution dans les arts. Alors, l'architecture go-

(1) Voici comment Lagrange s'est exprimé à ce sujet : « Les
premiers succès des Analystes italiens, dans cette matière,
paraissent avoir été le terme des découvertes qu'on y pouvait faire. » (Mém. de l'Acad. de Berlin, année 1770, p. 135.)

thique, la peinture allemande, furent détrô-
nées, et l'école italienne domina dans toute
l'Europe. Les autres peuples, ignorant ce qui
avait été fait depuis Arnolfo et Giotto, s'ima-
ginèrent que les maîtres n'avaient existé que
du jour où ils en étaient devenus les élèves,
et ils fixèrent au seizième siècle la renaissance des arts. Mais, depuis long-temps, elle
s'était opérée en Italie, et l'on devrait enfin
abandonner cette erreur qui retarde de deux
siècles l'époque du développement des beaux
arts chez les modernes.

Si nous devions tracer une histoire générale
des progrès de l'esprit humain, nous cherche-
rions à déterminer l'influence que les arts, se
répandant au loin et amenant à leur suite les lettres et les sciences des Italiens, ont pu avoir sur
l'avancement des sociétés modernes. Nous mon-
trerions tout l'Occident, devenu subitement disciple de l'Italie, imiter et traduire ce qu'on avait
fait dans cette contrée; nous verrions la presse,
non-seulement reproduire en original les œuvres
de Dante et de Boccace, mais aussi les écrits des
auteurs de second ordre; nous verrions des empereurs écrivant leurs lettres en italien, Lope
de Véga et Cervantes étudiant l'Arioste, et Shak-

speare imitant les contes de Porto, de Giraldi et de Bandello.

Si l'histoire des arts entrait dans notre plan, leurs différentes origines et leur développement, le coloris et la richesse de l'école vénitienne, le dessin et la vigueur des peintres toscans, les grâces, la beauté des formes de l'école romaine, nous occuperaient tour-à-tour. Alors nous devrions considérer aussi ce que les artistes ont fait pour les sciences, soit en les cultivant (1), soit en les amenant peu-à-peu sur la scène, et en les faisant participer aux largesses de quelques gouverne-

***

(1) Ce ne furent pas seulement Léonard de Vinci et Alberti qui, parmi les artistes, cultivèrent les sciences, et nous aurons plus tard à nous occuper d'un peintre célèbre, Cigoli, qui fut l'un des disciples les plus illustres de Galilée. Au seizième siècle les sculpteurs et les orfèvres, forcés de s'occuper de tout ce qui a rapport à leur art, étaient aussi chimistes et mécaniciens. Les *Due trattati* de Cellini, que nous avons déjà cités, contiennent des renseignemens précieux sur la chimie, sur la minéralogie et la métallurgie. J'y ai trouvé l'indication de la phosphorescence de certaines pierres (*Cellini, due trattati*, f. 10). Si je pouvais m'arrêter sur la science des corps inorganiques, je donnerais un extrait de la *Pirotechnia di Biringuccio* et du *Speculum lapidum* de Camille Leonardi de Pesaro, qu'on a quelquefois confondu mal-à-propos avec Léonard de Pise. Ces deux ouvrages méritent l'attention des naturalistes.

mens. Nous devrions rechercher surtout par quelles causes l'originalité s'étant affaiblie, la décadence se fit sentir en littérature, tandis que, malgré l'état déplorable où l'Italie était réduite, les sciences firent de rapides progrès, excitées par le principe de l'observation, qui est la base de tous les arts, et qu'au moment de leur plus grand développement ils avaient répandu dans la société. Mais nous ne pouvons pas nous laisser entraîner si loin : nous terminerons donc ce second livre en jetant un coup-d'œil sur l'état de l'Italie au seizième siècle.

Après la bataille de Pavie, Charles V régna sans partage sur la péninsule : peu d'années lui suffirent pour se rendre maître du pape et pour achever la ruine de toutes les puissances municipales. Il posséda Naples, la Sicile et le duché de Milan : tous les princes italiens devinrent ses feudataires, et s'attachèrent à sa fortune par crainte de la France, qui avait toujours protégé les Guelphes et le parti républicain. Après des exploits chevaleresques, François Ier se reposait au sein des arts, et, content d'avoir Léonard de Vinci et Cellini à sa cour, il oubliait que l'Italie pouvait lui donner plus que des artistes. Ne protégeant les Florentins que par des promesses, il

les précipita dans une lutte trop inégale contre
l'empire, et ne fit rien pour les arrêter sur le bord
de l'abîme. Le siège de Florence couronne dignement les trois siècles d'existence d'une république illustre à tant de titres ; et l'on devra toujours admirer cette poignée de marchands qui,
abandonnés de toutes les puissances humaines,
créèrent Jésus-Christ chef de la république, et
combattirent vaillamment contre celui qui avait
tenu dans les fers le roi de France et le pape.
Ils succombèrent après une longue résistance,
et ne laissèrent pas de postérité : car le plus
grand reproche que l'on doive faire aux Médicis, c'est d'avoir éteint dans le peuple de Florence cette noble ardeur qui autrefois le préci-
pitait si souvent au milieu des dangers.

Venise échappa seule à Charles V, et c'est un
mérite dont on n'a pas tenu assez compte à une
petite république déjà ébranlée par la ligue de
Cambrai, et qui, obligée de se défendre à-la-fois
contre Soliman et contre le puissant rival de François Ier, aurait peut-être fini par succomber, si
le maître de tant d'états n'avait commis la faute
irréparable de les partager entre son fils et son
frère. L'Italie échut alors à l'Espagne, mais elle
lui fut toujours enviée par l'Autriche, qui s'ap-

pliqua sans cesse à diminuer l'influence de sa rivale. Durant cette lutte cachée, qui se continua jusqu'au moment où l'empereur fut admis à partager les dépouilles de Charles II, et pendant les longues guerres de la France avec l'Espagne, les princes italiens auraient trouvé souvent l'occasion de recouvrer au moins en partie leur indépendance, s'il fût né parmi eux un seul homme doué de quelque hardiesse. Mais c'est un des plus grands malheurs de l'Italie, de n'avoir vu sur le trône, depuis trois siècles qu'elle gémit dans les fers, que des gens sans ambition et sans cœur. Le seul Emmanuel-Philibert, qui rentra dans ses états après avoir commandé l'armée espagnole à la bataille de Saint-Quentin, aurait pu tenter la délivrance de sa patrie s'il fût né dans des temps plus propices; mais il dut commencer par recouvrer et organiser ses états, livrés depuis long-temps au pillage des armées ennemies. D'ailleurs, tout était à faire alors en Piémont, pays qui ne s'est développé que fort tard, mais où l'Italie peut trouver un jour son salut; car n'ayant pas été corrompu par une civilisation déjà vieillie, il conserve encore quelques forces intactes et une certaine physionomie de rudesse. Emmanuel-Philibert, comme Farnèse, comme Monte-

cuculli et le prince Eugène, gagna des batailles
pour les étrangers. On attend encore le guerrier
qui doit vaincre pour l'Italie.

Cependant, la maison de Savoie sut ressaisir ses états, qui étaient devenus la proie des
étrangers, et, se ménageant à propos des alliés,
elle parvint à se créer une certaine importance.
Mais les Farnèse, mais les Médicis, qu'on a
tant célébrés, ne songeaient qu'à se garantir
contre les tentatives de leurs sujets, et, pendant qu'ils ne reculaient devant aucun crime
pour assurer leur domination, ils ne voyaient
au dehors que des questions de préséance, et
payaient des millions pour obtenir de l'Espagne
l'*altesse* au lieu de l'*excellence*. Ce furent de
bien tristes familles et de bien cruels despo-
tes! L'un, fils de pape, inventait, comme le
disaient les protestans, de nouvelles manières de
faire des martyrs (1), en attendant que Charles V
le fît jeter par la fenêtre (2) : l'autre tuait ses

(1) *Varchi, storia fiorentina*, Colonia, 1721, p. 640.
(2) Casa, dans la *Prima orazione per la lega*, a peint avec
de vives couleurs cette mort de Pier Luigi Farnese, qu'il
attribue à Charles V. Voici ce qu'il dit à ce sujet : « Bruttarsi
le mani nel sangue dell'avolo de' suoi nipoti, e il suocero di

fils et déshonorait ses filles. Aux crimes commis pour se maintenir au pouvoir, avaient succédé les crimes de la débauche et du caprice. On accusa Côme Ier d'avoir fait empoisonner deux illustres écrivains, Guicciardini et Berni, mais personne ne put dire pourquoi. Dans ces gouvernemens ténébreux, on cachait tout, excepté les forfaits dont on se glorifiait. Ces mœurs, ces violences, ne se rencontrent aujourd'hui que chez les oppresseurs de la Pologne. Le cardinal Hippolyte de Médicis ayant eu un jour une querelle avec un Orsini, lui arracha la barbe, et la déposa dans ses archives, avec une inscription destinée à conserver la mémoire de cet exploit. Ce paquet existe encore à Florence, dans l'*Archivio Mediceo*, où sont rassemblés des trésors historiques et littéraires de tout genre que l'on s'obstine, par une politique mal entendue, à cacher au public. C'est au moins une maladresse, car aucun gouvernement ne saurait, dans notre siècle, vouloir imi-

---

sua figliuola ucciso gittare a cani, e la stessa sua progenie innocente cacciare di stato, sono le sue tenere e parentevoli carezze. »

ter les Médicis, et leurs successeurs ne peuvent
que gagner à les faire connaître.

Malgré toutes ces horreurs, malgré des proscriptions qui dispersèrent au loin les hommes les
plus distingués, l'Italie se couvrit, au seizième
siècle, d'une nouvelle gloire. Et, parce que quelques artistes ou quelques poètes furent reçus
à la cour de Léon X, ou à celle de Florence, on
a voulu attribuer aux princes italiens l'éclat
de ce siècle. Mais on oubliait les plates plaisan-
teries par lesquelles on accueillait l'immortel
ouvrage de l'Arioste (1), la misère où tomba
Machiavel, et les persécutions contre le Tasse,
dont, on retenait les vêtemens et les livres (2),
à sa sortie de prison, pour le forcer à chanter

------

(1) Dans le chant XXXV du Roland furieux, l'Arioste s'é-
lève avec force contre les faveurs que l'on répandait sur des
gens :

..... « Chiamati cortigian gentili,
« Perchè sanno imitar l'asino a 'l ciacco. »

On connaît ses vers sur les devoirs des grands envers les
écrivains :

« E ben convenne al mio lodato Cristo , etc. »

(2) Voici ce que Le Tasse écrivait au duc de Mantoue, le
24 septembre 1588 : « E ora ardisco di scriverle, pregandola
che non si curi di ritenermi i libri, poichè non volle ritener

les louanges de ses oppresseurs. On oubliait surtout les honneurs extraordinaires rendus par
tous les princes à l'Arétin (1). Nous le répétons
encore, parce qu'il est nécessaire de détruire
une vieille erreur qui sert d'excuse souvent à la
paresse : les hommes illustres ne sont pas le fruit
de la protection des princes. En les voyant naître
sous Léon X comme du temps de Paul III et de
son indigne fils; à Florence sous les Médicis,
comme en Lombardie sous la domination des

---

me stesso in prigione nè gli voglia quasi pegni, o quasi os-
taggi della mia fede, temendo, che mentre sto lontano, non
dica mal di lei, o non scriva, perchè niuno è più sicuro
ostaggio dell'affezione intrinseca, e della benevolenza; e V. A.
può esser sicura, ch'io le sia affezionatissimo. S'amano, signor
mio, le cose lodate e s'io non ho voluto di nuovo lodarla,
come voleva il suo teologo, non l'ho ricusato di fare per
odio, ma perchè le preghiere deono andare avanti alla laude,
e fra l'une, e l'altre interporsi le grazie.» (*Tasso, opere*, Firenze, 1724, 6 vol. in-fol., tom. V, p. 109. — Voyez aussi la
première édition, plus correcte, de cette lettre qui fut publiée d'abord dans les *Lettere non più stampate, del Tasso*,
Bologna, 1606, in-4, p. 69). — Le Tasse revient à plusieurs
reprises sur ce sujet. Il écrit ailleurs : « Prego V. E. che non
mi nieghi la comodità di queste robe, e non voglia consen-
tire ch'io patisca freddo questo verno.» (*Tasso, opere*, tom. V,
p. 8).

(1) Voyez entre autres *Aretino, lettere*, Parigi, 1609, 6 vol.
in-8, tom. I, f. 64, etc.

étrangers, on serait plutôt conduit à conclure que la forme et l'action du gouvernement n'ont qu'une influence secondaire sur les développemens de l'esprit humain.

Il reste à examiner si, comme on l'a prétendu, l'église, au seizième siècle, favorisa les progrès de la civilisation. Sans doute le luxe des papes, les superbes édifices qu'ils firent élever contribuèrent à multiplier les chefs - d'œuvre des grands artistes; mais cela ne profita qu'à la partie extérieure du culte, et les pontifes, se berçant au sein des plaisirs, étaient forcés de rendre plus active la vente des indulgences pour subvenir à ces dépenses extraordinaires.

Lorsque les peuples, indignés de tant d'abus, demandèrent enfin une réforme, l'église, qui en se mettant à la tête du progrès pouvait prévenir une lutte acharnée et maîtriser l'avenir, repoussa toute innovation et ralluma ses bûchers. Dans les temps qui précédèrent la réforme, la rigueur s'était relâchée avec les mœurs : des papes qui nommaient des cardinaux sur la recommandation du sultan de Constantinople ne devaient pas se montrer sévères en fait de croyance. Mais, lorsqu'on vit les peuples se grouper autour de Luther, lorsqu'on vit surtout la diminution des offrandes, on renouvela les supplices, on rendit à l'inquisition sa première sévérité. Charles V fut lancé contre les luthériens : on osa remercier Dieu solennellement du massacre de la Saint-Barthélemi, et l'on sévit de nouveau contre les penseurs et les écrivains. Les germes de protestantisme qui se manifestèrent en Italie furent rigoureusement étouffés (1), et pendant que le pape, forcé d'assembler un concile, cédait à regret sur quelques points de discipline et laissait réformer les mœurs du clergé, il retrempait ses armes ecclésiastiques, et donnait un pouvoir exorbitant aux inquisiteurs. Ce fut surtout depuis le concile de Trente que la censure prit un si grand développement; c'est à

(1) On a essayé plusieurs fois de décrire les tentatives qui ont été faites, en Italie, pour obtenir une réforme, mais ce sujet intéressant attend encore un historien véritable qui sache rapprocher Arnaud de Brescia, de Savonarole et de Sarpi, et qui nous raconte le martyre des Vaudois, la mort de Dominis et le supplice de Giordano Bruno. Au seizième et au dix-septième siècle, une foule d'Italiens illustres embrassèrent la religion réformée, mais ils durent quitter leur patrie pour se soustraire au supplice. Plusieurs de leurs descendans, qui vivent encore dans les pays protestans, ont su s'illustrer dans les lettres et dans les sciences.

partir de cette époque que les persécutions contre les écrivains devinrent si fréquentes et les peines si acerbes. Croyant voir le fantôme de la réforme dans toute idée nouvelle, plus le monde marchait en avant, plus l'église se cramponnait au passé. C'est ainsi que les doctrines d'Aristote acquirent alors l'autorité d'articles de foi, et, qu'après avoir permis au cardinal de Cusa et à Copernic de soutenir le mouvement de la terre, on finit plus tard par condamner Galilée.

Au quinzième siècle, tous les esprits s'étaient tournés vers l'érudition; puis, il y eut comme une nouvelle renaissance, moins énergique sans doute et moins spontanée que la première, mais plus polie, plus savante, plus régulière. Cependant, vers le milieu du seizième siècle, tous ces esprits, si poétiques, admirateurs si passionnés de la forme et du beau, se tournèrent peu-à-peu vers les sciences. Il est inutile de rappeler les noms de ces savans qui les cultivèrent exclusivement et dont nous avons déjà si longuement parlé, mais on ne saurait s'empêcher de remarquer cette foule d'illustres historiens, de poètes, d'artistes célèbres, qui, obéissant à la tendance générale des esprits, s'appliquèrent aux scien-

ces avec ardeur. Ici, nous voyons Rucellai, élé-
gant écrivain, qui, dans un poème sur les
abeilles, rapporte des observations anatomiques
faites à l'aide de miroirs grossissans (1) : là,
c'est Varchi, historien courageux et profond érudit, qui traduit Euclide en italien (2) et qui étudie avec soin la chute des graves (3). Caro,

(1) *Rucellai, le api*, v. 970 et suiv. — Ce poème parut pour
la première fois en 1539.

(2) Varchi écrivit aussi un Traité des proportions, et un
ouvrage de météorologie (*Varchi, l'ercolano*, Firenze, 1720,
in-4, p. XXXIV-XXXVII). La traduction d'Euclide, si elle était
publiée, enrichirait sans aucun doute le vocabulaire scientifique de la langue italienne. Dans sa leçon sur la chaleur,
composée en 1544, Varchi parle de l'incubation artificielle et
de l'influence de la couleur des surfaces sur l'absorption des
rayons calorifiques (*Varchi, lezzioni*, Fiorenza, 1590, in-4,
p. 259). Suivant cet historien, les émissaires de Côme de
Médicis se servaient en 1536 du télégraphe (*Varchi, storia*,
p. 620).

(3) Dans sa *Questione sull'alchimia*, qui est dirigée contre
les alchimistes, Varchi se montre excellent observateur et
combat l'autorité d'Aristote; voici le passage relatif à la chute
des graves auquel je fais allusion, il fut écrit en 1544 : « E
sebbene il costume dei filosofi moderni è di creder sempre e
non provar mai tutto quello che si trova scritto ne' buoni
autori, et massimamente in Aristotile, non è pero, che non
fusse e più sicuro, e più dilettevole fare altramenti, e discendere qualche volta alla sperienza in alcune cose, come *verbi
gratia* nel movimento delle cose gravi, nella qual cosa e

Baldi (1), Buontalenti (2) suivirent ces exemples;
et le Tasse lui-même, grand poète dont la vie

Aristotile, e tutti li altri filosofi senza mai dubitarne hanno
creduto, e affermato, che quanto una cosa sia più grave,
tante più tosto discenda, il che la prova dimostra non esser
vero. E se io non temessi d'allontanarmi troppo dalla proposta materia, mi distenderei più lungamente in provare
questa opinione, della quale ho trovati alcuni altri, e massimamente il Reverendo Padre, non men dotto Filosofo, che
buon Teologo, Fra Francesco Beato Metafisico di Pisa, e
Mess. Luca Ghini Medico e semplicista singularissimo, oltre
la grande non solamente cognizione, ma pratica dei Minerali
tutti quanti, secondo che a me parve quando gli udii da lui
pubblicamente nello Studio di Bologna » (*Varchi*, *questione
sull'alchimia*, Firenze, 1827, in-8, p. 54). — Ghini fut le
maître de Cesalpino, d'Aldovrandi, de Mattioli et d'Anguil-
lara : Calvi et Targioni pensent qu'il fonda, en 1544, à Pise
le premier jardin botanique destiné à l'enseignement; mais
Fantuzzi croit que celui de Padoue existait déjà (*Calvi*, *comment. hist. Pisani vireti*, Pisis, 1777, in-4, p. 1-6.— *Fantuzzi*,
scrittori Bolognesi, tom. IV, p. 135).

(1) On sait que Baldi, poète distingué, écrivit sur l'histoire
des sciences, qu'il traduisit Héron et commenta Pappus; mais
ce que l'on ne sait pas assez, c'est qu'il s'occupa de langues
orientales et qu'il traduisit en italien la géographie d'Edrisi.
Le manuscrit inédit de cette traduction, que l'on croyait
perdu, se trouve à présent à la bibliothèque de Montpellier
(*Affò*, *vita di B. Baldi*, Parma, 1783, in-4, p. 211).

(2) *Baldinucci opera*, Milano, 1808, 14 vol. in-8, tom. VIII,
p. 11-77.— Buontalenti, sauvé presque par miracle sous les
débris d'une maison qui s'était écroulée, s'appliqua à l'architecture, et devint le premier mécanicien de son siècle. Il

fut un drame continuel, étudia les mathématiques sous Commandin et fut professeur de géométrie (1). Au reste, la nature semblait vouloir annoncer par un grand pronostic que les
arts allaient céder le sceptre aux sciences; car
Galilée venait au monde le jour où la mort frap-
pait Michel Ange. (2)

---

est impossible d'énumérer toutes les machines qu'il fit construire. Il inventa les grenades et la manière de charger les
fusils par la culasse : il s'occupa aussi de physique et d'hydraulique C'est probablement lui qui avait dirigé les machines de la monnaie de Florence, où tout alors était mu par
un courant d'eau. Benvenuto della Volpaja, astronome habile et célèbre fabricant d'instrumens de mathématiques,
mérite aussi d'être mentionné parmi les artistes savans
du seizième siècle (*Vasari, vite,* tom. XI, p. 376-177).

(1) *Serassi, vita di T. Tasso,* Roma, 1785, in-4, p. 79 et
169. — *Borselli, hist. gymn. Ferrariensis,* Ferrariæ, 1735,
2 vol. in-4, tom. II, p. 198, 199.— *Guarini, supplem. ad hist.
gymn. Ferrariensis,* Bononiæ, 1740, 2 vol. in-4, tom. II,
p. 60-62.

(2) *Galilei, opere,* Firenze, 1718, 3 vol. in-4, tom. I,
p. XCI–XCII.

FIN DU LIVRE SECOND.

NOTES ET ADDITIONS.

NOTE I.

Voici cette lettre en entier, telle qu'Amoretti (1) l'a déjà publiée.

Havendo, S^{or} mio Ill., visto e considerato oramai ad sufficientia le prove di tutti quelli che si reputano maestri et compositori d'instrumenti bellici, et che le inventione et operatione de dicti instrumenti non sono niente alieni dal comune uso, mi exforserò, non derogando a nessuno altro, farmi intendere da Vostra Excellentia; aprendo a quello li secreti miei: et appresso offerendoli ad ogni suo piacimento in tempi opportuni sperarò cum effecto circha tutte quelle cose, che sub brevità in presente saranno qui di sotto notate.

1. Ho modo di far punti (*ponti*) leggerissimi ed acti ad portare facilissimamente, et cum quelli seguire et alcuna volta fuggire li inimici; et altri securi et inoffensibili da fuoco et battaglia : facili et commodi da levare et ponere. Et modi de ardere et disfare quelli de li nimici.

2. So in la obsidione de una terra toglier via l'aqua

---

(1) *Amoretti, memorie*, p. 24.

de fossi et fare infiniti pontighatti a scale et altri instrumenti pertinenti ad dicta expeditione.

3. Item se per altezza de argine o per fortezza de loco et di sito non si potesse in la obsidione de una terra usare l'officio delle bombarde : ho modo di ruinare ogni roccia o altra fortezza se già non fusse fondata sul saxo.

4. Ho anchora modi de bombarde commodissime et facili ad portare : et cum quelle buttare minuti di tempesta ; et cum el fumo de quella dando grande spavento al inimico cum grave suo danno et confusione.

5. Item ho modi per cave et vie strette e distorte facte senz' alcuno strepito per venire ad uno certo... che bisognasse passare sotto fossi o alcuno fiume.

6. Item facio carri coperti sicuri et inoffensibili ; e quali entrando intra ne l'inimici cum sue artiglierie : non è sì grande multitudine di gente d'arme che non rompessino et dietro a questi poteranno seguire fanterie assai inlesi e senza alchuno impedimento.

7. Item occorrendo di bisogno farò bombarde, mortari et passavolanti di bellissime e utili forme fora del comune uso.

8. Dove mancassi le operazione delle bombarde componerò briccole manghani, trabuchi ed altri instrumenti di mirabile efficacia et fora del usato : et in somma secondo la varietà de casi componerò varie et infinite cose da offendere.

9. Et quando accadesse essere in mare ho modi de' molti instrumenti actissimi da offendere et defendere : et navili che faranno resistentia al trarre de omni grosissima bombarda : et polveri o fumi.

10. In tempo di pace credo satisfare benissimo a
paragone di omni altro in architettura in composi-
zione di edifici et publici et privati : et in conducere
aqua da uno loco ad un altro.

Item conducerò in sculptura de marmore di bronzo
et di terra, similiter in pictura, ciò che si possa fare
ad paragone de omni altro et sia chi vole.

Ancora si poterà dare opera al cavallo di bronzo che
sarà gloria immortale et eterno onore della felice memoria del S^{re} vostro Padre, et de la inclyta Casa
Sforzesca.

Et se alchune de le sopra dicte cose ad alchuno
paressino impossibili, et infactibili me ne offero paratissimo ad farne experimento in el vostro parco, o
in qual loco piacerà a Vostra Excellentia, ad la quale
umilmente quanto più posso me raccommando, etc.

NOTE II.

(PAGE 30)

I tordi si rallegrarono forte vedendo. che l'uomo
prese la civetta e le tolse la libertà quella legando con.
forti legami ai suoi piedi la qual civetta fu poi mediante il viscio chausa non di far perderè la libertà ai
tordi ma la lor propria vita. Detta per quelle terre
che si rallegrano di vedere perdere la libertà ai loro
maggiori mediante i quali poi perdono il soccorso e ri-
mangono legate in potentia del loro nemico, lasciando
la libertà e spesse volte la vita (*MSS. de Léonard de
Vinci*, vol. N, f. 198).

Favola.

Trovando la scimia uno nidio di picioli ucielli tutta
allegra appressatasi a quelli e quali essendo già da
volare ne potè solo pigliare il minore; essendo piena
d'alegreza. chon eso i mano sen andò al suo ricieto e
chominciando a chonsiderare questo ucielletto, lo
chominciò a baciare e per lo isviscerato amore tanto lo
baciò e rivolse e strinse chella gli tolse la vita.

È detta per quelli che per non gastigare i figlioli
capitano male (*MSS. de Léonard de Vinci*, vol. N,
f. 66).

NOTE III.

Non si domanda ricchezza quella che si può perdere. La virtù è vero nostro bene ed è vero premio del suo possessore, lei non si può perdere, lei non ci abbandona se prima la vita non ci lascia; le robe e le esterne divitie sempre le tieni sconte per timore e spesso lasciano con iscorno e sbeffato il suo possessore perdendo lor possessione (*MSS. de Léonard de Vinci*, vol. A, f. 114).

Acquista chosa nella tua gioventù che recompensi il danno dalla tua vecchiezza, e se tu intendi la vecchiezza aver per suo cibo la sapientia, adoperati in tal modo in gioventù che attal vecchiezza non manchi il nutrimento (*MSS. de Léonard de Vinci*, vol. N, f. 111).

La somma felicità sarà somma cagione delle infelicità, e la perfectione della sapienza sarà cagione della stultitia (*MSS. de Léonard de Vinci*, vol. N, f. 38).

Sempre le parole che non soddisfanno all'orecchio dell'uditore li danno tedio ovvero rincrescimento, in segnio di ciò vederai spesse volte tali uditori essere copiosi di sbavigli. Adunque tu che parli dinanti altrui di che tu cerchi benivolentia quando tu vedi tali prodigi di rincrescimento abbrevia il tuo parlare, e tu muta ragionamento, e se tu altrimenti farai allora in loco della desiderata gratia tu acquisterai odio e nimicizia.

E se voi vedere di quel che uno si diletta sanza udirlo parlare, parla a lui mutando diversi ragionamenti, e quel dove tu lo vedi stare intento sanza sbavigliamenti o storcimenti di ciglia o altre varie azioni, sii certo che quella cosa di che si parla è quella di che lui si deletta (*MSS. de Léonard de Vinci,* vol. G, f. 49).

NOTE IV.

(PAGE 32.)

Ordine del primo libro delle acque.

Definisci prima che cosa è altezza e bassezza anzi come son situati li elementi l'un dentro all'altro. Dipoi che cosa à grav`tà densa e cosa è gravità liquida, ma prima che cosa è in se gravità e levità ; dipoi descrivi perchè l'acqua si muove e perchè termina il moto suo, poi perchè ella si fa più tarda o veloce : oltre di questo come ella sempre discende essendo in confino d'aria più bassa di lei. Chome l'acqua si leva in aria mediante il chalore del sole e poi ricada in pioggia, anchora perchè l'acqua sorge dalle cime de monti e se l'acqua di nessuna vena più alta che l'oceano mare può versare acqua più alta desso oceano : come tutta l'acqua che torna all'oceano è più alta che la spera dell'acque, e come l'acqua delli mari equinotiali è più alta che le acque settentrionali, ed è più alta sotto il corpo del sole che in nessuna parte del circolo equinotiali, chome si sperimenta sotto il calore dello stizzo infocato, l'acqua che mediante il calore di tale stizzo bolle e l'acqua circostante al centro di tal bollore sempre discende con onda circolare, et come l'acque settentrionali sono più basse che li altri mari e tanto più quando esse son più fredde in sin che si convertano in diaccio (*MSS. de Léonard de Vinci*, vol. E f. 12).

NOTE V.

On voit cependant par le passage suivant que Léonard avait compris que la gravité était une force ac-
célérative constante.

Per definire il discenso o inegualità delli intervalli
delle ballotte dicho in prima per la 9ª di questo chel
discienso di ciascuna balotta dividendolo a gradi
eguali per altezza che in ogni grado desso moto essa
ballotta acquista un grado di velocità onde questa tale
proportione di gradi velocità fia proportione continua
arithmetica perchè si proportiona insieme li eccessi o
ver differentie delle velocità; onde concludo che tali
spatii saranno eguali perchè sempre ecciedono o ver
superano l'un l'altro con eguale accrescimento, e per
questo l'acqua che versa da simile altezze fa il simile;
anchora fa il simile acquistando in ogni grado di moto
un grado di velocità onde per proportione arithmetica si va ecciedendo di grado in grado di suo descenso e per questo è necessario che l'acqua dove più
si muove più si assottigli.

Lasciando cadere acqua d'un vaso d'altezza di 30
braccia, el filo dell'acqua sarà lungho 30 braccia, si domanda qual peserà più il 1° braccio o l'ultimo? (*MSS.
de Léonard de Vinci*, vol. N, f. 145).

NOTE VI.

(PAGE 42)

Perchè il martello rompe la pietra stante nella mano il falcino e taglia i ramicoli dei rami chessi tengono in mano. Questo è segno chel colpo sol più offende quella parte del corpo che più vicino allocho della percossa.

Bisogna nella percossa considerare 4 cose : la potenza che vale il percussore, la natura desso percussore ella natura della cosa percossa e della cosa che sostiene esso corpo battuto. Assiomi varj e belli della forza della percossa. L'aria si farà più densa che da corpo di più veloce moto sarà percossa.

(Del moto del fumo.)

Il cientro del moto fatto dal motor debbe essere nella medesima linea col cientro della lunghezza della cosa percossa (*MSS. de Léonard de Vinci*, vol. N, f. 28).

NOTE VII.

(PAGE 42.)

Della forza dell' uomo.

L'uomo tirando uno peso in bilancia con se non può tirare se non tanto quanto pesa lui, e s'egli è a levare lo leverà tanto più che non pesa quanto lui avanza la comune forza degli altri uomini. La maggior forza che possa far l'uomo con pari prestezza e movemento si è quando lui fermerà i piedi sopra l'una delle teste delle bilancie, e punterà le spalle in qualche cosa stabile : questa leverà dell' opposita testa della bilancia tanto peso quanto lui pesa e tanto peso quanto lui a forza porta in su le spalle (*MSS. de Léonard de Vinci*, vol. A, f. 3o).

NOTE VIII.

(PAGE 44.)

Voici un fragment de cet ouvrage que j'ai tiré des manuscrits de Léonard.

L'uccello che discende sopra o sotto al vento tiene l'alie strette per non essere sostenuto ompedito dall' aria, tielle forti sopra del suo busto acciò non sia dall' impeto voltato sotto sopra.

Quando l'uccello tiene stretti li omeri dell'alie e largo le loro punte, esso fa più densa l'aria che non è l'altra dove esso non passa, e questo fa per ritardare il moto e non si sviar della linea di tal moto.

Ma quando l'uccello apre più l'homeri che le punte dalle alie, allora esso uccello vole ritardar il moto con maggior potentia.

Quando le punte e li homeri dell'alie sono d'egual vicinità, allora l'uccello vol discendere sanza impedimento dell' aria.

Quando l'uccello rauna ovver batte l'alie indietro nel suo discenso, questo è manifesto segno che lui aumenta la velocità del suo discenso.

Qui per le cause della disposizione dell'uccello si noti la conseguenza delli effetti li quali l'uno all'altro insieme giunti mostran la volontà dell'uccello.

L'alia distesa da una parte e raccolta dall' altra mostrano l'uccello dechinare con moto circonvolubile intorno all' alia raccolta.

L'alie egualmente raccolte mostrano l'uccello volere discendere a drittura. Ma l'uccello sopra vento nel fine del moto represso terrà l'alie egualmente aperte perchè sarebbe dal vento arrovesciato. Ma raccoglie a se quell' alia intorno alla quale esso vol fare il moto circonvolubile, e drieto a quella discende e drieto a quella s'aggira quando si vole inalzare o discendere.

Dice l'avversario che ha veduto le prove chome l'uccello stando coll'alie interamente aperte non può discendere perpendiculare con suo danno o parte alcuna di detrimento e chonciede le prove che non può cadere per taglio all'indietro perchè non può negare le assegnate prove.... non può cadere col capo di sotto. Ma che dubita se si trovassi per la linea della larghezza dell' alie esser con quella perpendiculare alla terra che esso uccello non descendessi per taglio giù per tal linea; a questa parte si risponde che qui la parte più grave del corpo non si farebbe guida del moto e tal moto sarebbe contro alla quarta di questo che fu provato essere indefinito.

Li timoni dell'alie dell' uccello son quelli che immediate fanno l'uccello di sopra e di sotto alla.... del vento e colloro pichol moto fendono l'aria per qualunque linea per la quale apritura l'uccello poi con facilità può penetrare. Mai l'uccello discenderà all' indietro, perchè il centro della sua gravità è più verso la testa che verso la sua coda.

Sempre l'uccello discenderà con tutto o parte del moto per quella linea dove il centro della sua gravità è più vicina alla stremità della latitudine desso uccello.

Tutto inverso quella parte che sarà più vicina alla sua gravità dissi accadere il descenso quando una sola parte fia vicina a tal centro di gravità e li estremi dell' altre parti opposite restano a tal centro egualmente distanti chome quando l'uccello racchoglie la testa presso al busto e l'alie restano egualemente distanti dal mezo e la coda retta ellarghe, allora l'uccello descenderà colla testa innanzi e la persona colla sua linea centrale si drizzerà per tale moto.

Ma quando in tal moto l'una dell' alie si restringessi inverso il detto centro allora il discendere dell'uccello fia infra l'alia raccolta e la testa dell' uccello.

E se nel moto dell'alie egualemente aperte la coda si piega inverso l'una dell'alie, allora il moto dell'uccello seguirà infra la testa dell' uccello e la sua opposita alia.

E se solamente la testa si piega inverso l'una dell' alie egualmente aperte allora il discenso obliquo procederà infra la testa e l'alia dove tal testa s'avviene.

Il notare sopra dell'acqua insegna ali huomini come fanno li uccelli sopra dell'aria.

Convalida queste cose considerando un' asse cadente della quale il centro di gravità sia in varij luoghi e secondo le figure di quella.

Questo scriver sì distintamente del Nibio, par che sia mio destino perchè nelle prime ricordagioni della mia infantia e' mi parea che un Nibio essendo io in culla venisse a me e mi aprisse la bocca colla sua coda e molte volte mi percotessi con tal coda dentro la bocca.

Se l'uccello è in dispositione di discendere a po-

nente con sei gradi d'obliquità colla lunghezza del suo
corpo e colla largezza delle sue alie aperte e in dispositione di discendere a mezzodí con due gradi d'obliquità chel suo retto discenso sarà amezzo infra libeccio e ponente, provasi, sia la lungezza dell'uccello la
linea *ba.* volta a ponente con *b.* e la linea *c.* ha la
largezza dell'alie volte a mezzodí colla *d.* ora perchè la
linea *ab.* a sei gradi d'obliquità a ponente e la linea *cd.*
na 2. a mezodì, in somma sono 8 gradi che abbraciano

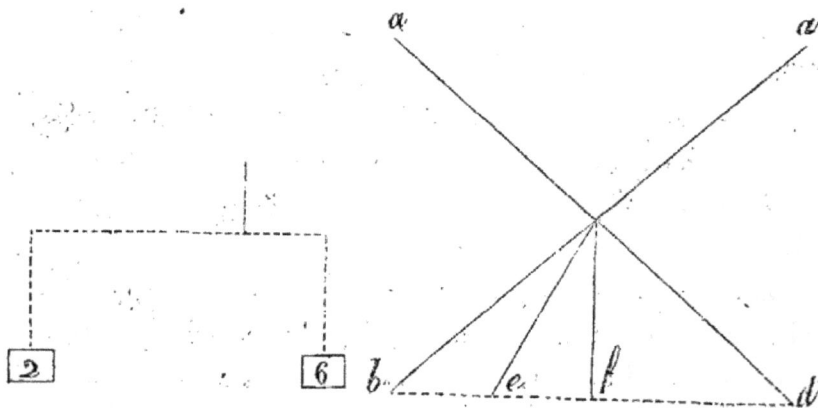

8 quarte cioè 2. venti *d.* è mezzodí e *c.* libeccio, *b.* è
ponente chè tre venti che inchiudono 2. spatj come
d. c. et *ab,* ora il resto moto sarà tanto più vicino al
b. che al *d.* quanto la potentia di *b.* è maggiore che la
potentia di *d.* sicchè essendo *b.* 6, sia P. 2 che fa 8
togli un mezo proportionale di conversa proportione
che divida 8 in tal modo (*MSS. de Léonard de Vinci,*
vol. N, f. 65).

NOTE IX.

(PAGES 50.)

Dans le traité du mouvement des eaux, on trouve un chapitre qui a pour titre : « Come coll' acque correnti si deve condurre il terreno de' monti nelle valli paludose, farle fertili, e sanar l'aria circostante.» (*Vinci, L. da, del moto e misura dell' acqua*, p. 391). — Ce chapitre a dû être extrait du manuscrit *F* (f. 14), où je l'ai retrouvé avec quelques légères variantes, qui prouvent que le copiste avait de la difficulté à lire l'écriture de Léonard. Voici maintenant d'autres passages relatifs aux *Colmates*, que j'ai tirés de ses manuscrits.

Dello atterramento de' paduli.

Li atterramenti de' paduli saran fatti quando in essi paduli fien condotti li fiumi torbidi.

Questo si prova perchè dove il fiume corre di là leva il terreno e dove si ritarda qui lascia la sua turbolentia, e questo è perchè nei fiumi mai l'acqua si ritarda come ne' paduli nelli quali l'acque son di moto insensibile. Ma in essi paduli il fiume deve entrare per istorto loco basso e stricto e uscire per espatio largho e di pocha profondità, e questo è necessario perchè l'acqua corrente del fiume è più grossa di terrestri di

sotto che di sopra e l'acqua tarda de' paduli ancora
è il simile, ma molto è differente la levità superiore
delli paludi alla gravità sua inferiore che non è nelle
correnti dei fiumi nelli quali la levità superiore poco
si varia dalla gravità inferiore adunque è conchlusa
che il padule s'atterrerà perchè di sotto riviene acqua
torba e di sopra sgorgha acqua chiara dall' opposita
parte d'esso padule e per questo tal palude per neces-
sità alzerà il suo fondo mediante il terreno che sopra
di lui al chontinuo si scarica (*MSS. de Léonard de Vinci*,
vol. E, f. 4).

L'acqua che scolasi della terra scoperta dal mare,
quando essa terra s'inalzasse assai sopra del mare
ancora ch'ella fussi quasi piana comincerebbe a fare
diversi rivi per la parte più bassa d'esso piano e così
cominciando a correre si farebbono ricettaculo delle
altre acque circustanti e a questo modo in ogni parte
della sua lunghezza acquisterebbono larghezza e profondità sempre crescendo le sue acque insino a tanto
che tutta tale acqua scolerebbe e queste tali concavità
sarieno poi li corsi di torrenti che ricevono l'acque
delle piove e così si anderebbon consumando i lati
di tali fiumi insino a tanto che li tramezzi d'essi fiumi
si farebbono acuti monti e così scalati tali colli co-
mincerebbono a seccarsi e creare le pietre a falde
maggiori o minori secondo la grossezza de' fanghe che
li fiumi portarono in tal mare per li loro diluvii
(*MSS. de Léonard de Vinci*, vol. F, f. 11).

NOTE X.

(PAGES 51 et 52.)

Degli animali che hanno l'ossa di fuori, come nicchi, chioccioli, ostriche, cappe, bovoli e simili, che sono di spezie innumerabili (De' nicchi improntati e petrificati che non hanno la figura superfiziale dentro la loro scorza).

Quando li diluvij de fiumi intorbidati di sotto il fango lo scaricavano sopra gli animali che anno vita sotto l'acque vicino alli liti marini, essi animali rimaneano improntati da tal fango, e ritrovandosi assai sotto gran peso di fango era necessario morissino mancando loro gli animali di che essi nutrire si soleano e col tempo abbassandosi il mare, tal fango, scolati le acque salse si venne a convertirsi in pietra, e li gusci di tali nicchi, già consumati li loro animali erano in loco di quelli riempiuti di fango, e cosí nella creazione di tutto il circonstante fango in pietra ancora esso fango che dentro alle scorze de' nicchi alquanto aperti era rimaso, essendo per tale apertura di nicchi congiunto coll' altro fango, si venne ancora lui a convertire in pietra, e cosí restarono tutte le scorze di tali nicchi infra le due pietre, cioè infra quella che lor serravano, e quella che li rinchiudeva loro, le quali ancora in molti lochi si ritrovano. E quasi tutti li nicchi petrificati nelli sassi de' monti hanno ancora la scorza naturale intorno; e massime quelli ch'erano invecchiati assai e che per la lor durezza s'eran conservati, e li giovani già calcinati in gran parte erano stati penetrati dall' umore viscioso e petrificati.

Delle ossa de' pesci che si trovano ne' pesci petrificati.

Tutti gli animali che hanno l'ossa di dentro alla lor pelle che sono stati coperti dalli fanghi de' diluvj de' fiumi, discosti alli ordinari letti di tali fiumi sono stati alla minuta improntati da tali fanghi i quali hanno consumato le loro carnosità e intestini, e solo ci è restato l'ossa discomposte del loro ordine, e son cadute nel fondo della concavità della loro impronta, nella quale quando il fango per la sua elevazione del corso del fiumi s'è secco dell' umido accorso, e' piglia l'umido viscioso, e fassi pietra rinchiudendo ciò che in lui si trova, e riempiendo ogni vacuità di se e trovando la concavità dell' impronta di tali animali sí sottilmente penetra per le minute porosità della terra per le quali nell' aria che dentro occupava si fugge per le parti laterali perchè di sopra fuggire non può, perchè tal porosità è occupata dall'umore che in tal vacuo discende, e di sotto non può fuggire perchè l'umore digià caduto ha rinserrata la porosità di sotto. Restano le parti laterali aperte donde tali aria condensata e premuta dall'umore che discende si fugge colla medesima tardità qual è quella dell' umore che quivi discende e cosi risecca, tale umore si fa pietra, sanza granosità, e riserba la medesima forma dell' animale che quivi s'impronta e dentro a lui restano l'ossa.

Nicchi e loro necessaria figura (casa de' nicchi).

L'animale che abita nel nicchio si fa l'abitazione colle congiunture, commissure, coperchi e altre particole siccome l'uomo fa alla casa dov' esso abita, e questo animale cresce a gradi la casa e il coperchio secondo l'accrescimento del suo corpo, e ha la sua casa appiccata nelli lati di tal gusci : per la quale la tersità e delicatezza che han dentro tali gusci in tale appiccatura dell' animale che la vita rimane alquanto maculata, e con concavità ruvida atta a ritenere la congiunzione de' muscoli con che tale animale si ritira dentro quando si vuole riserrare in casa. Quando la natura viene alla generazion delle pietre, essa genera una qualità d'umore viscoso il quale col suo seccarsi congela in se ciò che dentro a lui si rinchiude, e non si converte in pietra ma si conserva dentro a se nelle forme che li ha trovati e per questo le foglie son trovate intere dentro alli sossi voti nelle radici de' monti con quella mistione di varie spezie siccome le lasciarono li diluvj di fiumi nati alli tempi delli autumni dove poi li fanghi delle inondazioni succedenti le recopersono, e questi tali fanghi poi si collegaron del sopradetto umore e convertirsi in pietra faldata a gradi secondo li gradi d'esso fango.

De' nicchi de' monti.

E se tu vorrai dire li nicchi esser prodotti dalla natura in essi monti, mediante la costellatione, per qual via mostrerai tale costellazione fare de' nicchi di varie grandezze è di diverse età e di varie spezie nel medesimo sito?

(Giara) E come mi mostrerai la giara congelata a gradi, in diverse altezze degli alti monti, perchè quivi a diverse ragioni giare, portate di diversi paesi dal corso de' fiumi in tal sito? E la ghiara non è altro che pezzi di pietra che hanno persi gli angoli per la lunga revoluzione e diverse percussioni e cadute che . . . . . mediante li corsi dell' acqua che in tal loco la condusse.

(Delle foglie). Come proverai il grandissimo numero di foglie congelate negli alti sassi de tal monti, e l'alga erba de' mari stante a diacere con nicchi e rene; e così vedrai ogni cosa petrificata, insieme con granchi marini ridotti in pezzi. (*MSS. de Léonard de Vinci,* vol. F, f. 80).

NOTE XI.

Léonard s'est occupé de rechercher l'action des poi-
sons sur l'économie végétale. Voici un passage qui le
prouve.

Faciendo un bucho con un succhiello dentro un
albusciello e chacciandovi arsenicho e risalghallo e
sollimato stemperati con acqua arzente, a forza di fare
e sua frutti velenosi o di farlo secchare. Ma vuole el
detto foro essere grande e andare per infino al mi-
dollo e vuole esser in sul maturare de frutti. E la detta
acqua venelosa vuole esser messa in detto foro con
uno ischizzatojo e tirare con forza l'acqua : puossi fare
ancora el medesimo quando gli albuscielli sono in
succo (*MSS. de Léonard de Vinci*, vol. N, f. 11).

NOTE XII.

(PAGE 53.)

Il frusso e rifrusso e doppio n'un medesimo pelago,
perchè esso sarà molte volte nella bocca di tal pelago
innanzi che sia el grande nel pelago grande, e questo
accade che l'onde del primo frusso corron forte infra 'l pelago e nel tempo che tali onde seguita il suo
impeto quella della bocca fa il suo rifrusso e avanti
che l'onda che s'ingolfa senta il rifrusso di tal bocca
di pelago già nasce il rifrusso in essa bocca e in quel
tempo l'onda ingolfata si ferma allentando il suo impeto quando la seconda ingolfatione della 2ª onda
rinanse e cosi se ne ingolfa tante d'esse onde che il
pelago malzato le sue acque ritornano con impeto
indreto il rifrusso che ritorna indreto in essa bocca
non s'ingolfa più nella 3ª o 4ª insin a tanto che esea
la prima acqua non è disgolfata (*MSS. de Léonard de
Vinci*, vol. F, f. 6).

NOTE XIII.

(PAGE 53.)

Della potentia del vacuo generato in istante.

Vidi a Milano una saetta percotere la torre della credenza da quella parte che risguarda tramontana e discese con tardo moto per esso lato e immediate si divise da essa torre e portò con seco e svelse d'esso muro una spazio di 3 bᵃ per ogni verso e profondo due, e questo muro era grosso 4 braccia ed era murato di sottili e minuti mattoni antichi, e questo fu tirato dal vacuo che la fiamma della saetta lasciò di se (*MSS. de Léonard de Vinci*, vol. E, f. 2).

NOTE XIV.

(PAGE 54)

In prima definisci l'occhio, poi mostra come il battere d' alcuna stella viene dall' occhio e perchè il battere d' esse stelle u più nell' une che nell' altra, e come li razzi delle stelle nascon dall'occhio (*MSS. de Léonard de Vinci*, vol. F, f. 25).

Se guarderei le stelle senza razzi come si fa a vederle per un piccolo foro fatto coll' estrema punta d'una strema agucchia.... posto quasi a toccare l'occhio tu vederai esse stelle essere tanto minime che nulla cosa pare essere minore, e veramente la lunga distanzia da loro ragionevole diminuzione ancora che molte vi sono che sono moltissime volte maggiori che la stella, cioè la terra coll'acqua. Ora pensa quel che parrebbe essa nostra stella in tanta distanzia e considera poi quante stelle si metterebbe o per longitudine o latitudine in fra esse stelle le quali sono seminate per esso spazio tenebroso. Mai non posso fare ch'io non biasimi molti di quelli antichi le quali dicono che il sole non avea altra grandezza che questa che si mostra, fra quali fu Epicuro, e credo che cavassi tale ragione da un lume posto in questa nostra aria equidistante dal centro, chi lo vede nol vede mai diminuito de grandezza in nessuna distanza. E le ragioni della sua grandezza e

virtù le riservo nel X° libro; ma ben mi maraviglio che Socrate biasimasse questo tal corpo e che dicesse quello essere a similitudine di pietra infocata....
(*MSS. de Léonard de Vinci*, vol. F, f. 5).

NOTE XV.

(PAGE 54.)

Che cosa è la luna.

La luna non è luminosa per se, ma bene è atta a ricie-
vere la natura della luce assimilitudine dello spechio

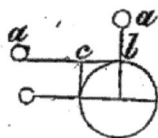

dellacqua o altro chorpo lucido e crescie nelloriente
e occidente chome il sole e gli altri pianeti. E la ragione sie che ogni chorpo luminoso quanto più s'allon-
tana più cresscie Chiaro si può chomprendere che ogni
pianeta esstella e più lontano da noi su el ponente che
quando cie sopra chapo circha 3500 per la pruova
segniata da parte esse vedi spechiare il sole o luna
nellacqua chetti sia vicina paratti in detta acqua della
grandezza chetti pare in cielo. Essella lontanera uno
miglio parerà magiore 100 volte esselo vederai spechiare in mare neltramontare il sole spechiato ti para,
grande piu di 10 miglia perche ochopera in detta
spechiatione piu di 10 miglia di marina, essettu fussi
dove la luna parebbeti esso sole spechiarsi in tanto
mare in quanto egli n'alumina ala giornata ella tera

parebe infra detta acqua chome pare le machie solari chessono inella luna laqual stando in terra si demostra tale aglomini qual farebe alliomini che abitassino nella luna il nostro mondo apunto (*MSS. de Léonard de Vinci*, vol. A, f. 64).

NOTE XVI.

(PAGE 54.)

Quell'arculo dello splendore che pare che circondi i corpi luminosi non si muterà mutandosi essi corpi da lunghi a tondi.

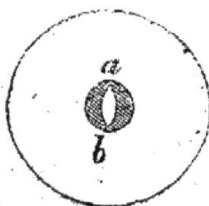

La cagioni di questo si è che detto splendore è nell'occhio e non foria d'intorno al lume compare. (*MSS. de Léonard de Vinci*, vol. N. f. 80.)

NOTE XVII.

(PAGE 54.)

1ª La pupilla dell' occhio disminisce tanto la sua quantità quanto è erescie il luminoso che in lei s'imprime.

2ª Tanto crescie la pupilla dell' occhio quanto diminisce la chiarezza del giorno o d'altro lume che in lei s'imprime.

3ª Tanto più intensivamente vede o conoscie l'occhio le cose che li stanno per obbietto quanto la sua pupilla più si dilata e questo proviamo mediante li animali notturni come nelle gatte e altri volatili, come il gufo e simili li quali la pupilla fa grandissima variazione de grande a piccola nelle tenebre o nell'alluminato.

4° L'occhio posto nell'aria alluminata vede tenebre dentro alle finestre delle abitazioni alluminate.

5° Tutti li colori posti in lochi ombrosi pajono essere d'eguale oscurità in fra loro.

6° Ma tutti li colori poste in lochi luminosi non si varian mai della loro essenzia. (*MSS. de Léonard de Vinci*, vol. E, f. 17).

NOTE XVIII.

(PAGE 54.)

Lo spiraculo luminoso veduto di loco tenebroso, ancora ch'esso sia d'uniforma larghezza, e' parrà

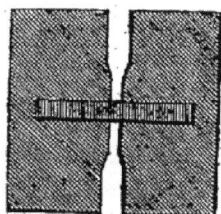

forte ristringersi vicino qualunque obietto fia interposto infra l'occhio e tale spiraculo (*MSS. de Léonard de Vinci*, vol. F, f. 31. — Voyez aussi vol. X, f. 72, etc.)

NOTE XIX.

(PAGE 55.)

La isperientia non falla mai, ma sol fallano i vostri giuditi promettendosi di quella che in e vostri experimenti chausati non sono (perchè dato un principio è necessario che ciò che seguita di quello e vero consequenze di tal principio se già non fussi impedito, e se pur seguita alcuno impedimento, l'effetto che doveva seguire del predetto principio participa tanto più o meno del detto impedimento quanto esso impedimento è più o men potente del già detto principio. (*MSS. de Léonard de Vinci*, vol. N, f. 151.)

Come le esperienze ingannano chi non conosce loro natura, perchè quelle che spesse volte pajono una medesima spesse volte son di gran varietà come qui si dimostra (*MSS. de Léonard de Vinci*, vol. I, f. 53).

Sicchè voi speculatori non vi fidate delli autori che anno sol col immaginatione voluto farsi interpreti tra la natura e l'omo, ma sol di quelli che non coi cienni della natura ma cogli effetti delle sue esperienze anno esercitati i loro ingegni. (*MSS. de Léonard de Vinci*, vol. I, f. 54.)

NOTE XX.

(PAGE 58.)

Les deux passages suivans, auxquels on pourrait en ajouter beaucoup d'autres, prouvent que Léonard avait des idées philosophiques très hardies.

Ma io vorrei vocaboli che mi servessono a biasimare quelli che vollon laudare più l'adorare li omini che il sole. Non vedendo nell'universo corpo di maggior magnitudine e virtù di quello, e il suo lume allumina tutti li corpi celesti che per l'universo si comportano. Tutte l'anime descendon da lui perchè il caldo ch'è nelli animali vivi vien dall'anima e nessun altro caldo nè lume è nell'universo come mostrerò nel 4° libro. E certo costoro che hanno voluto adorare uomini per iddei come Giove, Saturno, Marte e simili han fatto grandissimo errore vedendo che ancora che l'omo fusse grande quanto il nostro mondo, che parrebbe simile a una minima stella la quale pare un punto nell'universo e ancora vedendo essi omini mortali e putridi e corruttibili nella lor sepoltura e molti fecer bottega con inganni e miraculi finti ingannando la stolta moltitudine, e se nessuno si scopria conoscitore de' loro inganni essi li puniano. Forse Epicuro vide le ombre delle colonne ripercosse nelli antiposti muri essere eguali al diametro della colonna donde si partia tale ombra, essendo dunque il concorso dell'ombra

parallela dal suo nascimento al suo fine li parve
giudicare il sole ancora lui fusse fronte di tal paralello
e per consequenza non essere più grosso di tal colonna, e non s'avvide che tal diminuzione d'ombra era
insensibile per la lunga distanza del sole, se il sole
fusse minore della terra, le stelle di gran parte del
nostro emisperio sarebber sanza lume, come a Epicuro
che dice tanto è grande il sole quanto e'pare. (*MSS. de
Léonard de Vinci*, vol. F, f. 5).

Non può esser voce dove non è movimento e percussione d'aria : non può esser percussione d'essa aria
dove non è strumento : non può essere strumento in-
corporeo. Essendo cosi uno spirito non può avere nè
voce, nè forma, nè forza, e se piglierà corpo non potrà
penetrare nè entrare dove gli usci son serrati ; e se
alcuno dicesse per aria congregata e ristretta insieme
lo spirito piglia i corpi di varie forme, e per quello
strumento parla e move con forza, a questo parte dico
che dove non è nervi e ossa, non può esser forza ope-
rata in nessun movimento fatto dagl'immaginati spiriti. (*MSS. de Léonard de Vinci*, vol. B, f. 4).

NOTE XXI.

(PAGE 58.)

Se bene come loro non sapessi allegare gli autori, molto maggiore e più degna cosa allegherò allegando la esperientia maestra ai loro maestri. Costoro vanno schonfiati e pomposi, vestiti e ornati non delle loro ma delle altrui fatiche, e le mie a me medesimo non concedono. Me inventore disprezzano; quanto maggiormente loro non inventore ma trombetti e recitatori delle altrui opere dovranno essere biasimati?

Proemio.

E da essere giudicati e non altrimente stimati li omini inventori e interpetri tralla natura e gli omini, a chomparatione de recitatori e trombetti delle altrui opere, quant' è dall' obietto fori dello specchio alla similitudine dell' obietto apparente nello specchio che lui non per se... niente; giente poco obligate alla natura perchè sono sol d'accidental vestiti e sanza il quale potrei acchompagnarli infra gli armenti delle bestie. (*MSS. de Léonard de Vinci*, vol. N, f. 198).

NOTE XXII.

(PAGE 97.)

Voici un fragment d'une lettre de Colomb, reproduite par Morelli et insérée par Bossi dans la vie de
Colomb (*Bossi, vita*, p. 219). Bien que ce ne soit
qu'une traduction (1), on trouverait difficilement en
italien un morceau plus éloquent.

« Mio fratello e l'altra gente tutta era in una nave che
era restata nel fiume; e io solo di fuora in tanto brava
costa; con forte febbre, e tanta fatica, che la speranza
di scampare era già morta. Pur come meglio potei,
montai sul più alto della nave, chiamando con
voce timorosa, e piangendo molto, li maestri della guerra di vostre maestà; e ancora chiamai tutti
quattro i venti per soccorso, ma mai mi risposero:
stracco mi addormentai. Gemendo sentii una voce
molto pietosa che diceva queste parole : O stolto
e tardo a credere e a servire il tuo Iddio e Iddio di
tutti! Che fece egli più per Mosè e per David suo
servo? Da poi che nascesti, ebbe di te sempre gran
cura : quando ti vedde in età della quale fu contento,

---

(1) Je me suis permis de corriger les fautes d'impression qui four-
millent dans l'édition dont Morelli a donné une espèce de fac-simile.

maravigliosamente fe sonare il tuo nome súlla terra. Le
Indie, che sono parte del mondo cosi ricca, te le ha
date per tue : tu le hai ripartite dove ti è piaciuto,
e ti diè potenza di farlo. Dei ligamenti del mare
oceano, che erano serrati con si forti catene, ti
donò le chiavi; e fosti ubbidito in tante terre, e dai
cristiani ottenesti così buona fama e onorevole. Qual
cosa fece più al popolo di Israele, quando lo cavò
di Egitto? nè ancora per David, che di pastore lo fè
re di Giudea. Torna a lui e conosci lo error tuo,
che sua misericordia è infinita. Tua vecchiezza non
impedirà cose grandi : molte eredità grandissime
sono in suo potere. Abraam passava anni cento quando ingenerà Isaac, nè anche Sara era giovine. Tu
chiami soccorso incerto. Rispondimi, chi ti ha af-
flitto tanto e tante volte; Dio, o il mondo? I privi-
legii e le promesse che Dio dà, non gl'infrange mai,
nè mai dice dopo di aver ricevuto il servigio, che
sua intenzione non era questa, e che s'intenda in
altra forma, nè damartoro per dar colore alla forza.
Ei va in capo del testo : tutto ciò che promette attende con accrescimento ; questa è sua usanza. Io ti
ho detto quanto il Creatore abbia fatto per te e fa con
tutti. Adesso mi mostra il guiderdone e pagamento di
tanti affanni e pericoli, che hai passati servendo ad altri. E io cosi mezzo morto sentiva ogni cosa ; ma mai
non potei riavere la voce, per rispondere a parole
così certe, salvo piangere per li miei errori. Costui
fornì di parlare, si fosse chi voglia, dicendo: Con-
fidati e non temere, che le tribolazioni stanno scritte
nel marmo, e non senza cagione. »

NOTE. XXIII.

(PAGE 107.)

Voici le catalogue des ouvrages de Maurolycus tel qu'il se trouve dans sa *Cosmographie* et dans ses *Opuscules*.

Quin (1) et aliquot meas lucubratiunculas, præter hos dialogos, habeo. Sed nihil in lucem, nisi te favente, prodibit : satis autem faveris, si prodire iusseris. Porrò tam aliena, quam mea, modo locum aliquem mereantur, decreveram in quatuor sectiones distinguere, quorum indicem cum ipsorum operum titulis, ac quasi argumentis exponam ante dialogos : ut inde, si maiores curæ cesserint : examines laborem meum. Sed ne pluribus quam opus sit, agam, eccum indicem ipsum.

In prima sectione.

Euclidis Elementa in libellos XV ita distincta, ut primi quatuor planorum, quintus ac sextus proportionum, septimus, octavus, nonus, arithmeticorum vocentur, decimus symmetriæ, quinque reliqui soli-

---

(1) *Maurolyci cosmographia*, ep. ad Bembum.

dorum. Ex traditione Theone, ut transtulit Zambertus : nec exclusis Campani additionibus quibusdam. Adiectis præterea circa regularia solida speculationibus complurimis : quæ ad plenam ipsorum solidorum, quoad perpendiculares, bases, superficies et corpulentias, collationem, erant necessariæ, ubi planè quivis animadvertet Zambertum quamvis græce peritum exemplaris tamen vitio deceptum peccasse, Campanum vero authoris alicubi terminos temere pervertisse.

Theodosii Sphærica : quæ hactenus incorrecta ac neglecta iacuerunt : quasi non sint astronomiæ totius et præsertim sphæræ fundamenta.

Apollonii Pergæi Conica emendatissima : ubi manifestum erit, Io. Baptistam Memmium in eorum tralatione pueriles errores admisisse Mathematicæ præsertim ignoratione deceptum.

Sereni Cylindrica.

Archimedis Syracusani de circuli dimensione libellus cum calculo nostro ad mensuram peripheriæ propius accedente.

Eiusdem de sphæra et cylindro ex traditione Eutotii Ascalonitæ.

Eiusdem, de isoperimetris figuris tam planis, quam solidis : ubi planarum circulis, solidarum vero figurarum isoperimetrarum sphæra concluditur esse maxima.

Menelai Sphærica cum Tebitij, nostrisque additionibus, unde tota sphæralium triangulorum scientia scaturiit.

De figuris planis, solidisque regularibus locum im-

plentibus libellus noster : quanquam de hoc negocio
Joannem a Regiomonte accuratissime scripsisse certum sit : verum opus nondum, quod sciam, editum.
Demonstramus autem in libello è solidis regularibus
cubos per se : pyramides vero cum octahedris cum-
pactas duntaxat implere locum, qua in re Averroem
pueriliter errasse, manifestum erit.

Euclidis data ex traditione Pappi; tranlatio est
Zamberti.

Inventio duarum mediarum proportionalium ex
traditione præstantissimorum authorum Platonis,
Architæ Menæchmi, Heronis, Philonis Byzantii, et
Pappi.

Modus secandi datam sphæram ad datam rationem
ex Dionysodoro, quæ quamvis à Georgio Vallá tralata
sint : tamen vix intelligi poterant : tum quo fuerant
obscure, ne dicam mala tradita : tum quo ad ea per-
pendenda opus erat in Menechmo et Dyonisodoro quibusdam Apollonij et Archimedis locis.

In secunda sectione.

Bœtianæ Arithmeticæ compendium; Iordani Arithmeticorum libelli decem ad miram tum facilitatem,
tum brevitatem redacta.

Eiusdem data arithmetica.

Arithmetica nostra speculativa ; in qua multa circa
triangulos, quadratos, hexagonos, cubosque numeros
et alias eorum species, ab aliis prætermissa acutissime
demonstrantur, tum circa praxim arithmeticam tam
rationalium, quam irrationalium magnitudinum, quæ

16.

in decimo elementorum, præcepta cum minime ne-
gligenda, tum ad practicas quæstiones necessaria.

Data arithmetica nostra, in quibus multa sunt a
Iordano prætermissa.

Euclidis Optica, in quibus agitur de his, quæ ad
visum et visibilia pertinent.

Eiusdem Catoptrica, hoc est specularia : in quibus
de iis quæ in speculis apparent. Ptolemæi specula :
ubi optimis ipse argumentis refractiones ad angulos
æquales omnino fieri demonstrat.

Archimedis libellus de speculis comburentibus : in
quo docet ac ostendit, speculo, ut sit ad comburen-
dum efficacissimum, formam dandam esse à parabola :
quæ est una ex conicis sectionibus, quare negocium
huiusmodi intelligere volenti opus esse notitia conicorum elementorum.

Photismi nostri, sive radiationes : in quibus de
lumine et umbra, quo ad perspectivam spectat, satis
agitur, tum lucem per quale cunque foramen admis-
sam adipisci formam ad certum intervallum radianti
corpori similem : et perinde solis radium in circula-
rem formam, aut si deficiat in lunulam similem ve
deficienti projici, demonstravimus, locum scilicet non
satis intellectum à Ioanne, vulgatæ perspectivæ authore.

Diaphana nostra : in quibus ostendimus, ea, quæ
per corpus aliquod perspicuum transparent, magnitudine, numero, situ, formamque diversis spec-
tari, iuxta formam perspicui corporis, tum etiam
multa super Iride discussimus.

Ioannis Petsan Perspectiva emendata Rogerii Bacchonis Perspectiva utilissima. De motibus et motuum Symmetria demonstrationes nostræ scitu incundæ. Archimedis de momentis æqualibus, sive de æquiponderantibus, libellus ex traditione Eutotij Ascalonitæ.

Eiusdem libellus de quadratura parabolæ acutissimus : quem intelligere volenti opus est conicorum et momentorum æqualium notitia.

Bœtianæ musicæ compendium.

Musicæ speculativæ ac practicæ compendium ex Guidone alijsque authoribus : in quo vocum consonantium ac dissonantium ratio plene discutitur.

Arithmeticæ quæstiones nostræ.

Geometricæ quæstiones nostræ.

Tetragonismus, sive quadratura circuli Hippocratis, Archimedis et aliorum.

Positionum regulæ : quæ vulgo Algebra barbaro nomine appellantur, cum demonstrationibus et exemplis ad quatuor præcepta redactæ.

In tertia sectione.

Magnæ Ptolemaicæ constructionis compendium, cum demonstrationibus Tebitii circa ea, in quibus Ptolemæi demonstratio deficit : item cum quibusdam Albategnii, Georgij Peurbachij et Joannis de Regiomonte, aliquorumque additionibus, ubi quivis totam astrorum theoriam facile adipisci poterit.

Sphæra nostra mobilis in octo capita, multasque conclusiones distincta.

Georgij Peurbachij theoriæ cum scholiis nostris.

Procli sphæra.

Campani sphæra.

Theodosii de habitationibus.

Eiusdem de noctibus et diebus libellus.

Autolyci de ortu et occasu Syderum, sive Phænomena.

Euclidis Phænomena ad miram facilitatem redacta.

Alphagrani compendium.

Tebit Rudimenta.

Eiusdem de motu octavæ spheræ.

Albategnii et aliorum quorundam traditiones.

Geographiæ ptolemaicæ compendium.

Astronomica Problemata nostra : in quibus totus
astronomiæ calculus, modusque ad tabulas emendan-
das sive restituendas exponitur.

Tabella nostra sinus recti distincta per singulos
quadrantis gradus, graduumque minutias, supponens
sinum maximum, hoc est circuli semidiametrum in
millies mille pluresve particulas sectam : ac geometricæ astronomicæ que praxi perquam necessaria.

In Alfonsi tabellas problemata. Nam canones qui
circumferentur, non carent omnino mendis.

In directionum tabulas Joannis de Monteregio, problemata : in quibus nonnulla ab authore prætermissa
ingeniose discutiuntur.

In tabulam magnam primi mobilis eiusdem authoris, brevissimi et ad omnia generales canones.

In tabulas eclipsium Georgij Peurbachij canones.

In diarium perpetuum canones : in quibus calculi
ad eas tabulas pertinentis summa brevibus exponitur.

In quarta sectione.

Quadrati geometrici fabrica et usus cum demonstrationibus.

Quadrantis fabrica et usus.

Astrolabi fabrica et usus.

Quadrati horarij fabrica et usus.

Solariorum fabrica ad omnem horizontem.

Vitruvianæ Architecturæ compendium : in quo
complures loci enodantur.

Aristotelis problemata mechanica.

Trochilia nostra , in quibus rotarum contextus in
horologiorum machinis exponitur.

Heronis inventa spiritalia : ac nonnullæ machinæ
hydraulicæ à recentioribus inventæ.

Speculationes mathematicæ nostræ : in quibus circa
linearum symmetriam : circa optica et catoptrica,
circa determinationes maximarum æquationum in
deferentibus planetarum , et alias quæstiones , multa
discutiuntur.

INDEX LUCUBRATIONUM. (1)

Euclidis Elementa, discussis interpretum erroribus,
tam Campani nimium sibi confidentis, quàm Zamberti
professionem ignorantis. Cum additionibus quarum-

---

(1) *Maurolyci opuscula* (ad calc).

dam propositiònum, præsertim, ad regularia solida spectantium.

Theodosij sphærica elementa libris tribus, astronomiæ principiis necessaria.

Menelai sphærica libris. 3. multis demonstrationibus adaucta, ad scientiam sphæralium triangulorum pertinentia.

Apollonij Conica elementa libris 4. et demonstrationibus et lineamentis opportunis instaurata.

Sereni Cylindrica libris 2.

Archimedis opera, De dimensione Circuli, De Sphera et Cylindro, De Isoperimetris, De Momentis æqualibus. De Quadratura Parabolæ. De Spheroïdibus et Conoidibus figuris. De Spiralibus. Cum additione demonstrationum, facilius demonstrata.

Iordani Arithemetica, et Data.

Theonis Data geometrica.

Rogerii Bacconis, et Io. Petsan Perspectivæ breviatæ cum adnotationibus errorum.

Ptolemei Specula. Et de speculo ustorio libellus.

Autolyci de Sphera quæ movetur.

Theodosii de habitationibus.

Euclidis Phænomena brevissimè demonstrata.

Aristotelis problemata mechanica, cum additionibus complurimis, et iis quæ ad pyxidem nauticam, et quæ ad Iridem spectant.

PROPRIA IPSIUS AUTHORIS.

Prologi, sive sermones quidam de divisione artium, de quantitate, de proportione, de mathematicæ authoribus, de sphæra, de cosmographia, de conicis, de solidis regularibus, de operibus Archimedis , de quadratura circuli , de instrumentis , de calculo, de perspectiva, de musica, de divinatione.

Arithmetica speculativa libris duobus; in quorum primo multa de formis tam planis , quàm solidis numerorum a nemine hactenus animadversa , in secundo autem theoria et praxis rationalium et irrationalium magnitudinum per numerarios terminos cum multis novis, quæ ad decimum Euclidis faciunt ; demonstrationibus abunde tractatur.

Arithmetica data libellis quattuor demonstrata.

Positionum et rei demonstrationes ad quattuor præcepta vel capita redactæ.

Sphæricorum libelli duo, in quibus multa a Menelao neglecta, vel omissa supplentur pro sphæralium scientia triangulorum.

Sphera mobilis in octo capita pro circulis primi motus.

Cosmographia de forma, situ, mumeroque, cœlorum et elementorum olim Petro Bembo dicata.

Conicorum elementorum quintus et sextus post quattuor Apollonii libros locandi.

De compaginatione solidorum regularium.

Quæ figuræ tam planæ, quam solidæ locum impleant, ubi Averroes geometriam ignorasse indicatur.

De momentis æqualibus libri quattuor in quorum postremo de centris solidorum ab Archimede omissis agitur : et de centro solidi parabolici.

De quadrati geometrici, quadrantis et astrolabi speculatione, fabrica, usuque.

De lineis horariis libris 3. In quibus tota huiusmodi linearum theoria , quo ad situm , colligantiam et descriptionem ipsarum plene tractatur. Nam lineœ horariæ à meridie cœptæ, secant periferiam quandam in iis punctis in quibus eandem tangunt lineæ hora- riæ ab occasu vel ortu extensæ. Talis autem periferia vel circulus est, vel ex conicis sectionibus aliqua , sci- licet Parabole, Ellipsis, vel Hyperbole.

Photismi de lumine, et umbra , ad perspectivam et radiorum incidenciam facientes.

Diaphana in. 3. libros divisa. In quorum primo de perspicuis corporibus; in 2. de iride ; in 3. autem de organi visualis structura, et conspicillorum formis agitur.

Quæstionum arithmeticarum libelli 3. geometrica- rum libelli. 2. astronomicorum problematum tres : in quibus regulæ cum exemplis traduntur.

Adnotationes omnimodæ in diversos mathematicæ locos.

Canones tabularum Alfonsi , Blanchini Eclipsium directionum primi mobilis.

Compendium mathematicæ brevissimum.

Elementorum Euclidis epitome cum novis et artifi- ciosissimis in quintium, in arithmetica, in decimum, et in solidorum libros demonstrationibus.

Conicorum Apollonii breviarium libris 3. facilius et directe demonstratum.

Tabula sinus recti supponens sinum maximum sive circuli semidiametrum plurium , quam millies mille particularum, quod est totius geometrici, astronomici- que calculi necessarium instrumentum.

Compendium magnæ constructionis Ptolomaicæ

omnium observationum astronomicarum seriem paucis comprehedens ex breviario Io. Regimontii.

Compendium Boetianæ musicæ, cum optimis speculationibus et calculo ac modulatuum ratione et systematum proportione.

Sphera in compendium breviter omnia comprehendens, cum motuum secundorum theoria.

Computus ecclesiasticus brevis et exactus.

Adnotationes in Sphæram Io. Sacrobasti, et in theoricas planetarum.

Quadrati, quadrantis, astrolabi, instrumenti armillaris et sphæræ solidæ demonstratio fabrica et usus, per novam, artificiosam, brevemque speculationem.

De lineis horariis regulæ brevissimæ et theoria pro quocunque horizonte.

Compendium Sicanicæ historiæ.

Martyrologium Sanctorum correctum et instauratum. Cum topographia et aliis appendicibus.

Hymnorum ecclesiasticorum liber unus.

Carminum et epigrammatum libelli duo.

Poemata Phocylidis et Pythagoræ moralia latino metro.

Genealogia Deorum, Io. Boccacii adaucta, cum multis illustrium virorum et principum carptim collectis prosapiis ad poesim et historiam necessariis.

Rythmi vulgari seu vernaculo sermone, in laudem S. Crucis.

Chronologia ab Adamo protoplasto, Christi, principum, præsulum et notabilium rerum, brevissima.

Itinerarium Syriacum cum historiis ad loca sacra pertinentibus.

Ad Petrum Bembum de Ætneo incendio.
Ad Synodi Tridentini patres epistola.

Breviaria.

Platinæ de vitis Pontificum.
Sex librorum de vitis Patrum.
Decem librorum Laertii de vitis philosophorum.
Petri Criniti de vitis poetarum.
Octo librorum Polydori de inventoribus rerum.
Consiliorum Synodalium.
Sex librorum Diodori Siculi.
Grammaticarum institutionum libri sex.
Quadrati horarii fabrica, et usus.

Demonstratio et praxis.

Trium tabellarum sinus recti, beneficæ et fæcundæ, ad scientiam et calculum triangulorum sphæralium utiles.

Compendium indiciariæ ex optimis quibusque au-thoribus decerptum, in quo de naturis signorum et domorum 12. septemque planetarum constellatio-num, aspectuum, directionum, profectionum, horo-scoporum, electionum, et quæstionum segulæ, præ-sertim ad agricolas, medicos, nautas et milites, et exclusis superstitionibus, directæ.

Notandum quòd ex supra scriptis operibus, Theo-dosii, Menelai, Maurolyci spherica : item Autolici sphæra, Theodosii de habitationibus, Euclidis phæ-nomena. Demonstratio et praxis trium tabellarum sinus.

recti, fæcundæ, ac beneficæ, compendium Mathematicæ brevissimum simul in unum volumen : Mæs-
sanæ impressa fuerunt à Petro Spina filio, Georgii
Spinæ Germani, anno saluti 1558.

Item.

Cosmographia olim Petro Bembo dedicata 3. lib.
Impressa fuit Venetiis apud Junctas, anno salutis 1543.
Et rursum Basileæ apud Jo. Oponimum.

Item.

Quadrati horarii fabrica et usus d. Jo. XX dicata.
Venetiis apud Nicolaum Bassanimum, anno sal. 1546.

Item.

Grammatica quædam rudimenta, Messanæ per
eundem Georgii Spina filium, anno salutis 1528.
· Rythmi quoque materni de laude J. C. ibidem per
eosdem, anno salutis 1552.

Item.

Martyrologium correctum et instauratum reverend.
domino M. Ant. Amulio card. dicatum cum apogra-
phia cum multis appendicibus, anno salutis 1567,
mense septembris. Venetiis apud Junctas impressum
et iterum in forma parva forma mense Julio 1568.

Item.

Historiæ Sicanicæ compendium cum epistola simul ad patres Tridentinæ Synodi, Messanæ impressum per eundem Georgii Spinæ filium et nepotes, anno sal. 1562.

Item.

De vita Christi eiusque matris et gestis Apostolorum libelli octo senariis rythmis vulgaribus. Venitiis per Augustinum Bindonum, 1556.

A la fin de la vie de Maurolycus, écrite par son neveu, le baron della Foresta (1), on trouve un catalogue des ouvrages du géomètre de Messine. Il est semblable à celui que nous donnons ici, et contient de plus l'indication des manuscrits suivans :

De piscibus siculis brevis tractatus.

Palephati de non credendis historiis epitome.

Fulgentij mytalogiarum epitome.

Ciceronis de natura Deorum, et de divinatione epitome.

Scholia in Asinum aureum Lucij Apulei.

Epitome de grammaticis Suetonii.

Tractatus de placitis philosophorum.

Opus epistolarum ad diversos viros illustres.

_____

(1) *Foresta, della, vita di F, Maurolico*, p. 36-41.

Quamplures epistolæ ad multos.

Plurimorum sanctorum vitæ, videlicet :

Sancti Pancratii Tauronimisanorum Pont.

Historia sanctorum Alphii Pbiladelphii , et Cirini.

Vita Aagtonis Liparitani.

Vita sancti Angeli Carmelitæ.

Vita sancti Alberti Carmelitæ.

Vita Cononis Naxii viri sanctissimi mon. ord. sancti
Basilii.

Vita sancti Calogeri.

Vita B. Gullielm.

Vita sancti Philippi præsb: Argyritæ.

Vita sancti Corradi Placentini.

Vita Laurentii presb. qui floruit in villa Frazano.

Vita sanctæ Venneræ Siculæ.

Vita sancti Nicandri Heremitæ , et sociorum ex quibusdam græcis historiis decerpta.

Vita B. Eustochii virginis Franciscanæ Mess.

Et parmi les ouvrages qui ont été imprimés :

De lineis horariis lib. tre. acutissimis Computus
ecclesiasticus strictim collectus. Tract. Instrument.
astronomicorum. Musicæ traditiones. Euclidis propo-
sitiones elementorum tredecimim solidorum tertij.
Regularium corporum primi. Arithmeticorum lib.
duo subtilissimi. Photismi de umbra , etc.

NOTE XXIV.

(PAGE 117.)

Superest ut solus axis radiosæ pyramidis perpen-
diculariter ingrediatur, et exeat pupillam; cæteri
verò omnes radij visuales tam in aditu, quàm in
exitu frangantur. Sed quo pacto, qua lege frangen-
tur, nisi ea quam diaphani figura postulat! Cum
ergo in convexo utrinque diaphano tam incidentes,
quam prodeuntes radii in ipsis incidentiarum, egres-
sumque punctis frangantur ad axem medium acce-
dentes; ut satis in prima parte huius operis demonstratum est; iam et in pupilla, cui huius modi figu-
ram natura comparavit, id idem facient visuales radii : quibus talis organi forma, vel ob id commoda
fuit, quod utrinque coadunandi fuerant : extrinsecus
quidem, ut per exiguum uveæ foramen ingressuris;
intrinsecus autem, ut ad opticum neruum speciem
rei visæ congregaturis : sed minus extrinsecus ne ni-
miæ coadunatio non satis esset ad excipiendia latiora
spatia, concursusque radiorum acceleratus visum
breviaret. Proptereà igitur anteriorem faciem pupilla minus agglobatam sortita est maioris scilicet
sphæræ pòrtionem : sic enim ut dudum conclusimus
protelatur concursus. Non ergo aliunde, quàm ex
forma pupilla quærenda est visus diversarum quali-
tatum ratio. Nam cùm perspicui forma variata, variet
quoque fractionis angulum, iam hinc et visualium

radiorum situm diversificari , concursumque nunc
anticipari, nunc differri necesse erit. Et quoniam quò
minor est perspicuus globus, eò minus spatium coadu-
nat radios : ideò et qui conglobatiorem sortiti sunt
pupillam , breviore sunt visu præditi : in iis enim
radij visuales ad coincidentiam properantes minimè
proveniunt ad remotiora dispicienda aut si dilatantur
radij exteriores à re spectanda in pupillam cadentes :
coarctari oportet nimium interiores à pupilla per vitreum ad opticum nervum transmissos; quæ coarcta-
tio nimia confundit judicium ac distinctionem sensus.
Hæc est ratio cur quidam brevissimum visum habent ;
contra qui expansiorem pupillæ faciem , hoc est , de
maiori sphæra sumptam habent , iis expansiores radij
ad longius spectandum feruntur , concursu iam pro-
telato : neque opus est hic dilatari radios , coarctari-
que interiores (*Maurolycus, de lumine et umbra*, p. 85).

NOTE XXV.

(PAGES 122 et 125.)

Scito igitur proportionem corporis ad corpus (dentur modo homogenea et uniformia) ita se habere, si-
cuti se habet virtus ad virtutem.

Sint exempli causa, duo corpora plumbea et inæqualia a. et e. literis insignita, quorum, corpus a.

notatum, triplici quantitate superet e. atque jam infero, massam a. pondere triplici excessuram corpus
e., notetur itaque pondus a. litera b., et e. signatur
f. et mente concipiatur corpus a. di visum esse in
treis æquales partes c. d. g. videlicet, quarum partium pondera h. i. k., iam manifestum est pro præsupposito, singulas parteis c. d. g. æqualitate responsuras
corpori e. ponderabitque per communem scientiam
æqualiter f. Quod ni foret, unaquæque partium a.
pro homogenea non reputaretur cum corpore e. et ita
pugnaret cum præsupposito. Postquam igitur h. i. k.
insimul æquiparet b. soli, per communem scientiam,
erit quoque, iuxta septima quinti Euclidis, propor-
tio b. ad f. sicut h. i. k. ad idem f. sed pondus h. i. k.

ad *f.* triplum est, erit igitur et pondus *b.* triplum ad
f. qua ratione patet institutum.

Porrò suppono proportionem motus corporum si-
milium, sed diversæ homogeneitatis, in eodem medio, atque æquali spatio esse, quæ est inter exces-
sum (in ponderositate, inquam, vel levitate) supra il-
lud medium, dummodo formam æqualem illis corporibus sortitum fuerit. Et e converso, scilicet quod proportio existens inter excessus supra medium ut dictum est, eandem esse, quæ inter motus illorum corporum. Atque, hoc modo id patebit. Sit medium uniforme *b. f. g.* puta aqua, in qua intelligantur duo

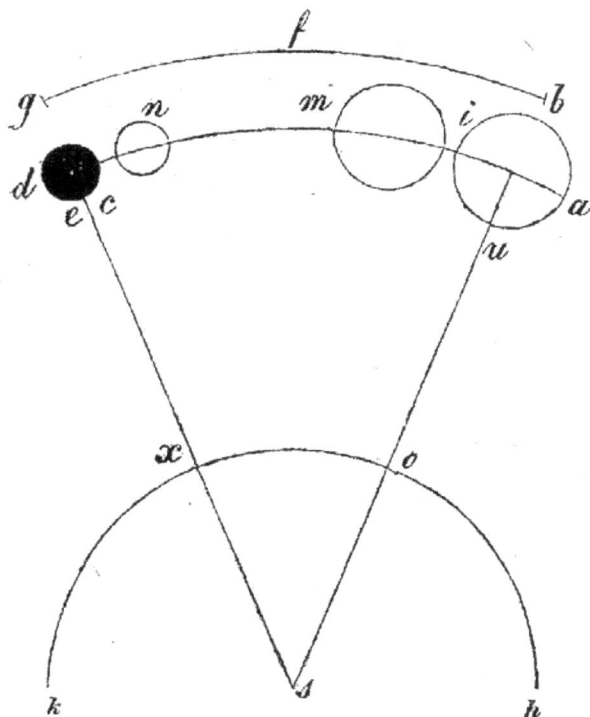

corpora diversæ homogeneitatis, id est diversarum
specierum. Verbi gratia, corpus *d. e. c.* sit plum-

beum, corpus vero *a. u. c.* ligneum sedrutumque; eorum gravius sit corpore aqueo sibi æquali, dentur etiam corpora illa, sphærica, atque aquee sint *m.* et *n.* centrum mundi imaginemur per *s.* terminus vero ad quem, sit in linea *h. o. x. k.* a quo, autem, sit in linea *a. m. d.* quæ quidistetæ lineæ *h. o. x. k.* et ambæ circulares supra centrum mundi *s.* tum ductis *s. o.* et *s. x.* usque ad lineam termini, a quo, erunt lineæ intersectæ ab illis terminis invicem æquales per tertiam conceptionem Euclidis (nam per definitionem eiusdem, omnes lineæ, a centro alicuius circuli, ad circunferentiam rectæ protractæ, sunt invicem æquales) imaginemur etiam centrum corporis *a. u. i.* positum in puncto intersecationis lineæ *s. o.* productæ, cum linea *a. m. d.* et corporis *d. e. c.* cum linea *s. x.* præterea, corpus aqueum æquale corpori *a. u. i.* sit *m.* reliquum vero æquale corpori *d. e. c.* sit *n.* sit etiam corpus *d. e. c.* octuplum in ponderositate corpori *n.* et corpus *a. u. i.* duplum corpori *m.* Nunc igitur dico quod proportio motus corporis *d. e. c.* ad motum corporis *a. u. i.* (manente hypothesi) eadem est, quæ inter exuberantia corporum *d. e. c.* et *a. u. i.* supra corpora *n.* et *m.* id est quod tempus in quo corpus *a. u. i.* movebitur, septuplum erit ad tempus in quo corpus *d. e. c.* nam manifestum est per tertiam propositionem libri de insidentibus aquæ Archimedis, quod si corpora *a. u. i.* et *d. e. c.* essent æque gravia corporibus *m.* et *n.* unumquodque eorum suo æquali, nullo modo moverentur, nec sursum nec deorsum, et per septimam eiusdem quod corpora graviora medio, deorsum feruntur, corpora igitur *a.*

u. i. et *c. e. d.* deorsum ferentur , resistentia ergo humidi (hoc est aquæ) ad corpus *a. u. i.* est proportionis subduplæ (quod patet per communem scientiam) ad corpus vero *d. e. c.* suboctuplæ : tempus igitur in quo centrum corporis *d. e. c.* transibit datum spatium , in septupla censebitur proportione (in longitudine) ad tempus in quo centrum corporis *a. u. i.* supradictum mensurabit (motu naturali dico, nam , per lineas breviores natura in omnibus agit , id est per lineas rectas , nisi quid impedierit) quia ut ex prædicto Archimedis libro colligere est, proportionem motus ad motum , non habere respectum ad proportionem gravitatis, quæ est inter *a. u. i.* et *d, e. c.* sed ad proportionem quæ est inter gravitatem *a. u. i.* ad *m.* et *d. e. c.* ad *n.* conversum autem huius suppositionis satis patet, cum dicta clara sint.

Modo dico quod si fuerint duo corpora, eiusdem formæ, eiusdemque speciei, æqualia invicem , vel inæqualia, per æquale spacium , in eodem medio , in æquali tempore ferentur. Hæc proposita manifestissima est, quia si non inæquali tempore moverentur, essent necessario diversarum specierum corpora illa , per conversum præmissæ suppositionis, aut medium non daretur uniforme, vel spacia essent inæqualia, quæ omnia pugnarent cum hypothesi.

Sed ostentive , sint duo corpora *g.* et *o.* similia (sphærica) et homogenea, medium vero uniforme *b. d. f.* lineæ terminorum æquidistantes circulares supra centro *s.* per terminum, a quo, transeat linea *p. i. q.* per terminum vero ad quem *r. m. u. t.* Nunc infero, corpora *g.* et *o.* in æquali tempore moveri per dictum

spatium, motu naturæ in prædicto medio; sit exempli
gratia corpus *o.* quadruplum in quantitate ad *g.* patet

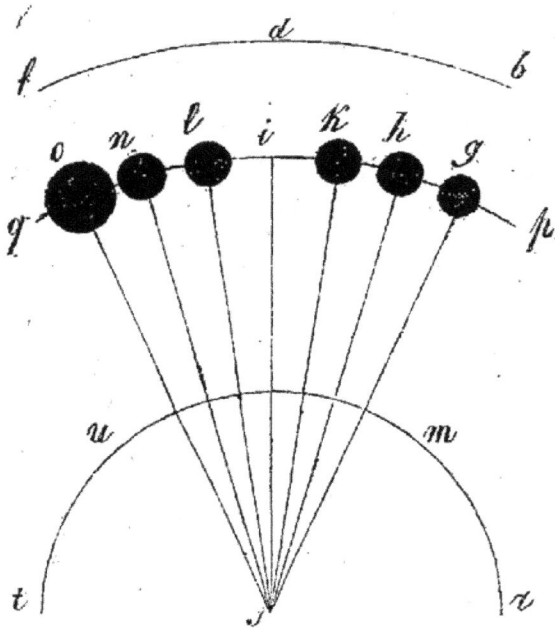

quoque per supradicta quod, quadruplum etiam erit
in ponderositate ad *g.* (nam si esset ei æquale in utroque, tunc nulli dubium esset, quin corpora illa, inæquali moverentur tempore) dividam modo corpus *o.*
imaginatione, in quatuor æquales partes, suo toto
similes (sphericæ figuræ), sint itaque *h. k. l. n.* quarum
centra ponam in linea *p. q.* ita quod distantia inter *h.*
et *k.* eadem habeatur, quæ inter *l.* et *n.* lineam item
k. l. Dividam per æqualia per vigesimam-quintam
primi huius, in puncto *i.* qui quidem erit centrum gravitatis corporum *h. k.* et *l. n.* per communem scientiam,
coadiuvante tertia propositione libri de centris gra-
vium, Archimedis, præterea, manifestum est quod

unumquodque corporum *h. k. l. n.* in æquali tempore
movebitur *a. p. i. q.* ad *r. m. u. t.* ei in quo *g.* (nam
unumquodque eorum æquale et æque grave est corpori *g.* per conceptionem Euclidis) per primam conceptionem ergo, corpora omnia scilicet *h. k. l. n.*
Simul ab eodem instanti demissa, æqualiter move-
buntur, hoc est in æquali tempore, et semper linea
transiens per eorum centra æquidistabit lineæ *r. m. u. t.*
Demum, si intelligatur linea ducta per centrum *i.* et
corporis *o.* divisa per æqualia per supradictam vigesimam-quintam primi huius, tunc punctus ille divi-
sionis erit centrum ponderis *h. k. l. n.* et *o.* per supradicta, nunc vero, si linea illa intelligatur moveri
vi corporum prædictorum, demissa a linea *p. q.* vel ei
æquidistans (quia tunc etiam esset æquidistans *m. u. r. t.*
per communem scientiam semper erit æquidistans *m.
u. r. t.*) corpus *o.* in æquali tempore, motu naturæ,
movebitur per datum spatium, ei in quo corpora *h.
k. l. n.* eadem est quæ ad corpus *o.* per id quod supradictum est, coadiuvante decima sexta quinti Euclidis est enim idem pondus eademque species) sed
idem est, in quo *g.* per communem scientiam quod
est propositum.

Possum quoque per hanc ostensionem, partem
supradictæ suppositionis demonstrare, hoc est, quod
si fuerint duo corpora, eiusdem figuræ, seddiversæ
homogeneitatis, inæqualis etiam corporeitatis, et
utrunque eorum, gravius medio, per quod feruntur,
sit etiam minus eorum, gravioris speciei quam maius,
sed maius, plus ponderet minori tunc dico, quod suppositio supradicta vera est.

Sint exempli gratia duo corpora *m.* et *n.* eiusdem figuræ, at, diversæ homogeneitatis, sint etiam inæqualia (nam de æqualibus nulli dubium erit) quorum maior sit *m.* sed species corporis *n.* gravior sit specie corporis *m.* esto etiam corpus *m.* gravius corpore *n.* et utrunque eorum, gravius corpore medio per quod feruntur. Dico nunc, quod suppositio vera est. Intelligatur primum corpus *a. u. i.* æqualis similisque figuræ corpori *m.* sed speciei corporis *n.* tunc circa corpora *a. u. i.* et *m.* suppositio, clarissima est, sed per præmissam ostensionem, corpus *n.* in eodem tempore movetur, in quo corpus *a. u. i.*, quare constat propositum.

Ex his liquet, motum magis velocem, non causari ab excessu, vel gravitatis, aut levitatis, corporis velocioris, collatione tardioris (datis corporibus similis figuræ), verum ex differentia speciei, alterius corporis ad alterum, gravitatis levitatisve respectu, quæ res non est ex mente Aristotelis aut alicuius suorum commentatorum, quos mihi quidem videre, et legere contigit, aut etiam contulisse cum eiusdem professoribus. (*Benedicti resolutio, in dedicat.*)

Benedetti a repris ensuite le même sujet dans ses *Diverses spéculations.* Voici ce qu'il dit sur ce point.

Quòd in vacuo corpora eiusdem materiæ æquali velocitate moverentur.

CAP. X.

Quòd supradicta corpora in vacuo naturaliter pari velocitate moverentur, hac ratione assero.

Sint enim duo corpora *o* et *g.* omogenea , et *g.* sit dimidia pars ipsius *o.* sint alia quoque duo corpora *a.* et *e.* omogenea primis, quorum quodlibet æquale sit ipsi *g.* et imaginatione comprehendamus ambo posita in extremitatibus alicuius lineæ, cuius medium sit *i.*

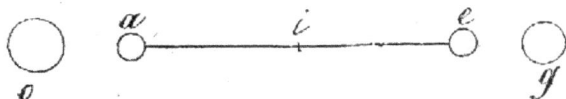

clarum erit , tantum pondus , habiturum punctum *i.* quantum centrum ipsius *o.* quod *i.* virtute corporis *a.* et *e.* in vacuo , eadem velocitate moveretur , qua centrum ipsius *o. :* cum autem disiuncta essent dicta corpora *a.* et *e.* à dicta linea, non ideo aliquo modo suam velocitatem mutarent, quorum quodlibet esset quoque tam velox , quam est *g.* igitur *g.* tam velox esset quam *o. (Benedicti divers. speculat.* f. 174.)

NOTE XXVI.

(PAGE 122,)

Je crois que les amateurs des curiosités géométriques ne seront pas mécontens de trouver ici les cinq premiers problèmes résolus par Benedetti : il faut remarquer que les citations se rapportent aux élémens d'Euclide.

LIBER PRIMUS.

PROBLEMA PRIMUM HUIUS, EUCLIDIS VERO SEXTUM PRIMI.

Ab aliquo puncto datæ lineæ, cum data circini apertura, lineam, perpendicularem super datam lineam elevare.

Esto linea *a. b.* in qua datus sit punctus *a.* data etiam apertura *a. f.* iam ab ipso puncto *a.* lineam perpendicularem ducam ad lineam *a. b.* apertura circini *a. f.* mediante. Mox super centrum *a.* describo circulum *f. e. d. c.* per petitionem, deinde per primam propositionem primi Euclidis, super *a. f.* constituo triangulum *f. e. a.* æquilaterum atque æquiangulum : deinde protracta *f. a.* ad alteram circularis lineæ partem, puta *c.* (nam paret *a. c.* æqualem esse *f. a.* per definitionem circuli) nec non et super *a. c.* alium designo, per eandem cuius vertex *d.* cum vertice *e.* coniungatur per *e. d.* lineam : et quia angulus *d. a. c.*

per XXXII ac quintam primi bis sumptam est tertia
pars duorum rectorum prout et *e. a. f.* erit ergo an-

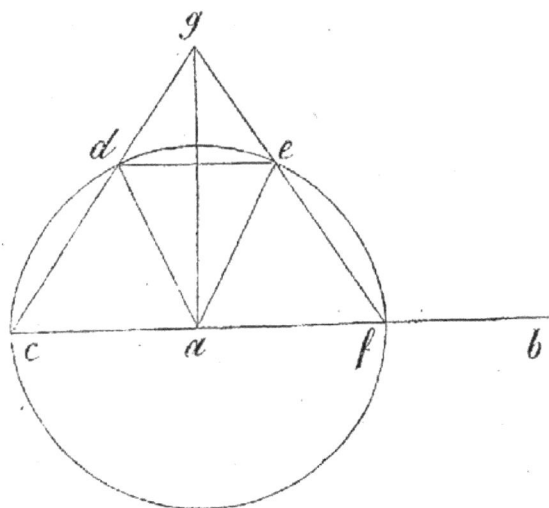

gulus *e. a. d.* per XIII primi coadiuvante prima conceptione æqualis uniangulorum *a. d. c.* vel *a. e. f.*
qua ratione per IIII primi *e. d.* æqualis *a. c.* et *f. a.*
et angulus *a. d. e.* angulo *a. e. d.* per V eiusdem. Cum
a. d. æqualis sit *a. e.* per definitionem circuli, præterea
angulus *a. d. e.* angulo *d. a. c.* æqualis est per primam
conceptionem, propter hoc quia per XXXII primi
angulus etiam *e. d. a.* tertia pars est duorum rectorum.
Quare per XXVII dicti *c. d.* est æquidistans *f. c.* Porro
per primam primi constituam super *e. d.* triangulum
æquilaterum, et à puncto autem *a.* ad punctum *g.*
ducam lineam *a. g.* Modo quia anguli *g. d. e.* et *a. d.*
e. æquales invicem sunt : et similiter dico de angulis
g. e. d. et *d. e. a.* quemadmodum ex XXXII primi
una cum prima conceptione nec non prima primi

videre est, demum angulus *a. d. g.* æqualis est angulo.
a. e. g. per communem scientiam. Deinde per IIII
primi angulus *g. a. d.* æqualis est angulo *g. a. e.* igitur
per secundam conceptionem anguli *g. a. c.* et *g. a. f.*
æquales invicem sunt, ergo per definitionem patet
propositum.

PROBLEMA II HUIUS.

Datam lineam quæ minor sit data apertura in longum
atque directum producere, itaque pars protracta æqua-
lis sit priori parti datæ.

Sit data linea *o. a.* et apertura *a. l.* quæ quidem maior
sit data linea ducam modo *o. a.* in longum directumque,
ita ut pars producta æqualis sit datæ lineæ, scilicet *o. a.*
nam in puncto *a.* ad lineam *o. a.* erigam perpendi-

cularem lineam per præcedentem, quæ sit *a. q.* quam
etiam protraham in alteram partem : deinde super
centrum *o.* describo circunferentiam *r. q. z.* quæ ut
patet secabit *a. q.* lineam in puncto *q.* cum *o. a.*
minor sit *o. z.* per hypothesim. Præterea coniungo

puncta *o.* et *q.* per *o. q.* lineam, et super centrum *q.*
depingam aliam circumferentiæ partem quæ vocetur
per *x. i. u.* hæc enim secabit *o. l.* in puncto *i.* ob id
que cum *q. o.* maior *a. q.* per XVIII primi *q. x.*
maior etiam erit *a. q.* igitur per communem scientiam
manifestum est quod dixi : demum ducam *q. i.* cæterum quia *o. q.* et *q. i.* æquales invicem sunt per hypothesim, anguli quoque *q. o. i.* et *q. i. o.* invicem
pares erunt per V primi : itemque anguli *o. a.* et
a. q. per XXXII eiusdem ergo per IIII primi *o. a.*
æqualis est *a. i.* iuxta intentum.

PROBLEMA III HUIUS.

Si data linea major fuerit data apertura, idem facere.

Data sit linea *a. e.* apertura vero *a. c.* iam super
centrum *a.* describam portionem circuli *s. c.* ita et
in residuo *a. e.* quousque perveniam ad partem lineæ
a. e. minorem data apertura, quæ quidem pars sit *c. e.*
nunc per supradictam producam *c. e.* usque ad *o.*

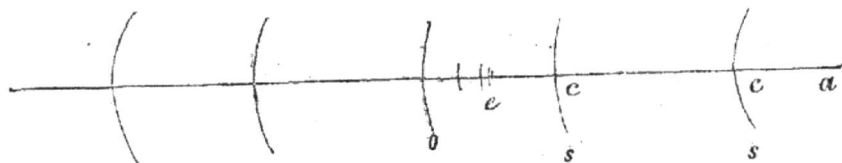

ita quod *e. o.* æqualis sit *c. e.* deinde *a. e. o.* lineam,
indefinite duco, ac in tot partes divido partem ultimo
p rotractam, data apertura mediante (principio sumpto
in puncto *o.*) in quot divisi *a. e.* atque per definitionem circuli et hypothesim habebo propositum.

PROBLEMA IIII HUIUS ET V PRIMI.

Datam lineam per æqualia dividere.

Data sit linea *a. l.* quam per æqualia dividam, hoc modo procedam, super centrum *l.* mediante data apertura describam portionem circuli *k. p.* similiterque super centrum *a.* partem circuli *m. b.* si portiones hæ circulorum non se intersecent, tunc super centrum *k.* et centrum *b.* duas alias circulorum portiones designabo, et sint *e. t.* et *c. n.* quæ si iterum se non inter-

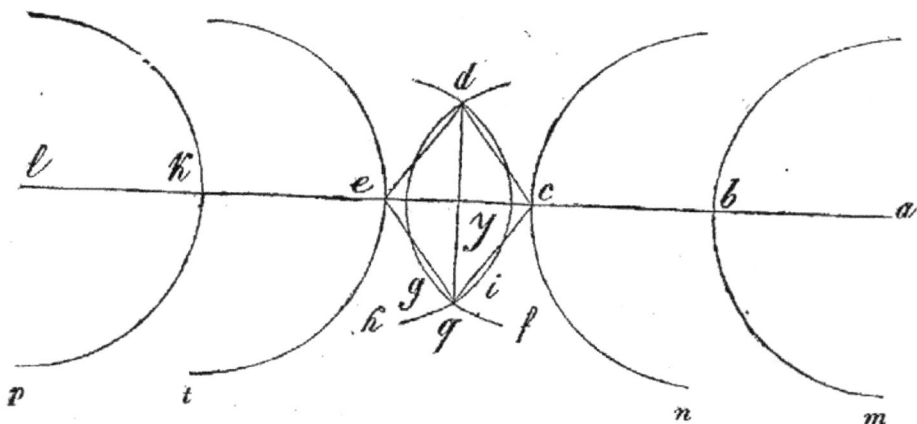

secent, protraham alias duas quarum centra sint *e.* et *c.* si se invicem intersecent sint puncta intersectionum *d.* et *q.* cum per X. tertii non possint esse plura. Deinde ducantur *c. d. d. e. e. q. q. c.* et *q. d.* preterea *c. d. d. e. q.* et *q. c.* omnes invicem æquales sunt per definitionem circuli. Modo per VIII primi trigona *d. e. q.* et *d. c. q.* æquiangula sunt, est etiam per IIII eiusdem *c. y.* æqualis *y. e.* et *a. y. y. l.* per II petitionem quod est problema.

PROBLEMA V HUIUS ET VII PRIMI.

A dato puncto ad datam lineam, perpendicularem
protrahere.

Sit punctus *d*. unde ad lineam *f. c.* oporteat perpendicularem ducere. Mox ab extremitate lineæ *f. c.*
per punctum datum duco lineam *f. d.* quam protraho
quousque *d. a.* æqualis sit *f. d.* per II vel III huius

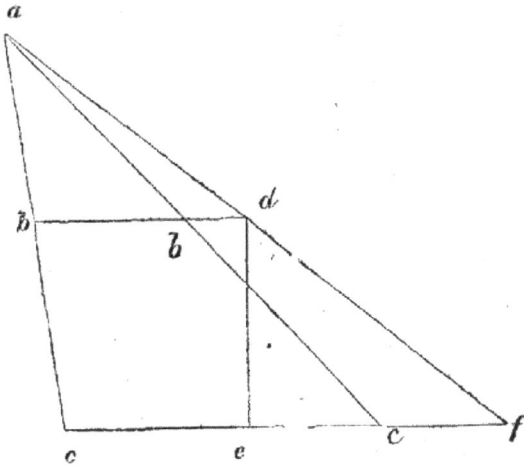

deinde ducam *a. c.* quam per æqualia divido per præmissam in puncto *b.* produca posteo *d. b.* quæ quidem
æquidistans erit *f. c.* quemadmodum ex corollario
XXXIX primi videre est, denum ex puncto *d.* ad
lineam *d. b.* extraho lineam qualiter prima huius
docet, protractaque ad lineam *f. c.* ergo per XXIX
primi et definitionem lineæ super lineam perpendicu-
lariter erectæ pátet *d. c.* perpendicularem esse ad datam lineam a puncto dato *d.* tunc ita patet problema.

NOTE XXVII.

(PAGE 124.)

Voici deux exemples de la méthode de Benedetti que M. Chasles avait déjà remarquée (1) :

De producto conditionato.

AD EUNDEM.

Proponis deinde mihi duas rectas lineas, uni qua-rum vis ut aliam quandam directè coniugam, ita quod productum huius aggregati in lineam adiunctam æquale sit quadrato alterius.

Ut exempli gratia si fuerint duæ lineæ *e. d.* et *e. f.* oporteretque nos ad lineam *e. f.* aliam lineam, puta *f. c.* vel *e. b.* iungere, ita longam, ut productum totius compositi *e. c.* vel *f. b.* in *f. c.* vel *e. b.* esset æquale quadrato ipsius *e. d.*

Hoc enim nullius esset difficultatis, eò quod quotiescumque *e. d.* coniuncta erit cum *e. f.* ad rectos, divisaque per medium à puncto *a.* à quo ducta *a. d.*

---

(1) *Benedicti divers. speculat.*, p. 368 et 81. — *Chasles, aperçu,* p. 541.

deinde secundum semidiametrum *a. d.* designato circulo *b. d. c.* et protracta *e. f.* à qua volueris parte

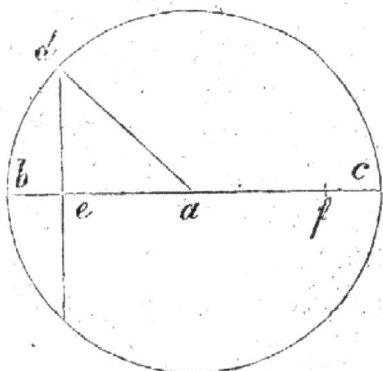

usque ad circunferentiam in puncto *c.* seu in puncto *b.* habebimus intentum, eò quod si producta fuerit *e. f.* etiam ab alia parte, usque ad circunferentiam habebimus *b. e.* æqualem ipsi *f. c.* ex communi conceptu et productum *e. c.* in *e. b.* æqualem quadrato ipsius *e. d.* ex 34 tertii, cum ex 3. eiusdem *e. d.* medietas sit chordæ arcus dupli *b. d.* de lapsu vero lapidis versus mundi centrum, dum ipsum attingere, ac præterire posset, de quo me interrogas. Dico Nicolaum Tartaleam, nec non Franciscum Maurolicum rectè sensisse, malè verò Alexandrum Piccolhomineum, et exemplum Maurolici optimum esse, quod tamen si capere non potes, crede saltem authoritatibus talium virorum, qui tantum in ijs scientijs superant ipsum Alexandrum Piccolhomineum, quantum à sole cætera, superantur astra.

Lapis igitur ille transiret centrum ; reddiretque

cum diminutione tamen motus impressi, eo fermè modo ut scribunt iudiciosissimi illi viri donec post multas redditiones sursum, deorsumque quiesceret circa centrum mundi. Lucidioris tamen intelligentiæ gratia cogita filum illum (exempli adducti ab illis doctissimis viris cui) pondus appensum est, æqualem esse axi orizontis, hoc est eius extremitatem immobilem esse in primo mobili, et in ipso zenit tui orizontis, tunc arcus motionis ipsius lapidis per tantum intervallum, quantum est diameter terræ, insensibiliter differret a linea recta, et cum lapis distans a centro mundi per semidiametrum terræ, iret rediretque; ut scis, ergo idem faceret si filum longius esset per dictum terræ semidiametrum, ita ut posset ipsum centrum attingere, nam differentia illa semidiametri terræ ferè nulla est respectu semidiametri ipsius primi mobilis.

Theorema CXX.

Supponunt etiam antiqui tres socios nummos habere, quorum summa primi et secundi cognita sit, item summa primi et tertii cognita et summa secundi et tertii item cognita, atque ex huiusmodi tribus aggregatis veniunt in cognitionem particularem uniuscuiusque illorum.

Gemafrisius solvit hoc problema ex regula falsi. At ego tali ordine progredior, sit verbi gratia, summa primi cum secundo, 5o, et secundi cum tertio 7o et primi cum tertio 6o. Harum trium summarum accipiantur duæ quævis, ut puta 5o. et 7o quæ coniunc-

tæ simul dabunt 120, à qua summa detrahatur reliqua,
id est 60. et restabit nobis 60. cuius medietas erit 3o.
hoc est numerus nummorum secundi socii, quo numero detracto à 70. hoc est à summa secundi cum
tertio remanebit 4o. hoc est numerus tertii socii , et
hic numerus desumptus à 60. residuus erit numerus
primi socii.

Pro cuius ratione consideremus triangulum hic
subnotatum *a. b. c.* cuius unumquodque latus significet summam. Duorum sociorum, ut puta latus *a. b.*
significet summam primi cum secundo, latus vero *b. c.*
summam secundi cum tertio , latus autem *a. c.* summam primi cum tertio, et *a. e.* seu *a. o.* sit numerus
primi socii, et *e. b.* vel *b. u.* sit secundi socii, et *c. u.*
seu *c. o.* sit tertii, cum autem *a. e.* æqualis sit *a. o.* et

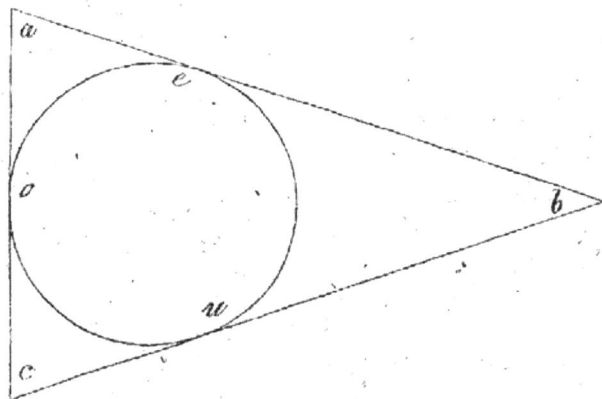

b. e. æqualis *b. u.* et *c. u.* æqualis *c. o.* ex supposito si
dempta fuerit summa seu latus *a. c.* datum ex aggre-
gato laterum *a. b.* cum *b. c.* reliquarum summarum,

18.

relinquet nobis cognitum aggregatum ex $b.$ $e.$ cum
$b.$ $u.$ Quare et eius medietas $b.$ $e.$ sive $b.$ $u.$ nobis cognita erit qua detracta ex summa $b.$ $a.$ relinquetur
nobis cognitus numerus $a.$ $e.$ detracto vero numero $a.$ $e.$
hoc est $a.$ $o.$ ex $a.$ $c.$ summa seu latus aut $b.$ $u.$ ex $b.$ $c.$
remanebit $o.$ $c.$ seu $c.$ $u.$ cognitus.

NOTE XXVIII.

(PAGE 140.)

Le passage suivant, tiré de Pacioli, montre par quelle méthode Léonard avait résolu les équations indéterminées du quatrième degré.

De numeris congruis et eorum origine. — Articulus septimus.

Oltra le date specie di numeri ancora bisogna per lo proposito nostro de numeri quadrati asignarne un altra : quale chiamaremo numeri congrui : acio nel processo ci habiamo a intendere senza la cui notitia non porremo solvere casi simili proposti. Li quali numeri congrui ; hano certo debito ordine fra loro : e regularmente si creano : e di loro si da-p° 2° 3° 4° e 5°, commo vederai. E a ciascun numero congruo : corresponde un suo proprio detto congruente quale e detto essere di quella numero congruo. E cosi quello mio congruo e ditto essere el congruo di quel tal congruente : commo intenderai. E chiamamo congrui : cioe acti over commodi a dare e recevere un altro numero qual si chiama congruente. E fia quello che gionto al congruo la summa fa quadrata. E tratto del congruo : lo rimanente ancora e quadrato. Di che nota che a ogni numero congruo li responde uno con-

gruente. E tali congruenti el piu de le volte non sonno
quadrati ma li congrui ut plurimum sonno quadrati.
E hano loro processo similmente in infinitum commo
le altre serie e spetie numerali. Di quelli el primo numero congruente che sia diciamo 24. El numero quadrato congruo a esso respondente sie 25. El secondo
numero congruente ne 120. el suo proprio numero
quadrato congruo sie 169. El terzo numero congruente
sie 336. El suo numero quadrato congruo ene 625. El
quarto numero congruente ene 720. El suo quadrato
congruo ene 1681. El quinto numero congruente ene
1320. El suo correspondente quadrato congruo ene
3721, etc.

De ortu congruentium numerorum, articulus octavus.

Nascono li ditti numeri congruenti in questo modo
prima piglia el primo el quale nasci de 1. e 2. el secondo da 2. e 3. el terzo da 3. e 4. el quarto da 4. e
5. el quinto da 5. e 6. el sexto da 6. e 7. el septimo
da 7. e 8. l'octavo da 8. e 9. el nono da 9 e 10. el
decimo da 10. e 11. e similmente li loro quadrati
nascono dali medesimi numeri commo intenderai. Or
comenza con lo primo congruente qual dico che nasce
da 1. e 2. e trovase in questo modo : cioe che prima
se guigni 1. e 2. insieme e fanno 3. e questa summa
sempre se redoppia : che fa 6. qual salva. E poi se
multiplica li doi numeri uno in l'altro : cioe 1. via 2.
fa 2. e questa multiplicatione se multiplica poi via
quello duplato che serbasti : cioe via 6. e dirai 2. via
6. fa 12. e ancora questa ultima multiplicatione :

pure sempre se redoppia fara 24. et questo fia il nostro numero congruente. E poi per trovare el suo quadrato congruo si fa cosi. Che prima si quadrano li ditti doi numeri che hano dato lo numero congruente ognuno per se. E poi quelli doi quadrati sacozzano insieme. E quella summa che faranno ancora si quadra quello che nascera di questultima quadratura tira el numero quadrato congruo di quel tal numero congruente. Verbi gratia : per lo primo da 1. e 2. pria dico che quadri 1. fa pur 1. et quadra 2. fa 4. quali dico che gionga insiemi : cioe 1. e 4. fa 5. e questa summa quadra : cioe 5 via 5 fa 25 qual dico esser lo numero quadrato congruo primo del ditto congruente. Ora el secondo se formo cosi dal 2. e dal 3. cioe commo in lo primo hai fatto summa insiemi 2. e 3. fa 5. quale commo dissi sempre doppia fa 10 qual salva. Poi multiplica 2. via 3. fa 6. e questa multiplicatione mo multiplica contra el dopiato che salvasti : cioe dirai 6. via 10. fa 60. qual dico similmente che sempre aredoppi fara 120. E questo sira el secondo numero congruente. Poi a trovare el suo quadrato congruo a lui conrespondente. Quadra ogiuno di ditti numeri cioe 2. e 3. cioe dirai 2. via 2. fa 4. e 3. via 3. fa 9. quali dico che sempre gionga insiemi fara 13. e questo congionto dico ancora che quadri e dirai 13. via 13. fa 169. e questo fia el numero quadrato congruo del secondo numero congruente cioe di 120 onde gionto 120. con 169. fa 289. qual e quadrato che la sua radice e 17. E ancora cavato 120. de 169. restara 49. che similiter e quadrato : la cui radice e 7. Et se voli trovare el terzo prendi 3. e 4. e formaralo similiter : cioe commo

li gia ditti e dirai. 3 e 4. fa 7. qual doppia fa 14. poi
multiplica 3. via 4. fa 12. e questo multiplica via quel
dopiato : cioe via 14. fara 168. quale ancora doppia
fara 336. et questo dico essere lo terzo numero congruente. Poi lo suo quadrato congruo trovarai cosi.
Quadra 3. fa 9. quadra 4. fa 16. acozza insiemi 9. e
16. fa 25. Ora quadra questo 25. fara 625. per lo suo
numero quadrato congruo. Onde a 625. gionto 336.
fara 961. che bene quadrato la cui radice ene 31. ese
de 625 ne cavi 336. restara 289. che similmente e ne
quadrato : la cui radice ene 17. E cosi se vorai lo quarto numero congruente prenderai 4. e 5. e gioglili
asiemi fara 9. qual dopia fa 18. qual salva. Poi multiplica 4. via 5. fa 20. e questo 20. mo multiplica via
quel doppiato che serbasti : cioe via 18. fa 360. quale
encora doppia fara 720. e questo fia el quarto numero
congruente. Poi a trovare el suo quadrato congruo.
Quadra 4. e 5. harai 16. e 25. Acozzali asiemi :
fara 41. e questo ora quadra : fara 1681. e questo sira
el suo numero quadrato congruo : onde se de 1681.
ne caverai 720. restara 961. che e numero quadrato :
la cui radice ene 41. e se a 1681. li agiognerai 720.
fara 2401. che ancora e quadrato : la cui radice ene
49. e se tu vorai trovare lo quinto numero congruente
prenderai 5. e 6. quali giogni asiemi fara 11. doppialo
fa 22 qual salva. Poi multiplica li numeri uno contra
laltro : cioe 5. via 6. fa 30. e poi questo multiplica via
quello dopiato de 11. che serbasti : e dirai 30. via 22.
fa 660. quale ancora doppia fa 1320. e questo fia el
quinto numero congruente. Poi per trovare el suo quadrato congruo quadra li doi numeri che prendesti :

cioe 5. e 6. harai 25. e 36. per li doi quadrati :
quali giogni insiemi faranno 61. e questo ancora quadra dicendo 61. via 61. fa 3721, et questo fia el suo
numero quadrato congruo. Onde se de 3721. sene cava
1320. restara. 2401. quale ene quadrato la cui radice
ene 49. e se a 3721. se agiogni 1320. fara 5041. che
quadrato; la cui radice ene aponto 71. commo aperta-
mente apare. E cosi poi in infinitum procedere per lo
sexto : septimo octavo : e nono : e decio, etc. Everatte
sempre bene e mai falla che tu non trovi un numero e
un quadrato del quale tratto e gionto el ditto numero
sara; e restara quadrato si commo neli exempli passati
ai veduto; e quelli tal numeri che cosi al quadrato se
agiongano e fanno quadrato; e del quadrato se tra-
gano e remane quadrato chiamamo noi numeri congruenti, ma quelli che gionti a un numero quadrato :
e tratti de un numero quadrato non facesse over non
restasse numero quadrato; non siranno mai ditti congruenti secondo el senso nostro. E pero e da notare
fra chi intende. Quando se dice questo e numero
congruo vol dire chegli di e tal natura quadrato che
dara e recevera un numero medesimo e sara : e restera quadrato. Ma sel dici questo numero non e congruo, vol dire che glie quadrato de tal natura che non
da : ne anche receve alcun numero che gionto e tratto
facia : ne resti quadrato. La qual cosa a giudicare te
convine haver sa li in capo nanze che lo possi ben co-
gnoscere e giudicarlo. Pero che molte volte a noi sirap-
posto un numero, et siremo domandati sel si possa
trovare un quadrato che trattone el ditto numero resti
quadrato : e giontoli el ditto numero facia quadrato.

La qual resposta a darla fia difficillima si commo la ex-
perientia praticando te mostrara. Di quali casi : qui
seguente tene mittero alcuni aceio per quelli similiter
in gli altri te habi a regere e meglio anche habi apprendere le regole date. Le quali non lavemo date solo
per quelli che per forza da se si trovano : ma per ado-
perarle a quelli ch'a noi siranno dubij. Eppoi e da
notare in solvere domande che ti fossero date che
gionta e tratta una medesima quantita : resti e facia
quadrato. E voler che tu trovi el numero ch'ancora sia
quadrato : te convera fare a questo modo. Cioe che tu
vadi cercando per li numeri congruenti se tu cenetrovi
alcuno che partito per la quantita che tu voli giognere
e trare nevenga numero quadro. Eppoi a te e mistiero
formartene bene asai de ditti congruenti e speremen-
tare æ uno per uno partendoli per ditta quantita fin
che trovi uno del qual partito ne venga numero quadro : cioe che habia radici discreta. E quando tu larai
cosi trovato tu prenderai el numero quadrato congruo di quel tal numero congruente che partito per la
quantita te feci venire numero quadrato. E quello
pareterai per questo avenimento quadrato : e quello-
che venira, sira el numero quadrato adimandato che
giontosi e trattone la ditta quantita fa e resta quadrato.
Exemplum diro cosi. Trovame un numero quadrato
che giontoci 6. facia quadrato e trattone 6. ancora remanghi quadrato. Dico che disposti li numeri congruenti quanti piu tanto meglio : vada provando co-
menzando dal primo : sevene veruno che partito per 6.
nevenga numero quadrato. Unde tu sai che 24. e il
primo congruente partito per 6. nevene 4. che ene nu-

mero quadrato. Ora dico che tu tolga il numero quadrato congruo di quel congruente che sai per le vie
anteditte ene 25. Or questo dico che parta per quello
avenimento : cioe per 4. nevene $6\frac{1}{4}$. e questo ene lo
ademandato numero : cioe $6\frac{1}{4}$. quale e quadrato : che
la sua radice ene $2\frac{1}{2}$. Gionto adonca 6. a. $6\frac{1}{4}$. fa $12\frac{1}{4}$.
ch'anche ene quadrato la cui radice e $3\frac{1}{2}$. e cava 6.
de $6\frac{1}{4}$. resta $\frac{1}{4}$. ancor quadrato : che la sua radice e $\frac{1}{2}$.
siche in questo modo (1) ti conven regerte a simili
(*Pacioli*, *summa di arithmetica geometria*, f. 14-15,
dist. I, tr. 3, §§ 7 et 8).

---

(1) D'après ce qu'on vient de lire, Pacioli appelle *Congruenti* les
nombres de la forme $4\,n\,(n+1)\,(2\,n+1)$; les *Quadrati congrui*
peuvent être représentés par l'expression $(2\,n^2+2\,n+1)^2$; et l'on
pourra résoudre l'équation $x^4 - b^2 = z^2$ en nombres rationnels, toutes
les fois que l'on aura $\dfrac{4\,n\,(n+1)\,(2\,n+1)}{6} = u^2$. On fera alors

$x = \dfrac{2\,n^2+2\,n+1}{u}$ et l'équation proposée sera résolue en nom-

bres entiers.

Par exemple, pour résoudre les deux équations simultanées $x^2 + 6$
$= y^2$, $x^2 - 6 = v^2$, on fera $n = 1$, et l'on aura $\dfrac{4\,n\,(n+1)\,(2\,n+1)}{6}$

$= \dfrac{24}{6} = 4 = u^2$, $x = \dfrac{2\,n^2+2\,n+1}{u} = \dfrac{5}{2}$: $x^2 = \dfrac{25}{4}$: $\dfrac{25}{4} - 6 = \dfrac{1}{4}$;

$\dfrac{25}{4} + 6 = \dfrac{49}{4}$: $y = \dfrac{7}{2}$; $v = \dfrac{1}{2}$.

NOTE XXIX.

(PAGE 141.)

Je vais donner ici, d'après Pacioli, la résolution
d'une équation complète du quatrième degré, et la
résolution par approximation d'une équation exponentielle. Voici comment il traite (1) l'équation du
quatrième degré :

Poniamo che la spera terrena a de revolutione 20400
miglia e super lo equinotio da uno ponto e in ponto si
muove dai ponti mobili lo primo va verso oriente el
primo giorno un miglio lo secondo 2 lo terzo 3 ecc.,
lo secondo va verso occidente lo primo di un miglio lo
secondo 8 e lo terzo 27 ecc. Adomando in quanti dì
si troveranno li dice movimenti in un sol ponto. Fa
così poni che li si congiungan in 1 co. de di adunca
sera andato lo primo in questo tempo $\frac{1}{2}$ ce. e $\frac{1}{2}$ co. E
lo secondo sira adato in questo tempo $\frac{1}{4}$ ce. ce. e $\frac{1}{2}$ cu.
e $\frac{1}{4}$ ce. ora giogni tutti insiemi fara $\frac{1}{4}$ ce. ce $\frac{1}{2}$ cu. $\frac{1}{2}$ co.
Questo (2) e eguale a 20400 miglia adonca sera 1 ce.

---

(1) *Pacioli*, *summa de arithmetica geometria*, part. I, f. 44, dist. II,
tr. 5.

(2) Dans le terme précédent, il manque $\frac{3}{4}$ ce. $= \frac{3}{4}$ censo $= \frac{3}{4} x^2$;
mais ce n'est qu'une faute d'impression, puisque ce terme se trouve
rétabli immédiatement après.

ce. 2 cu. 3 ce. 2 co. eguale a 81600, e per trarla a noticia sopra ciascuna parte giongni 1. adonca sera 1 ce. ce. 2 cu. 3 ce. 2 co. 1. eguale a 81601 mo trazi le R. de ciascuna parte e sera 1 ce. 1 co. 1. eguale a la R. de 81601 adonca e 1 co. egual a R 81601. m. 1. la cosa fo como se definisce per capitulum quartum algebre R. 81601. *m.* $\frac{3}{4}$ la R. del rimanente. *m.* $\frac{1}{2}$ e in tanti giorni si trovarà li detti ponti in un ponto, ecc.

Il faut remarquer d'abord ici, pour comprendre l'analyse de l'auteur, que, suivant les notations et les abréviations qu'il emploie, on a :

$$co = cosa = x$$
$$ce = censo = x^2$$
$$cu = cubo = x^3$$
$$ce.\ ce. = censo\ censo = x^4$$
$$R = radice = \sqrt{}$$
$$m = meno = -$$
$$\frac{1}{2}\ ce.\ e\ \frac{1}{2}\ co. = \frac{1}{2}\ censo + \frac{1}{2}\ cosa = \frac{1}{2}\ x^2 + \frac{1}{1}\ x$$
$$\frac{1}{4}\ ce.\ ce.\ e\ \frac{1}{2}\ cu.\ e\ \frac{1}{4}\ ce. = \frac{4}{1}\ censo\ censo + \frac{1}{2}\ cubo + \frac{1}{2}\ censo$$
$$= \frac{1}{4}\ x^4 + \frac{1}{2}\ x^4 + \frac{1}{4}\ x^2,\ \text{etc., etc.}$$

Maintenant, si l'on veut écrire la solution de Pacioli avec les notations actuelles, on aura :

$$\frac{x\,(x+1)}{2} + \frac{x^2(x+1)^2}{4} = 20400.$$
$$x^4 + 2\,x^3 + 3\,x^2 + 2\,x = 81600.$$
$$x^4 + 2\,x^3 + 3\,x^2 + 2\,x + 1 = 81601.$$
$$\sqrt{x^4 + 2\,x^3 + 3\,x^2 + 2\,x + 1} = x^2 + x + 1 = \sqrt{81601}.$$
$$x = -\frac{1}{2} + \sqrt{-\frac{3}{4} + \sqrt{81601}}.$$

On voit, d'après cela, que sa méthode réussira
chaque fois que l'on pourra rendre le premier mem-
bre un carré parfait en y ajoutant un nombre donné.
Actuellement, je vais reproduire ici les équations
exponentielles résolues par Pacioli, parmi lesquelles
il y en a de fort compliquées.

Una (1) fa al quanti viaggi e quanti fa viaggi tanti *d.*
porta e a ogni viaggio chel fa sempre redoppia li soi *d.*
e a la fine di soi viaggi si trovo in tutto due 3o. Dimando quanti viaggi fece e quanti duc. porto (2).
Fa cosi prima vedi se vi sonno aponto viaggi sani che
te servino a la domanda se non apozzate poi : ma prima
fa che tu vada negotiando li viaggi sani exte. Or poi
che facesse 2. viaggi e porto due 2. ora redoppia per
la prima fa 4. duc. poi per lo secondo fa 8. duc. e
noi voremmo 3o. donca dirai che ditti viaggi foron
piu che 2. ora aponiamo che fossero 4. redoppia per
uno fa 8. duc. poi redoppia per lo secondo fa 16.
poi redoppia per lo terzo fa 32. or non bisogna che tu
vada piu altra pero che non foron 4. ma meno or tu
sai che foron piu che 2. e meno che 4. or poni che
fosser 3. redoppia al primo fa 6. redoppia el secondo
fa 12. redoppia el terzo fa 24. che non arriva a 3o. e
pero qui te ferma a fare la tua positione e poni che

_____

(1) *Pacioli summa de arithmetica geometria*, part. I. f. 187. Dist. IX,
tr. 7, § 8.

(2) La question que Pacioli veut résoudre ici se réduit à la résolution
de l'équation $x\,2 = 3o$.

facesse 3. viaggi piu 1. co. perche in verita lui convenne fare piu de 3. viaggi ma non sapian che parte
del quartò e perо ponemo che facesse 3. viaggi sanie 1.
co : del quarto viaggio ora redoppia per uno fa 6 ,
piu 2 co. redoppia per le secondo questa quantita
fara 12. piu 4. co. poi redoppia per lo terzo fara 24.
piu 8 cose. Ora tu sai che se lui compisse : el quarto
viaggio lui guadagnaria in lo quarto viaggio questo che
si trovasse de capitale nel terzo perche redoppia :
cioè fa altretanto donca el quarto viaggio guadagna-
rebbe 24. piu 8 co. ma noi non volemo se non per
1 co. del ditto viaggio : e però noi diremo se uno
viaggio sano guadagna 24. piu 8. cose che guadagnara 1. cosa de detto viaggio multiplica e parti e viratte a dare 24. cose piu 8 ce. e questo guadagno si
vol giongnere al capitale de ditto quarto viaggio : cioè
con 24 , più 8 co. fara 24 , più 32 co. più 8 ce. e
questo sera a 30. secondo el tema aguaglia le parti e
areca a 1 ce. harai in ultimis 1. ce. piu 4 co. equali
a $\frac{3}{4}$ per numero segui el capitolo harai la cosa valere.
R. $4\frac{3}{4}$ meno 2. donca giongnili tre viaggi sani harai
in tutto tanti viaggi che fa. R. $4\frac{3}{4}$ piu 1. sarane prova
e viratte bene se bene prenderai ditto binomio facta.
Se la vorai provare bene andarai a la rieto scompo-
nendo el 30 che verra piu legiera.

9. Uno fa alquanti viaggi e quanti viaggi fa tanti
duc. porta e a ogni viaggio guadagno 25. per cento
e a la fine di soi viaggi si trovo haver guadagnato in
tutto le $\frac{2}{5}$ del suo capitale. Dimando con quanti se
parti et quanti viaggi feci. Seguirai in questa commo
in lantescripta : cioè che tu andarai negotiando per

li viaggi sani e poni da te che facesse 2. viaggi e porto
ducati 2. Ora dici che guadagna per ogni viaggio 25.
per cento che vol dire el quarto del suo capitale, donca
al primo viaggio guadagnara el quarto de ducati 2.
che val dire mezzo : e questo giongni con lo capitale
fa 2 $\frac{1}{2}$ poi per lo secondo viaggio che guadagnara
el $\frac{1}{4}$ de 2 $\frac{1}{2}$ cioè $\frac{5}{8}$ de due. che gionti con lo guadagno
primo cioè con $\frac{1}{2}$ fa 1 $\frac{1}{8}$ e tu vorresti le $\frac{2}{5}$ de 2 cioè $\frac{4}{5}$ de
due. donca dirai che feci manco de 2. viaggi donca
poni che facesse uno viaggio e porto ducato uno che
guadagno el quarto che fo $\frac{1}{4}$ de due e tu vorresti $\frac{2}{5}$ donca arguirai che feci piu de uno viaggio e men di 2.
ora dirai che vi mise porte de secondo asaper mo
quanto farai qui la tua positione e poni che facesse 1.
cosa del secondo viaggio ora per uno viaggio lui guadagno el quarto de 1. piu 1. cosa perche porto anco
tanti ducati che vol dir ditto. guadagno $\frac{1}{4}$ piu $\frac{1}{4}$ cosa
d. due. qual giogni al primo capitale fara 1 $\frac{1}{4}$ piu 1 $\frac{1}{4}$
cosa : e questo converra esser el capitale del secondo
viaggio ora vedi questo siria el guadagno del secondo
piglia el quarto de 1 $\frac{1}{4}$ piu 1 $\frac{1}{4}$ cosa neven $\frac{5}{16}$ piu $\frac{5}{16}$
cose : e tanto harebbe guadagnato el secondo viaggio
a la ditta ragione ma noi volemo solo el guadagno de 1.
cosa che e parte del secondo viaggio : e pero dirai se
uno viaggio nuda de guadagno $\frac{5}{16}$ piu $\frac{5}{16}$ cose che me
dara una cosa de viaggio che te virra adare $\frac{5}{16}$ cose
piu $\frac{5}{16}$ ce. ora suma questi 2. guadagni insiemi : cioe
quella del primo che fo $\frac{1}{4}$ piu $\frac{1}{4}$ cosa e questo de la
cosa fara $\frac{1}{4}$ piu $\frac{9}{16}$ cose piu $\frac{5}{16}$ ce. e questo sera equale
ali $\frac{2}{5}$ de 1. piu 1. cosa che fo el capitale : cioe a $\frac{2}{5}$ piu $\frac{2}{5}$
co; leva li superflui e areca la equatione a 1. ce. harai

in ultimis 1. ce. piu $\frac{104}{200}$ co. equali a $\frac{12}{25}$ sequi el capitolo harai la cosa valere. R. $\frac{1369}{2500}$ men $\frac{13}{50}$ cioe $\frac{12}{25}$ e tal
parti feci del secondo viaggio : e giongnili un viaggio
sano fara 1 $\frac{12}{25}$ e tanti viaggi feci e tanti ducati porto :
cioe ducato 1 $\frac{12}{25}$, fanne prova e satisfara el tema benissimo.

10. Uno fa alquanti viaggi : e tanti viaggi quanti fa
tanti duc. porta e a ogni viaggio guadagna a ragion
de 20. per cento e a la fin de soi viaggi si trovo tanti
ducati que fo el quadrato del suo capitale. Dimando
quanti viaggi feci e quanti ducati porto con seco. Re-
gite commo in le precedenti va negotiando date stesso
quanti viaggi sani lui pote fare e poni che facesse 2.
viaggi, ora tu sai che chi guadagna 20 per cento guadagna el quinto del suo capitale, per che 20. e el
quinto de 100; donca el primo viaggio guadagno $\frac{2}{5}$ de
ducato che gionti con 2 ducati che prima porto fanno
2. $\frac{2}{5}$ per lo primo viaggio, poi per lo secondo lui si
guadagnara lo quinto de 2 $\frac{2}{5}$, che sara el capital del
secondo viaggio che son $\frac{12}{25}$ de duc. che gionti con lo
capitale fanno 2 $\frac{22}{25}$ in tutto, et noi dicemmo che a la
fin si trovo li soi dinari multiplicati in se, donca vo-
rebbono essere 4 perche 2 via 2. fa 4 che fo capitale;
e tu vedi che lo quadrato del capital passa : donca
dirai che feci manco viaggi : perche quanti piu tu
metesse magior quadrato te faria li so d. donca metti
uno viaggio e lui fara in tutto 1 $\frac{1}{5}$ e tu voresti uno
per lo quadrato de uno duc. che vedi che non ariva :
donca dirai che feci piu de uno e men de 2. or per
saper quanto farai position che fesse uno piu 1. co.
del secondo viaggio giongnili el quinto fa 1 $\frac{1}{5}$ piu 1 $\frac{1}{5}$.

cosa questi sira capital del secondo viaggio; pero piglia el quinto desso neven $\frac{6}{25}$ piu $\frac{6}{25}$ cose, e tanto sarebbe el guadagno del secondo viaggio quando lo fesse tutto; ma noi sapen che non la feci tutto pero volemo sapere per una cosa, e dirai se un viaggio guadagna $\frac{6}{25}$ piu $\frac{6}{25}$ cose che guadagnara 1. cosa segui la regola harai che guadagnara $\frac{6}{25}$ co. piu $\frac{6}{25}$ ce. e questo giongni con li altri fara in tutto 1. $\frac{11}{25}$ co. piu $\frac{6}{25}$ ce. piu $\frac{1}{5}$. e questo convien esser equale al quadrato de 1. piu 1. co. per che porto ancho tanti ducati secondo el tema quadrato fa. 1 piu 2. cose. piu 1. ce. aguaglia le parti e areca a 1. ce. harai in ultimis $\frac{14}{19}$ cose piu. 1 ce. equali a $\frac{5}{19}$ per numero sequi el capitolo la cosa varra : R. $\frac{144}{161}$ men $\frac{7}{19}$ cioe $\frac{5}{19}$ donca dirai che feci un viaggio sano e li $\frac{5}{19}$ del seguente e si porto ducati 1 $\frac{5}{19}$ seco facta. E tu per questa farai le simili.

11. Uno fa alquanti viaggi e tanti viaggi quanti fane tanti d. porta e a ogni viaggio guadagno 40. per cento e a la fine de soi viaggi si trovo haver fatto de ogni 1. d. Dimando quanti viaggi feci e con quanti d. si mosse. Farai commo le precedente. Examina li viaggi sani che lui po fare e trovarai che siranno piu de 5. e manco de 6. pero porrai che fesse 5. viaggi piu 1. co. de l'altro di questo prenderai li $\frac{2}{5}$ per lo guadagno peroche chi guadagna 40. per cento guadagna li $\frac{2}{5}$ de cio che si trova e verra 2. piu $\frac{1}{3}$ cosa giongni lo sopra fa 7. piu 1 $\frac{2}{5}$ cose : e tanto si trovara el primo viaggio fra guadagno e capitale. poi iterum per lo secondo precedi pur similiter li $\frac{2}{5}$ de cio che si trova : cioe de 7. piu 1 $\frac{2}{5}$ cose neven 2 $\frac{4}{5}$ piu $\frac{14}{25}$ cose che gionti al capital suo fa 9 $\frac{4}{5}$. piu 1 $\frac{24}{25}$

cose e tanto si trovara in tutto facto el secondo viaggio : poi cosi facendo sequirai tu per li 5. e poi farai
per lo sexto viaggio, e si quello prenderai la rata de
la cosa commo festi di sopra e viratte bene si che
opera e troverai a la fine in tutto que $9\frac{2566}{3125}$ cose
piu $2\frac{405}{13625}$ ce. sonno equali a $3\frac{68}{625}$ per numero are-
carai a n. ce. e sequirai el capitolo harai la cosa va-
lere. R. $7\frac{1643489177}{4007902864}$ m. $2\frac{38573}{63308}$. giongnili 5. per li
viaggi sani sara in tutto. $3\frac{24733}{63308}$ piu. R. $7\frac{1643489177}{4007902864}$
e tanti viaggi feci e con tanti ducati si mosse fatta
aponto.

12. Uno fa alquanti viaggi e porta alquanti d. e
fa doi contanti viaggi e 2. piu che non porta d. e
ogni viaggio guadagno 5o. per cento e finiti li ditti
viaggi si trovo haver fatto de ogni 1. 3o. Dimando
con quanti se parti e quanti viaggi feci a modo ditto.
Sequirai commo in la precedente : vedi prima quanti
foron li viaggi sani et troverai che foron piu de 3.
e men de 4. cioe si mosse donca poni che si movesse
con 3. piu 1 co. de d. e per che dici che fa doi cotanti viaggi piu 2. che non porta d. donca fara 2.
via 3. piu 1. cosa : cioe 6. piu 2. cose giontovi 2. piu
fara 8 piu 2 co. e tanti dirai che fossero li viaggi. Ora
per sequire el tema vedi prima per li 8 viaggi sani e
per le 2. co. pigliarai del 9º. per regola del 3. commo
festi ne li precedenti e haverai in lultima equatione
1. ce. piu $\frac{3442}{6361}$ co. equali a $8\frac{3357}{6561}$ per numero sequi
el capitolo troverai che si parti con duc. $3\frac{373}{2187}$ e si
feci viaggi $8\frac{746}{2187}$ de viaggio fanne prova e verratte
bene e habi amente i simili de reggerte ben per li
guadagni, cioe pigliando sempre tal parte del capitale

qual che dice guadagnare per cento commo in questa
che dici che a ogni viaggio guadagna 5o per cento
vol dir che sempre guadagna la meta del capitale, etc.

13. Uno a 13. d. e fa alquanti viaggi e ogni viaggio redoppio e spende 14. e a la fine si trovo con nulla.
Dimando quanti viaggi feci. Cerca da te per li viaggi
sani cosi negotiando prima copia 13 fa 26. Spendi
14 resta 12. e dai gia uno viaggio poi doppia el rimanente fa 24. spendi 14. resta 10. ed ai 2. viaggi e
doi minutioni : cioe una minutione del primo che
fo uno e 2. del secondo. Mo e da notare he tutte le
minutioni sonno in la proportionalita continua commo in le domande del pescion de casa fo mostro de
sopra nel tratta. 2° De questa pero se la minutione
del secondo viaggio e doppia a la minutione del
primo, hoc est 2 a 1 quella del terzo viaggio fia doppia a quella del secondo donca sira 4. la minutione
del terzo che finora hai 7. per le tre minutioni se
volesse la quarta minutione sarebbe 8. ma non po
minuire tanto che non a pero cava le 3. minutioni :
cioe 7. de 13. resta 6. e questo 6. conven che si mi-
nuesca aponto acio resti nulla, donca trova tutta la
debita minutione del quarto viaggio che 8. commo
ditto : or vedi che parti sia de 8. che son li $\frac{3}{4}$, donca
convera fare $\frac{3}{4}$ de un viaggio e in tutto feci 3 $\frac{3}{4}$ viaggi
facta. Ma per che pare i congruo parlare a dire $\frac{3}{4}$ de
viaggi pero questo mandare sic docemus, videlicet
cum in viaggio faciat duplum ergo in uno viaggio de
uno facit 2. quod unum lucratur alium, ergo in $\frac{3}{4}$ ipsius viagij de ipso uno lucratur $\frac{3}{4}$ unius denarij ergo
facit de 4. 7. et erunt quatuor viagia ex quibus in

primo et in secundo et in tertio facit duplum et expendit 14. in quarto fecit de 4. 7. expendit $\frac{3}{4}$ de
14. s. 10 $\frac{1}{2}$. cosi faresti se dicesse che havea 15. con
la medesima conditione ma la fine si trovo 150. Alora
non serieno le minutioni anzi serieno acrescimenti
li quali ancora loro sono proportionali per regola del
3. si trovano ut per te potes.

Nota per simili domande sequenti prendi questa
degna R^a commo a dire stu me da tal parte de tuoi de
qual 3. e di mei io naro 5. tanti di te. Di cosi per
che tu li trovi termine convensi saper el ponto del
meno che po havere lo primo che dimanda. E poniamo chel secondo havesse 1. quantita e die dar tal
parte al primo de questa quantita che gliabba de
questa cosa medesima 5. tanto de quel che reman
al secondo quella parte convenesse $\frac{5}{6}$ della quantita.
E pero acatta un numero che 3. ne sia li $\frac{1}{6}$ quel numero fo 3 $\frac{3}{5}$. E questo e men che po haver lo primo.
La ragion perche sel fosse tanto o men 3. seria piu
de li $\frac{5}{6}$ desso adonca a dar piu de li $\frac{5}{6}$ de una quantita
ad un altro si li reman men del sexto : adonca pur de
questa parte propria a lo primo piu de 5. tanto : e
pero de necessita converra haver lo primo da 3 $\frac{3}{5}$ in
su. E pero sempre secondo la dimanda se conven
sapere questo ponto. Or poni lo primo per cioche
tu voli : or ponilo 6. per sapere quello che a l'altro
di da 3 $\frac{3}{5}$ fin in 6. sie 2 $\frac{2}{5}$ e perchel dici io naro 5.
tanti de ti. E tu fa 5. via 2 $\frac{2}{5}$ e poi adu. 6. in se fa 36.
lo qual parti per 12. che neven 3. siche sel primo
have 6. lo secondo have 3. E cosi per lo averso po-
nendo el primo haver una quantita per saver lo se-

condo che disse al primo stu me da tal parte di toi
commo e 5. de li mei 10. havero 7. tanto de te : fa
cosi poni lo primo per quel che tu voli e ponamolo
per 8. mo di saper lo secondo multiplica 8. per 8.
cioe per uno più de tanti fa 64. e questo multiplica
per 5. perchel disse tal parte commo 5. de li mei
che fa 320. Mo multiplica 8. per 7. tanto perche
desse che laveria : fa 56. mo tolti la mita de 56. che
e 28. multiplica in se fa 784. et batti 320. resta
464. Siche lo secondo che domanda conven haver
28 men R. 464. Habiandolo primo 8. per tal modo.
si faran le simili.

NOTE XXX.

(PAGE 146.)

Regoluze del maestro Pagholo astrolagho.

J'ai cité dans le second volume (p. 206 et 526)
les *Regoluze del maestro Paolo*, dont parle Ghaligai. Depuis, j'ai fait l'acquisition d'un manuscrit
d'*Abbaco*, composé à Florence vers le milieu du
quatorzième siècle, et j'y ai trouvé à la fin ces *Règles*
que je m'empresse de publier comme l'un des plus
anciens monumens algébriques de la langue italienne.
Resterait ensuite à discuter la question de savoir si
c'est un Paul de Pise (qu'on ne trouve mentionné que
dans Ghaligai), ou Paul Dagomari, qui est l'auteur de
ces *Regoluze.* Il règne beaucoup d'incertitude sur les
auteurs appelés *Paolo astrologo* ou *Paolo dell' abbaco*,
et il est possible qu'il y en ait eu plusieurs qui ont porté ce nom. Il faut cependant remarquer que, dans un
manuscrit du quatorzième siècle que je possède, et
qui commence ainsi : « *In questo libro tratteremo di
piu maniere di Ragioni adatte a trafficho di mercha-
tantia tratte de libri d'arismetricha et ridotte in volgare per lo excellente huomo maestro Pagolo de Da-
gumari da Prato* », il n'est nullement question de ces
Regoluze, ce qui semble confirmer l'assertion de Ghaligai. Au reste, voici ces règles :

1. Se vuolgli rilevare molte figure e ongni tre farsi uno punto chominciando dalla parte ritta inverso la mancha eppoi dirai tante volte milgliaia quanti sono li punti dinanzi.

2. Se vuolgli mul. numeri chabino zeri mul. le loro figure e ponvi tutti quelgli zeri dinanzi.

3. Se mul. dicine per dicine fanno centinaia e dicine ne centinaia fanno milgliaia e centinaia ne centinaia fanno decine di migliaia.

4. Se vuolgli fare racholti di svariati numeri ponvi li numero luno sotto laltro sicche le figure venghino poi dari della mano diritta.

5. Se vuolgli subito mult. in 10 poni un zero dinanzi esse, per 20 mult. per 2 e poni il zero dinanzi esse, per 30 mult. per 3 e poni il zero dinanzi.

6. Se vuolgli partire in 10. subito, leva la prima figura e parti in 2, esse vuolgli partire in 30. leva la prima figura e parti in 3. e poni il zero dinanzi.

7. Se vuolgli partire le lib. in 100 sappi che delluna lib. ne viene d. 2 e $\frac{2}{5}$ e delle 2 ne viene d. $4\frac{4}{5}$ e delle lib. 3. ne viene $7\frac{1}{5}$ e delle lib. 4. ne viene di $9\frac{3}{5}$ et dongni lib. 5 ne viene S. uno.

8. Se vuolgli partire in 100 parti tanti S. in 5. il rimanente quelle sono lib.

9. Se vuolgli rechare le lib. a S. radoppia quello numero e poni uno zero.

10. Se vuolgli rechare li S. a lib. mult. il numero della mano ritta per 5.

11. Sappi che ongni rotto si scrive chon 2 numeri il mynore sta sopra la verga e chiamasi dinominato, il maggiore sotto la vergha e chiamasi dinominante.

12. Se vuolgli rilevare 2. rotti in filzati sappi chel secundo e parte di... il primo e parte duna di quelle parte di...

13. Se vuolgli ragiungnere 2. rotti infilzati mult. il dinominato del secundo per la dinominante del primo e giungni il dinominato del primo esservalo per dinominato eppoi mult. luno dinominante contro al altro esservalo per dinominante.

14. Se vuolgli fare pilgliamento de rotti mult. la quantita per lo dinominato e parte per lo dinominante.

15. Se vuolgli mult. rotto vie rotto mult. li dinominati luno chontro al altro elli dinominanti similmente.

16. Se vuolgli giungnere 2. rotti spartiti mult. il dinominato delluno chontro all dinominante dell-altro e giungni insieme e parte per la multiplicazione delluno dinominante contro alatro e da questa opera si diriva il trarre e partire di due rotti.

17. Se vuolgli chalchulare cioe fare rag. di vendita o di chompera ponvi la materia dirinpetto al suo pregio ella simile sotto la simile eppoi mult. quelgli 2. numeri che stanno alla schisa e party per lo numero che nel chanto senpre.

18. Se vuolgli sapere che toccha il di a chotante lib. lanno mult. per 2. e parti per 3. escene, ecc.

19. Se mult. li d. deldi per 3 e parti per 2. usceranno quante lib. toccha lanno.

20. Se mult. le lib. che vale il chonguo per 3. e parti per 5. uscijranno quanti d. toccha alla meta-della.

21. Se mult. i d. che vale la metadella per 5. e parti per 3. usciranno le lib. che toccha il chongno.

22. Selli s. che vale il chongno mult. per 2 usciranno quanti d. toccha alla metadella.

23. Selli d. che vale la metadella parti in 2. usciranno f. che vale in chougno.

24. Selle lib. che vale la libr. mult. per 5. e parti per 6. usciranne i d. che toccha al danaro peso.

25. Selli S. f. vuoli rechare a p. mult. per 9. e parti per 4.

26. Selli f. a. vuoli rechare a. f. mult. per 4. e parti per 9.

27. Se parti per 5. le lib. che toccha lanno al. 100. usciranne li d. che toccha alla lib. il mese.

28. Selli d. che toccha alla lib. il mese mult. per 5. averai le lib. che toccha lanno al centinaio.

29. Se f. a. vuolgli rechare a. p. mult. per 10. e parti per 3.

30. Se f. a. vuolgli rechare a. p. mult. per 3. e parti per 10.

31. Sappi che tante lib. quante vale il 100 della lana tanti d. valgliono le 5. once e tanti s. per le 5 libr.

32. Se mult. lanpieza dun cerchio per 22. e parti per 7. arai quanto gira intorno.

33. Se vuolgli ragiungnere gli numeri chessono da 1. insino innalchuno numero giungni 1. sopra esso e mult. per la $\frac{1}{2}$ desso.

34. Selli s. che valesse lo staioro della terra partirai per 2. usciranne quanti toccha d. quadro.

35. Sellanpieza dun pozo mult. per se medesimo epoi per la profondita eppoi per 4. uscirranne quanti barili tiene.

36. Se vuoi mult. alchuno numero $\frac{1}{2}$ per se medesimo mult. quello numero e giungni quello numero e anche senpre $\frac{1}{4}$.

37. Se vuolgli mult. ciaschuno numero sano per la dinominante del suo rotto e giungni il dinominato eppoi mult. luna somma chontra laltra e parti per li dinominanti.

38. Se vuolgli partire alcuna quantita per numero sano e rotto mult. quello numero per lo dinominante e agiungni il dinominato e sara il partitore eppoi mult. quella quantita nel dinominante.

39. Se vuolgli partire rotto per intero mult. lontero per la dinominante e acchoucialo chon quello dinominato.

40. Se avessi a partire per alcuno numero chonposto o numero riperegiante parti per le sue pieghe ella prima e quella chessi pone dallato ritto.

41. Se partirai 72 anni sara doppia ongni quantita a fare chapo danno.

42. Se vuolgli ritrovare in che feria entra chalendi di gennaio agiungni gli anni dominj la $\frac{1}{4}$ parte alla somma parti in 7. e il rimanente sara la feria.

43. Selgli anni domini chon uno agiunto partirai in 19. il rimanente mult. per 11 e della soma gitterai le cientine avrai la patta di quellanno e sappi che ongni anno nesce 11.

44. Selgli anni domini chon 3 agiunti partirai per

15. il rimanente sara la indizione di quellanno e ongnanno si muta a dì 24 di settenbre.

45. Se giungni la patta el numero de mesi di marzo e quelli di del mese arai la etade della luna.

46. Se vuolgli trarre un numero dun altro alluogho il minore sotto il maggiore eppoi trai ciaschuna figura disotto di ciaschuno disopra chomminciando dalla parte dritta e quando la figura disotto e maggiore agiungni a quella di sopra una dicina e dalla figura disotto giungni uno.

47. Se vuolgli trovare la prossimana radice daluno numero trai il prossimano quadrato del detto numero e il rimanente parti per lo doppio della radice del quadrato.

48. Se mult. ciascuno de lati della R quadra per se medesimo e agiungni insieme la radice della somma sara la chosa.

49. Se vuolgli sapere la capacita della botte pilglia la sua alteza e lungheza chonuno $\frac{1}{4}$ di bra eppoi agiungni al alteza il $\frac{1}{10}$ e mult. per se medesimo eppoi nella lunghezza eppoi per 8. e parti in 13. usceranne quanti quarti di vino tiene la botte e 10. qarti sono 1° barile.

5o. Se vuolgli sapere in che dì entra ciascuno mese piglia il suo rigolare e ponvi su il conchorrente dellanno e del mese e in quello di entra quello mese chettu vuoi sapere.

51. Se vuoi trovare il chonchorrente dellanno giungni sopra gli anni domini il quarto eppoi parte per sette e quello chetti rimane siene il suo chonchorrente.

52. Se vuolgli sapere qua sono i regolari echolgli qui e volglionsi inparare a mente.

marzo	5.	lulglio	5.1	novenbre	5
aprile	1.	aghosto	5.4	dicenbre	7
maggio	3.	settenbre	7.7	gennaio	3
giungno	6.	ottobre	2	febraio	6

Le manuscrit d'où j'ai tiré ces *Regoluze* est anonyme; mais, d'après plusieurs indications qu'il fournit, il semble avoir été composé vers 1340.

NOTE XXXI.

(PAGE 147.)

Il serait impossible de donner ici une analyse des différens ouvrages dont il est parlé à la page 147, et d'ailleurs cette analyse n'aurait pas un grand intérêt. Je pense qu'il vaut mieux faire connaître les diverses tentatives qui avaient précédé les découvertes de Ferro et de Tartaglia sur les équations du troisième degré. On trouvera dans cette note des extraits de deux anciens manuscrits d'algèbre qui m'appartiennent, et qui prouvent que depuis long-temps les géomètres avaient tenté de résoudre les équations des degrés supérieurs au second.

Quando (1) li cubi sono equali al numero, se dei partire li numeri per li cubi e radice cuba, de quello che ne vene vale la cosa : trovare tre numeri che sia tal parte l'uno de l'altro commo 2. de 3. e 3. de 4. che multiplicato il primo per lo secondo e quello che fa multiplica per lo terzo faccia 96.

Poni che uno sia 2. cose, l'altro sia 3. cose, e'l terzo 4. cose : hora multiplica 2. via 3. cose fa 6. quadrati censi; multiplica per lo terzo che è 4. cose via 6. qua-

---

(1) Ceci est tiré d'un manuscrit du xive siècle, in-4, qui semble avoir été écrit en Toscane.

drati censi fa 24. cubi, che sono equali ad 96; parti
per li cubi, che sono 24. ne vene 4, e la radice cuba
di 4. vale la cosa. Noi dicemmo che il primo numero
fu 2. reca 2. a radice cuba, fa 8. multiplica radice
cuba de 4. via radice cuba de 8. fa radice cuba de 32.
Adunqua il primo numero fu radice cuba de 32. il
secondo mectemmo 3; reca 3. a radice cuba, fa 31;
multiplica radice cuba de 4. via radice cuba de 27. fa
radice cuba de 108; e radice cuba de 108. fu il secondo
numero: il terzo mectemno 4. reca a radice cuba fa 64.
multiplica radice cuba de 4. via radice cuba de 64. fa
radice cuba de 256; e radice cuba de 256. fu il terzo
numero.

Egl'è uno che a 4. bolognini e un altro a 6. pisani;
quello da li bolognini vuole cambiare a pisani, e
quello dai pisani vuole cambiare a bolognini, e cam-
bia a quella medessima ragione l'uno che l'altro;
quando anno cambiato, quello da 6. pisani se trova
avere tanti bolognini che sono radice dei pisani : domando che si trova quello ch'averva 4. bolognini e che
valse il bolognino a'pisani.

Metano che il bolognino valesse a pisani una cosa de
pisano, 4. bolognini varano 4. cose de pisano : hora
sappi quanto vagliano 6. pisani, cioè quanti bolognini,
che in posto che il bolognino vale in cosa de pisano;
adunqua multiplica una cosa via 6. fa 6 cose; tu ai che
partire 6. cose per una ne de' venire radice de 4. cose;
debiamo recare 1. a radice fa 1. quadrato censo; hora
multiplica 1. quadrato via 4. cose; fa 4. cubi, et radice
de 4. cubi sono equali a 6. reca 6. a radice, fa 36. parti
per li cubi, che sono 4. ne vene 9. e radice cuba de 9.

vale la cosa. Noi ponemono che il bolognino valesse una cosa a pisani : adunqua varà il bolognino a pisani radice cuba'de 9.

Quando li cubi sono equali a radice de numero, se dei partire le radici de' numeri per li cubi e la radice della radice cuba, de quello che ne vene varà la cosa.

Trovame tre numeri che sieno in proportione insieme commo 2. de 3. e 3. de 4. e multiplicato il primo per lo secondo, e la somma che fa multiplicata per lo terzo faccia radice de 12.

Poni che il primo numero sia 2. cose, il secondo 3. il terzo 4. cose : hora de' multiplicare 2. via 3. fa 6. quadrati censi; e questo multiplica per lo terzo, che 4. cose via 6. quadrati fa 24. cubi, i quali sono equali a radice de 12. Abiamo a partire per li cubi : pero reca 24. a radice, fa 576. parti 12 per 576. ne vene $\frac{12}{576}$. cioè $\frac{1}{48}$. e la radice de la radice cuba de $\frac{1}{48}$ vale la cosa: e il primo numero fu 2. cose : reca 2. a radice de radice cuba; multiplica 2. via 2. fa 4. e 4. via 4. fa 16. e 4. via 16. fa 64. Hora dei multiplicare 64. via $\frac{1}{48}$. fa 1 $\frac{1}{3}$. e la radice de la radice cuba de 1 $\frac{1}{3}$ fu il primo numero; o per lo secondo, che fu 3. reca 3. a radice de radice cuba, fa 729. multiplica 729. via $\frac{1}{48}$. fa 15 $\frac{3}{16}$. e la radice de la radice cuba de 15 $\frac{3}{16}$ fu il secondo numero; per lo terzo, che fu 4. reca 4. a radici de radice cuba, fa 4096. multiplica 4096. via $\frac{1}{48}$. fa 85 $\frac{1}{3}$. e la radice de radice cuba fu il terzo.

Quando li cubi sono equali a le cose, debiano partire le cose per li cubi, e la radice di quello che ne vene vale la cosa.

Trovame doi numeri che sia tal parte l'uno de l'altro

commo 2. de 3: e multiplicato l'uno per sè medessimo, poi per lo numero, faccia tanto quanto l'altro
numero.

Di'che uno de quelli numeri sia 2. l'altro 3. cose :
multiplica 2. via 2. fa 4. quadrati censi, e 2. cose via
4. quadrati fa 8 cubi, che sono equali a 3 cose ; parti
3. per 8 cubi, ne vene $\frac{3}{8}$. e la radice de $\frac{3}{8}$. vale la cosa ;
e noi ponemmo il primo numero 2. debbi recare 2. a
radice fa 4. Hora multiplica 4. via $\frac{3}{8}$. fa 1 $\frac{1}{2}$. tanto il
primo numero cioè de 1 $\frac{1}{12}$; il secondo ponemmo essere 3 cose, dei recare 3 a radice fa 9. multiplica 9 via
$\frac{3}{8}$. fa 3 $\frac{3}{8}$. et tanto fu il secondo numero.

Quando li cubi sono equali a li censi, debiamo partire li censi per li cubi, e quello che ne vene tanto numero varà la cosa.

Trovame doi numeri che sia tal parte l'uno de l'altro commo è 3 de 4. e multiplicato l'uno per sè medessimo, e la somma che fa multiplicata per lo numero
faccia tanto quanto il secondo numero multiplicato per
sè medessimo.

Poni che il primo sia 3. cose, il secondo 4. cose,
multiplica 3. cose in sè fa 9. quadrati censi, e. 3. cose
via 9. quadrati fa 27. cubi. Hora debi multiplicare il
secondo ch'è 4. cose via 4. cose fa 16. quadrati censi,
li quali parti per li cubi, che sono 27. e partendo 16.
per 27. ne vene $\frac{16}{27}$, tanto vale la cosa. Noi ponemmo il
primo numero 3. multiplica 3. via $\frac{16}{27}$. fa 1 $\frac{7}{9}$. e 1 $\frac{7}{9}$. fu
il primo numero; il secondo metemmo 4. multiplica
4. via $\frac{16}{27}$. fa 2 $\frac{10}{27}$. tanto fu il secondo.

Quando li cubi sono equali a le cose e a li censi,
debiamo patire per li cubi, poi dimezzare li censi, e

quello dimezzamento multiplicare in sè medessimo, e
quello che fa ponere sopra le cose, e quello che farà la
sua radice più il dimezzamento de' censi varà la cosa.

Trovame 3. numeri che sia tal parte il primo del
secondo, commo 3. de 4. e il secondo del terzo commo
4. de 5. e multiplicato il primo per sè medessimo, e
poi per lo numero faccia tanto quanto il secondo multiplicato per sè medessimo e gionto al terzo.

Di'che il primo sia 3. il secondo 4. il terzo 5. Hora
multiplica il primo 3. cose via 3. fa 9 quadrati censi e 9.
quadrati censi via 3. cose fa 27. cubi: multiplica il
secondo in sè, che è 4. cose via 4. fa 16. quadrati censi, agiogni 5. cose, fa 16. quadrati e 5, che sono
equali ad 27. cubi; reduci ad 1. cubo, arai 1. cubo
equale ad quadrato $\frac{16}{27}$. censo $\frac{7}{9}$. e $\frac{5}{27}$. de cosa; ismezza
li censi, che sono $\frac{16}{27}$. sirano $\frac{8}{27}$. Hora multiplica $\frac{8}{27}$. via
$\frac{8}{27}$ fa $\frac{64}{729}$; agiognilo colle cose, che sono $\frac{5}{27}$, farà $\frac{199}{729}$; e
la radice de $\frac{199}{729}$, più il dimezzamento dei censi, vale la
cosa, che fu $\frac{8}{27}$: e noi ponemmo il primo numero 3;
raduci a radici fa 9; multiplica 9 via $\frac{199}{729}$ fa radice de
2 $\frac{333}{729}$; multiplica 3 via $\frac{8}{27}$ numero fa $\frac{8}{9}$ numero. Dunqua il primo numero fa radice de 2 $\frac{333}{729}$ più $\frac{8}{9}$ per numero: e il secondo fu 4; fa comme de primo, arai ra-
dice de 4 $\frac{266}{729}$ più 1 $\frac{5}{27}$ per numero; per lo terzo fa' il
simile, arai radice de 6 $\frac{601}{729}$ più 1 $\frac{13}{27}$ per numero.

Quando li cubi sono equali a le cose e al numero,
se dei partire perli cubi e poi demezzare le cose, e
quello dimezzamento multiplicare per sè medessimo,
e quello che fa ponere sopra il numero, e la radice de
quello, più il dimezzamento de le cose vale la cosa.

Trovame doi numeri che sia tal parte l'uno de l'al-

tro commo 2 de 3, che multiplicato l'uno per sè medessimo, e poi per lo numero faccia tanto quanto ra-
gionti insieme i decti numeri, e poni su 16.

Fa cosi : poni uno 2 cose e l'altro 3 cose ; multiplica 2 via 2 cose, fa 4 quadrati censi; e 2 via 4 quadrati fa
8 cubi. Hora ragiungui tramendui 2 e 3 fa 5 cose; ponci
suso 16, arai 8 cubi essere equale ad 5 cose ; e 16 numero reduci ad 1 cubo arei 1 cubo equale a $\frac{5}{8}$ de cosa ;
e 2 numero hora ismezza le cose sirano $\frac{5}{16}$; multiplicale in sè fa $\frac{25}{256}$; agiognilo collo numero; che è 2, sirà
2 $\frac{25}{256}$: la sua radice vale la cosa, più $\frac{5}{16}$ che fu il dimezzamento de le cose. Noi ponemmo il primo numero 2 ;
reca 2 a radice fa 4; multiplica 4 via 2 $\frac{25}{256}$, fa 8 $\frac{100}{256}$; e
2 via $\frac{5}{16}$ fa $\frac{10}{16}$, per che numero multiplico per numero:
dunqua il primo numero fu radice de 8 $\frac{100}{256}$ più $\frac{5}{8}$ per
numero; il secundo numero ponemmo 3 ; reca a radi-
ci, fa 9 ; multiplica 9 via 2 $\frac{25}{256}$, fa radice de 18 $\frac{225}{256}$;
poi multiplica 3 via $\frac{5}{16}$ per numero, e radice de 18
$\frac{225}{256}$ più $\frac{15}{16}$ per numero, fu il secondo numero.

Quando li cubi sono equali ai censi e al numero,
debiamo partire per li cubi, poi dimezzare li censi e
multiplicare in sè, e ponere sopra del numero e la radice de la somma più il dimezzamento di censi val
la cosa.

Trovame doi numeri che sia tal parte l'uno de l'altro
commo 2 de 3, e multiplicato il primo per sè medessimo e poi per lo numero, faccia tanto quanto il secondo numero multiplicato in sè medessimo e posto
sopra 12.

Ponamo il primo numero 2 cose, il secondo 3 cose :
multiplica 2 via 2 cose fa 4 quadrati censi; e 2 cose

via 4. quadrati censi fa 8 cubi. Hora multiplica il secondo ch'è 3 cose via 3 fa 9 quadrati censi; ponci su 12, sirà 9 quadrati censi e 12, numero equale ad 8 cubi; reduci ad 1 cubo arai 1 equale ad 1 quadrato censo $\frac{1}{8}$ e 1 $\frac{1}{2}$ numero; dimezza li censi, cioè 1 $\frac{1}{8}$ sirà $\frac{9}{16}$; multiplica in sè fa $\frac{81}{256}$; agiognilo al numero ch'è 2. 1 $\frac{1}{2}$, fa 1 $\frac{209}{256}$; e la radice de 1 $\frac{209}{256}$, poi il dimezzamento de'censi, che fu $\frac{9}{16}$ vale la cosa. Noi ponemmo il primo numero 2; reca 2 a radici fa 4; e multiplica 4 via 1 $\frac{209}{256}$ fa radice de 7 $\frac{17}{64}$; e 2 via $\frac{9}{16}$ fa 1 $\frac{1}{8}$ per numero: Dunqua il primo numero fu radice de 7 $\frac{17}{64}$ più 1 $\frac{1}{8}$ per numero. Il secondo metemmo 3: reca 3 a radice fa 9; multiplica 9 via 1 $\frac{209}{256}$ fa radice de 16 $\frac{89}{256}$; multiplica mo il numero per 3 ch'è numero, cioè 3 via $\frac{9}{16}$ fa 1 $\frac{11}{16}$ numero: dunqua il secondo fu radice de 16 $\frac{89}{256}$ più 1 $\frac{11}{16}$ per numero.

Quando li cubi sono equali a li censi, a le cose e al numero, abiamo a ponare lo numero sopra le cose e farne numero, poi partire nelli cubi, poi dimezzare i censi, e multiplicare in sè, e ponare sopra il numero, e la radice di quella somma più il dimezzamento de' censi varà la cosa.

Trovame tre numeri che sieno in proportione l'uno de l'altro, commo 2 de 3, e 3 de 4, che multiplicato il primo in sè medessimo, e poi perlo numero facci tanto quanto il secondo multiplicato in sè e gionto collo terzo e con 12.

Mecti il primo numero 2 cose, il secondo 3 cose, il terzo 4 cose; multiplica il primo 2 cose via 2 fa 4 quadrati censi, e 2 cose via 4 quadrati fa 8 cubi. Hora debbi multiplicare il secondo, 3 cose via 3

cose fa 9 quadrati censi; giongni collo terzo, ch'è 4
cose e cum 12 farà 9 quadrati: 4 e 12 numero essere equale ad 8 cubi, seguita la regola, poni 4 sopra
12 numero, farà 16 numero; tu ai 8 cubi equale
ad 9 quadrati censi e 16 numero; *ismezza li censi, che
sono 9, sirano....*; raduci ad un cubo, arai 1 cubo
equale a 1 quadrato $\frac{1}{8}$ e 2 numero; ismezza li censi ch'è
1 $\frac{1}{8}$, sirà $\frac{9}{16}$; mutiplica in sè fa $\frac{81}{256}$; pollo sopra del numero, che è 2, fa 2 $\frac{81}{256}$. La sua radice vale la cosa piu il
dimezzamento de li censi; e noi ponemmo il primo
numero 2: recalo a radice fa 4; multiplica 4 via 2 $\frac{81}{256}$,
fa radice de 9 $\frac{17}{64}$; e 2 via $\frac{9}{16}$ fa 1 $\frac{1}{8}$ per numero: dunqua il primo fu radice de 9 $\frac{17}{64}$, piu 1 $\frac{1}{8}$ per numero. Il
secondo mectemmo 3: reca a radice, fa 9; multiplica 9
via 2 $\frac{81}{256}$ fa 20 $\frac{217}{256}$; e 3 via $\frac{9}{16}$ fa 1 $\frac{11}{16}$ per numero: dunqua il secondo fu radice de 20 $\frac{217}{256}$ piu 1 $\frac{11}{16}$ per numero.
Il terzo fu 4: reca a radice, fa 16; multiplica 16 via 2
$\frac{81}{256}$, fa radice de 37 $\frac{1}{16}$; e 4 via $\frac{9}{16}$ per numero fa 2 $\frac{1}{4}$:
adunqua il terzo fu radice de 37 $\frac{1}{16}$ piu 2 $\frac{1}{4}$ per numero.

Quando li cubi e li censi sono equali a le cose, debiamo partire per li cubi, poi dimezzare i censi e
multiplicare in se, e poncre sopra le cose, e la radice de
la somma meno il dimezzamento de'censi varà la cosa.

Trovame 3 numeri che sieno in proportione l'uno
de l'altro, commo 2 de 3, e 3 de 4; e multiplicato il
primo per sè medessimo, e poi per lo numero, e multiplicato il secondo in sè, e quello che fa, gionto con
la prima multiplicatione faccia tanto quanto il terzo
numero.

Di' che il primo numero sia 2 cose, il secondo 3
il terzo 4 cose; multiplica il primo in sè 2 via 2 cose

fa 4 quadrati censi, e 2 cose via 4 quadrati fa 8 cubi :
hora multiplica il secondo 3 cose via 3 cose fa 9 quadrati censi; giongni co lo primo, arai 8 cubi e 9 quadrati censi, e quale ad 4 cose; raduci ad 1 cubo, arai
1 cubo e 1 quadrato censo $\frac{1}{8}$ equale $\frac{1}{2}$ cosa; dimezza i
censi sirà $\frac{9}{16}$; multiplicali in sè fa $\frac{81}{256}$; agiognilo a le
cose sirano $\frac{209}{256}$; e la radice de $\frac{209}{256}$ vale la cosa; e noi
mectemmo il primo numero 2; reca 2 a radice fa 4;
multiplica 4 via $\frac{209}{256}$, fa radice de $3\frac{17}{64}$; multiplica il
numero, cioè, 2 via la meta de le cose ch'è $\frac{9}{16}$, fa
$1\frac{1}{8}$ numero: dunqua il primo numero fu radice de
$3\frac{17}{64}$ meno $1\frac{1}{8}$ per numero. Il secondo fu 4; reca a
radice, fa 9; multiplica 9 via $\frac{209}{256}$, fa radice de $7\frac{89}{256}$;
multiplica 3 via $\frac{9}{16}$, fa $1\frac{11}{16}$ numero: dunqua il secondo fu radice de $7\frac{89}{256}$. meno $1\frac{11}{16}$ per numero. Il
terzo fu 4; reca a radice, fa 16; multiplica 16 via
$\frac{209}{256}$, fa radice de $13\frac{1}{16}$; e 4 numero via $\frac{9}{16}$ fa $2\frac{1}{4}$ numero: dunqua il terzo fu radice de $13\frac{1}{16}$ meno $2\frac{1}{4}$ per
numero.

Quando li cubi e le cose sono equali ai censi, abiamo
a partire per li cubi, poi demezzare li censi e multiplicare in sè, e de quello che fa trane le cose, e la
radice de quello che rimane, più il dimezzamento de'
censi vale la cosa.

Trovame tre numeri che sieno in proportione uno
de l'altro, commo 3 de 4, e 4 de 5; e multiplicato il
primo numero per sè medessimo, e poi per lo numero,
e quella somma posta sopra il secondo numero, faccia
tanto quanto il terzo multiplicato per sè medessimo.

Poniamo che il primo numero sia 3 cose, il secondo 4, il terzo 5 cose; e multiplica il primo 3 via

3 cose fa 9 quadrati; e 3 cose via 9 quadrati fa 27 cubi; agiognici il secondo, che è 4 cose, fa 27 cubi e 4 cose; multiplica il terzo, che è 5 cose via 5 cose, fa 25 quadrati censi; tu ai 27 cubi e 4 cose equali ad 25 quadrati censi; reduci ad 1 cubo, arai 1 cubo $\frac{4}{27}$ de cosa, equale $\frac{25}{27}$ de censo; dimezza i censi, che sono $\frac{25}{27}$ sirano $\frac{25}{54}$; multiplicali in sè, fa $\frac{625}{2916}$; cavane le cose, che sono $\frac{4}{27}$, resta $\frac{193}{2916}$; e la radice $\frac{193}{2916}$ vale la cosa, più il dimezzamento de li censi, che fa $\frac{25}{54}$; e noi dicemmo il primo numero 3, reca a radice fa 9; e 9 via $\frac{193}{2916}$ fa $\frac{1737}{2916}$; e 3 via $\frac{25}{54}$ fa $1\frac{7}{18}$ numero: adunqua il primo fu radice de $\frac{1737}{2916}$ più $1\frac{7}{18}$ per numero. Il secondo metemmo 4; reca a radice, fa 16; multiplica 16 via $\frac{193}{2916}$, fa radice de $1\frac{43}{729}$ più $1\frac{23}{27}$ per numero. Hora per lo terzo, che fu 5, reca a radice fa 25; e multiplica 25 via $\frac{193}{2916}$ fa radice de $1\frac{1909}{2916}$; e 25 via $\frac{25}{27}$ numero, fa $2\frac{17}{54}$: sicchè il terzo fu radice de $1\frac{1909}{2916}$ più $2\frac{17}{54}$ per numero.

Quando i censi di censi sono equali al numero, debiamo partire il numero per li censi di censi, e quello che ne vene la radice de la sua radice varà la cosa.

Egl'è uno scudo che a 3 facce equali e non so quanto sia per faccia, ma so che il dicto scudo è 100 bracci quadro : domando quanto sera lo scudo per faccia.

Diponamo che sia per faccia 1 cosa per reduclo a quadro : dei giognare tucte tre le facce insieme, che sirano 3 cose; piglia hora il mezzo de queste 3 cose, sono $1\frac{1}{2}$; hora sappi quanto è da ciascuna faccia fine ad 1 cose $\frac{1}{2}$ e $\frac{1}{2}$ cosa; ora multiplica $\frac{1}{2}$ cosa via $1\frac{1}{2}$ fa $\frac{3}{4}$ quadrato di censo; hora multiplica $\frac{1}{2}$ cosa $\frac{3}{4}$ di censo fa $\frac{3}{8}$ de cubo; e $\frac{1}{2}$ cosa via $\frac{3}{8}$ de cubo fa $\frac{3}{16}$ de censo di censo, che sono equali ad 100 bracia; reca a radice fa 10,000. — Debiamo partire per li censi di censi che sono $\frac{3}{16}$: cioè, reca ad 1 censo di censo sirà 1 censo di censo, equale 53,333 $\frac{1}{3}$; e la radice de la radice de 53,333 $\frac{1}{3}$ vale la cosa che è per faccia.

Quando li censi di censi sono equali a le cose, debiamo partire le cose per li censi di censi, e la radice cuba de quello che vene varà la cosa.

Trovame doi numeri che sia tal parte l'uno de l'altro commo 2 de 3, e multiplicato il primo per sè medessimo, e quello che fa multiplicato pure per sè medessimo, faccia tanto quanto il secondo numero.

Mecti il primo numero 2 cose, il secondo 3 cose; multiplica il primo, ch'è 2 cose via 2 cose fa 4 quadrati censi; hora multiplica 4 quadrati via 4 quadrati censi fa 16 censi di censi, che sono equali a 3 cose; tu ai a partire 3 per 16 censi di censi, ne vene $\frac{3}{16}$, e la radice cuba de $\frac{3}{16}$ vale la cosa; e noi ponemmo il primo numero 2; reca 2 a radice cuba, cioè, 2 via 2 fa 4, e 2 via 4 fa 8; hora dei multiplicare 8 via $\frac{3}{16}$ fa radice cuba de 1 $\frac{1}{2}$: tanto fu il primo numero, cioè, radice cuba de 1 $\frac{1}{2}$. Et il secondo metemmo 3; reca 3 a radice cuba; multiplica 3 in sè fa 9; e 3 via 9 fa 27; hora dei multiplicare 27 via $\frac{3}{16}$ fa $\frac{81}{16}$, che sono 5 $\frac{1}{16}$; e la radice cuba de 5 $\frac{1}{16}$ fu il secondo numero.

Quando li censi di censi sono equali a li censi, dovemo partire per li censi di censi, e la radice de quello che ne vene varà la cosa.

Trovame doi numeri che sia tal parte l'uno de l'altro, commo 3 de 4; e multiplicato il primo per sè

medessimo, e quello che fa moltiplicato ancora per
sè medessimo, faccia tanto quanto il secondo numero
multiplicato per sè medessimo.

Poni che il primo numero sia 3 cose, il secondo
4 cose; hora multiplica il primo, ch'è 3 cose via 3
fa 9 quadrati censi; e 9 quadrati via 9 quadrati censi
fa 81 censo di censi; hora multiplica il secondo, cioè,
4 cose via 4 cose fa 16 quadrati censi; tu ai 81 censo
di censo equali ad 16 quadrati censi; tu dei partire
li censi per li censi di censi, cioè, 16 quadrati censi
per 81 censo di censo : ne vene $\frac{16}{81}$; e la radice de $\frac{16}{81}$
fa $\frac{144}{81}$ ch'è $1\frac{7}{9}$, e la radice de $1\frac{7}{9}$ fu il primo numero.
Il secondo metemmo 4 : reca a radice, fa 16, e 16
via $\frac{16}{81}$ fa $3\frac{13}{81}$; e la radice de $3\frac{13}{81}$ fu il secondo numero.

Quando li censi di censi sono equali a li cubi, dovemo partire li cubi per li censi di censi, e quello
che ne vene vale la cosa.

Trovame doi numeri che sia tal parte l'uno de l'altro commo 4 de 5, e moltiplicato il primo per sè medessimo, e quello che fa moltiplicato per sè medessimo
faccia tanto quanto il secondo multiplicato per sè
stesso, e quello che fa multiplicato per lo numero.

Di' che il primo numero sia 4 cose, e il secondo
5 cose; multiplica il primo, ch'è 4 via 4 cose fa 16
quadrati censi; e 16 via 16 quadrati censi fa 256
censi di censi : hora multiplica il secondo, 5 cose
via 5 fa 25 quadrati; e 5 cose via 25 quadrati censi
fa 125 cubi : hora tu dei partire li cubi per li censi
di censi; à partire 125 per 256, ne vene $\frac{125}{256}$: tanto
vale la cosa. Noi ponemmo il primo numero 4; mol-

tiplica 4 via $\frac{125}{256}$ fa $\frac{500}{256}$, che è 1 $\frac{61}{64}$: tanto fu il primo numero. Il secondo dicemmo ch'era 5; moltiplica 5 via $\frac{125}{256}$ fa $\frac{625}{256}$, che è 2 $\frac{113}{256}$: tanto fu il secondo numero.

Quando li censi sono equali al censo di censo e al numero, dovemo partire, nelli censi di censi, e poi dimezzare i censi, e multiplicare in sè, e de quello che fa cavarne il numero, e la radice de quello che rimane varà la cosa.

Trovame doi numeri, che sia tal parte l'uno de l'altro commo 1 de 3, che multiplicato il primo per sè stesso, e quello che fa multiplicato per sè medessimo, poi gionto con 20, faccia tanto quanto il secondo multiplicato per sè stesso.

Ponamo che il primo numero sia 1 cosa, il secondo 3 cose; multiplica una cosa via una cosa, fa un quadrato censo e 1 quadrato via, 1 quadrato censo fa 1 censo di censo, pollo sopra a 20 fara 1 censo di censo e 20 numero : multiplica hora il secondo, cioè 3 via 3 cose fa 9 quadrati censi; tu ai 9 quadrati, che sono equali ad 1 censo di censo e 20 numero a partire per li censi di censi, a quello medessimo; dimezza i censi, che sono 9, siran 4 $\frac{1}{2}$; multiplica in sè fa 20 $\frac{1}{4}$; tranne il numero, ch'è 20, resta $\frac{1}{4}$; la radice de $\frac{1}{4}$, ch'è $\frac{1}{2}$, tracta del dimezzamento di censi, che fuoro 4 $\frac{1}{2}$, tratone $\frac{1}{4}$ remane 4, e la radice de 4 vale la cosa ch'è 2, e 2 fu il primo e 6 il secondo.

Quando li censi sono equali a radice de numero, dovemo recare i censi a radici, poi partire le radice del numero per quello recamento de li censi a radice; e la radice de la radice de quello che ne vene varà la cosa.

Trovame doi numeri che sia tal parte l'uno de l'altro commo 2 de 3 , e multiplicato l'uno per l'altro faccia radice de 576.

Mecti il primo numero 2 cose , il secondo 3 cose ; multiplica 2 via 3 cose fa 6 quadrati censi, i quali sono equali a radice de 576.

La regula dici che se richi i censi a radice, che sono 6, farà 36 ; parti per 36 , ne vene 16; tanto vale la cosa , cioè radice de radice de 16 : e noi ponemmo il primo numero 2 ; reca 2 a radice de radice fa 16 ; multiplica 16 via 16 fa 256; e la radice de la radice de 256 fu il primo numero ; e metemmo il secondo 3 , reca 3 a radice de radice fa 81 ; multiplica 81 via 16 fa 1296, e la radice de la radice de 1296 fu il secondo numero.

Quando li censi sono equali al numero e a radice de numero , se vole partire lo numero per li censi e servare , poi recare li censi a radice , e partire la radice del numero , e quello e la radice di quello che ne vene gionta collo numero che tu salvasti e la radice di quello varà la cosa, cioè la radice de numero que tu salvasti, più la radice de la radice di quello che venne partendo la radice del numero per la radice de censi.

Trovame doi numeri, che sia tal parte l'uno de l'altro commo 3 de 4 ; e multiplicato l'uno per l'altro faccia 10 e radice de 10.

Poni che il primo numero sia 3 cose e l'altro 4 cose ; multiplica 3 cose via 4 cose fa 12 quadrati censi, li quali sono equale a 10 e radice de 10. Hora , per seguire la regula , abiamo a partire 10 per 12 quadrati censi ne vene $\frac{5}{6}$ cioè radice de $\frac{5}{6}$; hora parti radice de 10 per 12 ; reca 12 a radici fa 144 ; parti 10 per 144 , ne vene $\frac{5}{72}$, e la radice de $\frac{5}{6}$ più radice de $\frac{5}{72}$ vale la cosa. Noi metemmo il primo numero 3; reca 3 a radice fa 9; e 9 via $\frac{5}{72}$ e radice de $\frac{5}{72}$ fa radice de $7\frac{1}{2}$ e radice de radice de $5\frac{5}{8}$: tanto fu il primo numero. Il secondo fu 4; reca 4 a radice fa 16; e 16 via $\frac{5}{6}$ è radice de $\frac{5}{72}$ fa radice de $13\frac{1}{3}$ e radice di radice de $17\frac{7}{9}$: e tanto fu il secondo numero.

Quando le cose, li censi e li cubi sono equali al numero, dovemo partire prima per li cubi, poi partire le cose per li censi, e quello che ne vene recare a radice cuba e ponere sopradel numero e radice cuba di quella somma varà la cosa meno il partimento che venne de le cose partite ne' censi.

Uno presta ad un altro 100 £ e in capo de 3 anni riebbe 150 £. A fare capo d'anno domando a che ragione fu prestata la £ il mese.

Poni che la lira fusse prestata il mese ad 1 cosa: adunque la £ guadagna l'anno 12 cose, e perchè 12 è 1 soldo, e il soldo $\frac{1}{10}$ de £, dunque piglaremo $\frac{1}{20}$ de cosa. Se la £ guadagna l'anno $\frac{1}{20}$ de cosa, 100 £ guadagnarano $\frac{100}{20}$ de cosa, che sono 5 cose per lo primo anno. Hora per lo secondo 100 £ guadagnano altre 5 cose; e 5 cose a quella ragione guadagnano l'anno $\frac{1}{4}$ di quadrato di censo; tu ai 100 £ e 10 cose e $\frac{1}{4}$ di quadrato di censo. Il terzo anno, 100 £ guadagnano pure 5 cose, e 10 cose si guadagnano $\frac{1}{2}$ quadrato censo, e $\frac{1}{4}$ di quadrato di censo guadagna $\frac{1}{80}$ di cubo. Tu ai che in tre anni 100 £, 15 cose $\frac{3}{4}$ di censo, $\frac{1}{80}$ di cubo, li quali sono equali a 150 £ : to' via 100 £ da onni parte, arai 50 £ equale ad 15 cose e $\frac{3}{4}$ di censo e $\frac{1}{80}$ di cubo; reduci ad 1 cubo, arai 1 cubo, e 1200 cose,

è 60 censi equali ad 4000 £; e la regula dici che tu
parta le cose, che sono 1200, per li censi che sono 60,
ne vene 20, e questo 20 reca a radice cuba fa 8000;
agiognilo collo numero che è 4000, fa 12000; e la
radice cuba de 12000 vale la cosa meno il partimento
che venne de le cose ne' censi, che fu 20; e noi
dicemmo che la £ fu prestata ad 1 cosa, e la cosa vale
radice cuba de 12000 meno 20 per numero: adunque
fu prestata la £ il mese a radice cuba de 12,000, meno
20 per numero.

Quando le cose e i censi e i cubi e censi di censi sono
equali al numero, se dei partire ne' censi di censi, e poi
partire le cose per li cubi, e quello che ne vene recare
a radice e ponere sopra del numero, e la radice de la
radice di quella somma, meno la radice de le cose
che ne vene, partite per li cubi, tanto vale la cosa.

Uno presta ad un altro 100 £ per 4 anni, a fare capo
d'anno; e in capo de 4 anni gli rende, tra merito e
capitale 160 £. Adimando a che ragione fu prestata
la £ il mese.

Ponamo che la £ fusse prestata il mese ad 1 cosa,
la £ guadagnara l'anno 12 cose; per le 12 cose pigla $\frac{1}{20}$ di cosa perchè 12 et 1 soldo commo è dicto
denanze. Se la £ guadagna l'anno $\frac{1}{20}$ de cosa, 100 £ guadagnarano $\frac{100}{20}$, che sono 5 cose; 100 l. guadagnano il
primo anno 5 cose, il secondo 100 £ guadagnano altre 5
cose, e 5 cose guadagnano l'anno $\frac{5}{20}$ di quadrato, ch'è
$\frac{1}{4}$ di quadrato di censo; giogni inseme, ai il secondo
anno 100 £, 10 cose, $\frac{1}{4}$ di quadrato di censo.

Hora per lo terzo anno 100 £ guadagnano 5 cose,
e 10 cose guadagnano $\frac{1}{2}$ quadrato censo, e $\frac{1}{4}$ di qua-

drato di censo guadagna l'anno $\frac{1}{80}$ di cubo; giogni i numeri fa 100 £ 15 cose $\frac{3}{4}$ di quadrato di censo $\frac{1}{80}$ di cubo. Per lo quarto anno 100 £ dano 5 cose; e 15 cose dano l'anno $\frac{3}{4}$ di censo; e $\frac{3}{4}$ di censo dano l'anno $\frac{3}{80}$ di cubo; e $\frac{1}{80}$ de cubo dà l'anno $\frac{1}{1600}$ di censo di censo: tu ai il quarto anno 100 £ e 20 cose 1 quadrato censo $\frac{1}{2}$ e $\frac{1}{20}$ di cubo $\frac{1}{1600}$ de censo di censo; e questo è equale ad 160 £; eguaglia le parti, to' via da onni parte 100 l. remane 60 l. equale ad 20. 1 quadrato $\frac{1}{2}$. $\frac{1}{20}$ de cubo $\frac{1}{1600}$ de censo di censo, reduci ad 1 censo di censo, arai 1 censo di censo, 32000 cose e 24000 censi e 80 cubi equale ad 96000 numero; parti le cose per li cubi, cioè 32000 per 80, ne vene 400; reca a radici, fa 160000; pollo sopra il numero, che è 96000, fa 256000, e la radice de la radice de 256000 vale la cosa meno la radice del partimento che venne de le cose per li cubi, cioè 1 radice de 400 che è 20.

Uno presta ad un altro 100 £, e in capo de l'anno li vole rendere, e quello li dici tiegli un altro anno a quella medessima ragione; e in capo de l'altro anno; e quello si trova che la radice del merito è capitale del primo anno, multiplicato colla radice del merito e capitale del secondo anno fa 500. Domando a che ragione fu prestata la £ il mese.

Poni che li rendesse il primo anno 1 cosa tra merito e capitale: hora di' 100 £ da 1 cosa, che darà 1 cosa? multiplica 1 via 1 cosa fa 1 quadrato censo; partendolo per 100 ne vene $\frac{1}{100}$ di quadrato di censo; tu ai che il primo anno fu, tra merito e capitale, 1 cosa; il secondo, tra merito e capitale fu $\frac{1}{100}$ di quadrato di censo. Hora multiplica. radice de 1 cosa via radice de $\frac{1}{100}$ di censo fa $\frac{1}{100}$ di cubo , e questo è equale a 500; reca 500 a radice fa 250000; hora multiplica 100 via 250000 fa 2,500,000; e se tu volesse sapere a che ragione fu prestata la £ l'anno, parti radice cuba de 2,500,000 meno 100 per 100; reca 100 a radice cuba fa 1,000,000; hora parti radice cuba de 2,500,000 per radice cuba de 1,000,000 , ne vene radice cuba de 25 ; parti 100 m. in 100, ne vene 1 ; e cussi ai che la £ valse l'anno radice cuba de 25 meno 1 per numero : e se volesse sapere a che ragione fu prestata la £ il mese, reca 12 a radice cuba, fa 1728; parti radice cuba de 25 , meno 1 per numero, per 1728!, ne vene radice cuba de $\frac{25}{1728}$ £ meno $\frac{1}{12}$ per numero de 1. Se voi recari a denari , reca 20 a radice cuba, fa 8000; e reca 12 a radice cuba, fa 1728 ; multiplica 1728 via 8000 , fa radice de 13,824,000; hora multiplica $\frac{25}{1728}$ meno $\frac{1}{12}$ per numero via 13,824,000 fa radice cuba de 200000 meno 20 denari per numero : a tanto fu prestata la £ il mese.

Uno presta ad un altro denari non so quanti, nè a che ragione la £ il mese: ma so che quante £ gli prestò tanti mesi li tenne, e tanto merito ; e so che li rende de merito 18 soldi. — Domando quante £ li presti, e a che ragione la £ il mese. Hora recha 18 fa 324, e la radice cuba de 324, e la radice cuba de 324 fuoro le £ che gli prestò , e tanto li tenne e a tanto merito.

Uno presta ad un altro denari non so quanti, nè a che ragione la £ il mese; e in capo dell' anno li vole

rendere il merito e il capitale; e quello dici tienli un
altro anno a quella medesima ragione; e quando fu
in capo de l'altro anno; e quello li rende il merito
e il capitale; il quale trova che il merito de l'ultimo
anno multiplicato per sè medesimo fa 14 soldi più
che il capitale. Domando che li prestò, e a que ra·
gione fu prestata la £ il mese.

Di' che li prestasse 1 cosa a 20 denari il mese, sirano l'anno 20 soldi; per 20 piglia 1, cioè 1 £:
adunqua il primo anno fuoro 2 cose. Hora merita 2
cose per l'altro anno, che fanno de merito 2; multiplica 2 cose via 2 cose fa 4 quadrati censi, e tu voi
1 cosa e 14 soldi più; reduci i soldi a denari, sirano
168; tu ai 1 cosa e 168 numero equale a 4 quadrati
censi; reduci ad 1 quadrato, arai 1 quadrato equale
ad $\frac{1}{4}$ di cosa e 42 numero; izmezzate le cose, sirano
$\frac{1}{8}$; multiplica in sè fa $\frac{1}{64}$; pollo sopra il numero, fa
$42\frac{1}{64}$, et la radice de $42\frac{1}{64}$ più $\frac{1}{8}$ per numero li prestò
a ragione de 20 denari il mese.

Uno presta ad un altro denari non so quanti, nè
a che ragione la £ il mese; in capo de 2 anni se trova avere facto d'onni 1. 3; e tante e quante li prestò
a tanti denari per £ il mese fu meritata. Poni che li
prestasse 1 cosa, e a 1 cosa de denari il mese valerà
l'anno 12 cose; per le 12 piglà $\frac{1}{20}$ di 1, ch'è $\frac{1}{20}$ di
censo. Hora fa per l'altro anno: pigla $\frac{1}{20}$ de $\frac{1}{20}$ de
censo, che è $\frac{1}{400}$ de cubo; e noi volemo d'onni denaro
3; multiplica 1 via 3 fa 3, che sono eguali 1 cosa $\frac{2}{20}$ di
quadrato di censo $\frac{1}{400}$ dè cubo; to' via da onni parte
1, arai 2 cose equale $\frac{1}{10}$ di quadrato di censo $\frac{1}{400}$ de
cubo; raduci ad 1 cubo, arai 1 cubo 40 quadrati cen·

si, equale a 800 cose; ismezza li censi, che sono 40, sirano 20; multiplica in sè, fa 400; agiogni colle cose, che sono 800, fa 1200. La sua £ vale la cosa, meno 20 per numero, che fu il dimezzamento de' censi : adunqua li prestò tante £ che fuoro radice de 1200 mero 20 numero, e a tanti denari il mese per £.

Uno presta ad un altro denari non so quanti, nè a che ragione la £ il mese; in capo de l'anno gli rende tra merito e capitale 100 £; poi le presta ad un altro, queste 100 £, a quella medesima ragione, e se trova che il guadagno de prima e quello de poi è 50 £. Domando quante £ fu il capitale de prima.

Poni che li prestasse 1 cosa; il primo anno guadagna 100 £ meno 1 cosa; se 1 cosa me da 100, che me darà 100? multiplica 100 via 100 fa 10,000; a partire per 1 cosa, ne dei venire 50; trallo del guadagno de prima, ch'è 100 meno 1, resta 50 meno 1; multiplica 1 via 1 cosa fa 1 quadrato censo; e 1 cosa via 50 fa 50 cose; tu ai 1 quadrato. 50 equale ad 10,000 numero; ismezza le cose, sirano 25; multiplicale in sè fa 625; giogni collo numero, farà 10625; la cosa vale radice de 10625, meno il dimezzamento de le cose che fu 25; e noi dicemmo che li prestò 1 : dunqua li prestò radice de 10625 meno 25 per numero.

Uno presta ad un altro denari non so quanti, ma quanti denari li presta a tanti denari fu prestata la £ li mese; e in capo de 6 mesi, quello li rende tra merito e capitale 80 £. Domando quanti denari li prestò.

Dì che li prestasse 1 cosa; e 1 cosa de £ il mese per li 6 mesi pigla 6 de denari; hora dì 1 cosa via

6 cose fa 6 quadrati censi de denari; e tanto è il merito, e 'l capitale è 1 cosa; reca 1 £ a denari fa 240 cose di denaro; agiogni 6 quadrati censi, arai tra merito e capitale 240 cose, et 6 quadrati censi equale ad 80 £; reca 80 £ a denari, fa 19200; reca ad 1 quadrato censo, arai 1 quadrato 40 cose equali ad 3200; ismezza le cose, che sono 40, sirano 20; multiplicale in sè, fa 400; agiogni collo numero, fa 3600; la sua radice vale la cosa meno 20 che fu il dimezzamento de le cose : e noi dicemmo que li prestò 1 cosa, e la cosa vale radice de 3600 meno 20 per numero. Adunqua li prestò radice de 3600, meno 20 per numero.

Uno presta ad un altro denari non so quanti nè a che ragione la £ il mese; ma il primo anno n' a 100 £, et l'altro anno gli merita a quella medesima ragione che il primo; in capo de doi anni si trova d'onni 3 denari 4. Domando a che ragione fu prestata la £ il mese e quello che li prestò.

Metamo che li prestasse la £ ad 1 cosa de £ l'anno; adunqua onni £ vale l'anno, tra merito e capitale, 1 £ 1 cosa; dunqua 100 £ saranno l'anno, tra merito e capitale, 100 £ e 100 cose; e noi dicemmo che onni 3 denari fa 4 : adunqua pigla $\frac{3}{4}$ de 100 £ e 100 cose sono 75 £ e 75 cose, e questo de essere tanto quanto partito 100 £ per 1 £; e 1 cosa; però multiplica 1 e 1 cosa via 75 £ et 75 cose, fa 75 quadrati censi e 150 cose e 75 numero, che sono equali ad 100 £; restora le parti; to' via da onni parte 75 numero, resta 25 numero, equale a 75 quadrati e 150; reduci ad 1 quadrato, arai 1 quadrato e 2, equale ad $\frac{1}{3}$ numero;

ismezza le cose, che sono 2 , sirà 1; multiplica in sè, fa 1; giogni cum lo numero, ch' è $\frac{1}{3}$, fa 1 $\frac{1}{3}$, e la sua radice vale la cosa, meno il dimezzamento de le cose , che fu 1 per numero; e volendo sapere quello che li prestò, multiplica 100 in sè fa 10000; partilo per 1 $\frac{1}{3}$, ne vene 7500, radice de 7500 £ li prestò; e per vedere a quanto fu prestata la £ il mese , multiplica 20 in sè, fa 400; hora multiplica radice de 400 via radice de 1 $\frac{1}{3}$ fa radice de 533 $\frac{1}{3}$; e 20 via meno 1 fa 20 meno , per chè tu averai a multiplicare radice de 1 $\frac{1}{3}$ meno 1 per numero per 20 , bisogna multiplicare radice p er radice e il numero per numero : però ai facto de 20 radice per multiplicare radice de 1 $\frac{1}{3}$ e meno 1, multiplicasti per 20 ch' è numero : diremo che la £ fusse prestata il mese a radice de 533 $\frac{1}{3}$ meno 20 per numero.

Uno presta ad un altro 6 £; in capo de 2 anni gli ne rende 20 £. Domando a che ragione fu prestata la £ il mese.

Fa così : multiplica 20 in sè, fa 400 £ in per 2 anni, o parti quello che li rende per quello che li prestò; parti 20 per 6, ne vene 3 $\frac{1}{3}$; multiplica 3 $\frac{1}{3}$ via 400 fa 1333 $\frac{1}{3}$: adunqua fu prestata la £ il mese a radice de 1333 $\frac{1}{3}$ meno 20 p. numero.

Uno presta ad un altro denari non so quanti, nè a che ragione la £ il mese; ma so che il primo anno fuoro tra merito e capitale 100 £; poi li tenne per lo secondo anno a quella medessima ragione; poi li rendè, tra merito e capitale, tanti denari che la radice del primo capitale. Domando che fu il suo primo capitale, e a che ragione fu prestata la £ il mese.

21.

Mecti che li prestasse 1 cosa; il capo de l'anno.fu tra merito e capitale 100 £ : adunqua 1 cosa da l'anno 100 £; che darà 100 £ per lo secondo anno? multiplica 100 via 100 fa 10000; tu ai che a partire 10,000 per 1 cosa ne de venire 1 quadrato censo; hora multiplica 1 cosa via 1 quadrato censo fa uno cubo, e questo è equale ad 10000 numero; partilo per 1 cubo ne vene radice cuba de 10000, e tanto vale la cosa. Noi dicemmo che li prestò 1, e la 1 vale radice cuba de 10000 : adunqua li prestò radice cuba de 10000. Se tu voi sapere a che ragione fu prestata la £ il mese, parti 100 per radice cuba de 10000; prima reca 100 a radice cuba fa 1,000,000; parti 10000, ne vene radice cuba de 100. Hora se vole partire in 12, reca 12 a radice cuba fa 1728; parti radice cuba de 100 per radice cuba de 1728, ne vene radice cuba de $\frac{100}{1728}$ de £; ma si vole recare a soldi poi a denari; reca 20 a radice cuba fa 8000; multiplica radice cuba de 8,000 via radice cuba de $463 \frac{4}{192}$, fa radice cuba de 800000 de denari meno 1 £; a partire in 12 ne vene 20 denari meno : adunqua li prestò radice cuba de 10000 £ e a ragione la £ il mese de radice cuba de 800000, meno 20 denari per numero.

Uno presta ad un altro denari non so quanti, nè a che ragione la £ il mese; in capo de l'anno li rende tra merito e capitale 100 £; da poi li retene queste 100 £ per un altro anno a quella ragione, e 1 denaro più il mese per £. In capo del secondo anno, li rende i suoi denari duplicati. Domando quanti denari li prestò prima, e a che ragione la £ il mese.

Poni che li prestasse 1 cosa, e in capo del primo

anno fusse tra merito e capitale 100 £ : dunqua che te darà 100 £? multiplica 100 via 100 fa 10000 ; tu ai che a partire 10000 per 1 cosa ne dei venire 2 cose ; multiplica 1 via 2 fa 2 quadrati censi e per 1 denaro più che guadagna la £ il mese 100 £ siranno 5 £ ; per le 5 £ piglia 5 cose : adunqua tu ai 2 quadrati censi equali a 5 e 10000 numero ; reduci ad 1 quadrato censo arai 1 quadrato equale a 2 cose $\frac{1}{2}$ e 5000 £ ; demezza le cose siranno 1 $\frac{1}{4}$, multiplicale in sè fa 1 $\frac{9}{16}$; pollo sopra il numero farà 5001 $\frac{9}{16}$ e radice de 5001 $\frac{9}{16}$ più 1 $\frac{1}{4}$, che fu il dimezzamento de le cose, vale la cosa ; e noi mectemmo che li prestò 1 : dunqua li prestò radice de 5001 $\frac{9}{16}$ più 1 $\frac{1}{4}$; e volendo sapere a che ragione furo prestate le £ il mese, parti per 12 che dà radice de 5001 $\frac{9}{16}$ più 1 $\frac{1}{4}$; in su per fine 1. 100, cioè, fa così : cava 1 $\frac{1}{4}$ de 100, resta 98 $\frac{3}{4}$; multiplica in sè fa 9751 $\frac{9}{16}$: hora reca 12 a radice, fa 144; parti radice de 9751 $\frac{9}{16}$ per radice de 144, ne vene radice de 67 $\frac{1657}{2304}$; o parti 5001 per 144, ne vene radice de 34 $\frac{1690}{2304}$: adunqua furo prestate le £ il mese a ragione de radice de 67 $\frac{1657}{2304}$ de £ meno radice de 34 $\frac{1680}{2304}$ de £.

Uno presta ad un altro denari non so quanti nè a che ragione la £ il mese, e tante £ quante li prestò a tanti denari fu prestata la £ il mese ; in capo de l'anno li rende 50 £. Domando, che li prestò e a che ragione la £ il mese?

Dì che li prestasse 1 e 1 di merito, che da $\frac{1}{20}$ di quadrato di censo ; reduci ad 1 quadrato, arai 1 quadrato censo 20 e 1000 numero, che 50 multiplicato per 20 fa 1000 ; ismezza le cose, s'erano 10 ; multiplica in sè, fa 100; giugnilo al numero, che è 1000, fa 1100, e la radice de 1100 vale la cosa meno 10 che fu il dimezzamento de le cose: adunqua li prestò radice de 1100, e a tanti dinari il mese, cioè radice de 1100.

Uno presta ad un altro denari non so quanti, a ragione de 2 denari per £ il mese; e tante £ quante li prestò tanti anni li tenne; a fare capo d'anno e capo del tempo si trova facto, tra merito e capitale, numero quadrato. Domando, quante £ li prestò, e quanto tempo le tenne?

Mecti che li prestasse 1 e tenneli 1 cosa d'anno; e dunqua vale la £ 2 cose; per le 2 cose piglia $\frac{1}{10}$ de cosa, che·è $\frac{1}{10}$ di quadrato di censo; hora tu ai 1 cosa e $\frac{1}{10}$ di quadrato di censo, e tu voi numero quadrato; piglia uno numero quadrato quale te piaci, o voi 4 o 9: piglia 4; tu ai che 1 cosa $\frac{1}{10}$ di quadrato di censo è equale ad 4; reduci ad 1 quadrato censo, arai 1 quadrato 10 equale ad 40 numero; ismezza le cose, sirano 5; multiplica in sè fa 25; pollo sopra del numero, ch'è 40, fa 65, e la radice de 65 vale la cosa, meno 5, che fu il dimezzamento de le cose; e noi metemmo che li prestasse 1 cosa e ad 1 de tempo: adunqua li prestò radice de 65 per numero, e tanto tempo li tenne.

Uno presta ad un altro denari non so quanti, a ragione de 8 denari per £ il mese, e quello li rende il primo anno 12 £, e il secondo li rende 17 £, e il terzo li rende 28 £ e remaseli 7 £. Domando, quanti denari li presto? Fa' cose: tu sai che a 8 denari il mese vale l'anno la £ 8 soldi, ch'è $\frac{2}{5}$ de £; e perchè li remase 7 £ se de' ponere quelli $\frac{2}{5}$; cioè 2 sopra 7, che sirà $\frac{2}{7}$ che se ne dei cavare onni anno; e perchè il terzo anno rende 28 e 7 li remase, che fa 35 £, tranne $\frac{2}{7}$ che sono 10, remane 25 £ e quello li rende il secondo anno, che furo 17 £, che con 25 fa 42 £; cavane $\frac{2}{7}$, che sono 12, remane 30 £; e 12 £ che rende il primo anno, gionte con 30 fa 42 £; tranne $\frac{2}{7}$, che sono 12, restano 30 £ e 30 £ li presto, perchè 30 ad 8 soldi per £ l'anno fanno 240 soldi, che sono 12 £ che li rende; e remasaro pure 30, che guadagnaro il secondo anno 12, che con 30 fu 42; tranne 17, che li rende, restano 25 £ che guadagnaro il terzo anno 10, che con 25 fa 35, e li rende 28, che li remase 7 commo dicemmo.

Uno presta ad un altro denari non so quanti nè a che ragione la £ il mese per doi anni: in capo del primo anno si trova 100 £ e a quella medessima ragione in capo del secondo anno si trova avere facto d'onni 16 denari 25. Domando quanti denari li prestò e a che ragione fu prestata la £ il mese?

Poni che li prestasse 1 £ a 1: adunqua 100 £ sirano l'anno tra merito e capitale 100 £ e 100 cose; e noi dicemo che 16 fa 25; adunqua cava de 100 $\frac{16}{25}$, che sono 64, e cava de 100 cose $\frac{16}{25}$ serano 64 cose, e questo de' essere tanto quanto partito 100 £ per 1 e 1 cose: però multiplica 1 e 1 via 64 e 64 cose, fa 64 quadrati censi, e 128 cose e 64 numero equale ad 100. restarà le parti; to' via da onni parte 64 resta 36 equale a 64 quadrati e 128 cose; reduci ad 1 quadrato, arai 1 quadrato e 2 £ cose equale ad $\frac{2}{16}$ numero; ismezza le cose, sirà 1; multiplica in sè, fa 1; giognilo al numero, fa $1\frac{9}{16}$: la sua radice vale la cosa meno il dimezzamento de le cose, che fu 1 per numero; et tu voi sapere quello che li prestò : multiplica 100 in sè fa $10,000$; partilo per $1\frac{9}{16}$, nè vene radice de 6400 : tante £ li prestò; e volendo sapere a quanto fu prestata la £ il mese, multiplica 20 in sè fa 400, e questo multiplica per $1\frac{9}{16}$ cioè radice de $1\frac{9}{16}$ via radice 400, fa radice de 625, e meno 1 per numero via 20 numero fa meno 20; e così ai che la £ fu prestata il mese a radice de 625 meno 20 per numero.

Doi homeni ano denari non so quanti, ma so che il primo dici al secondo : damme 10 dei tuoi, che n'arò doi tanti di te. Il secondo dici al primo : damme 10 dei tuoi, che n'arò doi tanti de te e più la radice dei tuoi. Domando quello che avia per uno.

Poni che il primo abbia 1 quadrato censo, il secondo abbia $\frac{1}{2}$ quadrato censo e 15 : se il secondo dà 10 al primo, li remane $\frac{1}{2}$ quadrato e 5, e il primo arà 1 quadrato e 10, che n'arà doi tanti del secondo; ma se il primo dà 10 al secondo, li remane 1 quadrato meno 10 numero, e il secondo arà $\frac{1}{2}$ quadrato censo e 25 numero; e perchè dici d'avere doi tanti del primo più la radice de quelli del primo, però multiplica 2 via 1 quadrato meno 10 fa 2 quadrati censi meno 20 numero; agiogni la radice del primo, ch'è 1, arei 2 quadrati censi meno 20 e 1, equale ad 25 e $\frac{1}{2}$ quadrato; restora le parti, to' via da onni parte $\frac{1}{2}$ quadrato censo, e da ad onni parte 20, arai 1 quadrato censo $\frac{1}{2}$ e 1, equale ad 45; reduci ad 1 quadrato $\frac{2}{3}$ equale a 30 numero; ismezza le cose, sirà $\frac{1}{3}$: multiplica in sè fa $\frac{1}{9}$; gionlo sopra 30 fa $30\frac{1}{9}$, e la radice de $30\frac{1}{9}$ vale la cosa meno $\frac{1}{3}$ de numero, che fu il dimezzamento de le cose : tanto vale la cosa, e il censo vale 30 $\frac{1}{9}$ meno radice de 13 $\frac{28}{81}$: tanto ebbe il primo ; il secondo ebbe $\frac{1}{2}$ quadrato censo e 15 : mezzo censo vale 15 $\frac{1}{18}$ meno radice de 3 $\frac{109}{324}$; agiognici 15, fa 30 $\frac{1}{18}$ meno radice de 3 $\frac{109}{324}$: tanto ave il secondo.

Doi homini anno denari, il primo n'a una quantità e il secondo n'a doi tanti più la radice del primo, e tucti doi anno 14. Domando , quanti denari anno per uno ?

Dì che il primo abbia 1 quadrato censo , e il secondo 2 quadrati censi e 1 cosa ; agiongni insieme, fa 3 quadrati censi 1 cosa ; e questo è equale a 14 ; reduci ad 1 quadrato arei 1 censo $\frac{1}{3}$ di cosa e 4 $\frac{2}{3}$ numero ; dimezza le cose , sirà $\frac{1}{6}$; multiplica in sè, fa $\frac{1}{36}$; reduci il numero a 36, che è 4 $\frac{2}{3}$, sirà $\frac{168}{36}$; giognici $\frac{1}{36}$, fa $\frac{169}{36}$; piglia la radice, ch'è 13 ; et piglia la radice de 36 ; che è 6 ; parti 13 per 6, ne vene 2 $\frac{1}{6}$; tranne il dimezzamento de le cose, che fu $\frac{1}{6}$, resta 2 : tanto vale la cosa, che fu la radice del primo ; multiplica in sè, fa 4 : tanto a il primo, il secondo doi tanti, ch' è 8 più 1 ch'è 2 fa 10 : tanto a il secondo.

Doi anno denari ; il primo dici al secondo : damme 10 de' tuoi, che n'arò doi tanti di te ; dici il secondo al primo : damme 10 dei tuoi, che n'arò doi tanti di te, più la radice di quello che te remane. Domando, quanti denari avia ciascheduno ?

Ponamo che il primo abbia 1 quadrato e 10 ; il secondo $\frac{1}{2}$ quadrato censo e 20. Se il secondo dà 10 al primo, li remane $\frac{1}{2}$ quadrato e 10, il primo arà 1 quadrato e 20, che n'arà doi tanti del secondo. Se il primo dà 10 al secondo, li remane un quadrato, e il secondo arà $\frac{1}{2}$ quadrato censo e 3o; e perchè dici avere doi tanti del primo e più la radice de quello che li remane, però multiplica 2 via 1 quadrato censo fa 2 quadrati censi, e la radice de 1 quadrato è 1 cosa, gionto con 2 quadrati censi fa 2 quadrati e 1 equale ad $\frac{1}{2}$ quadrato censo e 3o numero; restora le parti, to' via da onni parte $\frac{1}{2}$ quadrato censo, restarà 1 quadrato censo $\frac{1}{2}$ e 1 cosa equale a 3o; reduci ad 1 quadrato, arai 1 quadrato censo $\frac{2}{3}$ de cosa equale a 20; dimezza le cose, che sono $\frac{2}{3}$ sirà $\frac{1}{3}$; multiplica in sè, fa $\frac{1}{9}$; giognilo col numero, ch' è 20, fa 20$\frac{1}{9}$, e la radice de 20$\frac{1}{9}$, meno $\frac{1}{3}$ per numero, vale la cosa; e per lo censo multiplica radice de 20$\frac{1}{9}$ meno $\frac{1}{2}$ via radice de 20$\frac{1}{9}$ meno $\frac{1}{3}$ fa 20 et $\frac{2}{9}$ meno radice de 7 $\frac{76}{81}$; tanto vale il censo: e noi metemmo il primo che avesse 1 quadrato e 10, adunqua avia 20$\frac{2}{9}$ meno radice de 7 $\frac{76}{81}$ e più 10, che fa 3o $\frac{2}{9}$ meno radice de 7 $\frac{76}{81}$: tanto ave il primo. Il secondo metemmo che avesse $\frac{1}{2}$ quadrato censo e 20; e mezzo censo vale 10$\frac{1}{9}$ meno radice de 1 $\frac{319}{324}$ e 20 più per numero, che dicemmo ch'avia, fa 3o $\frac{1}{9}$ meno radice de 1 $\frac{319}{324}$: tanto ebbe il secondo.

Uno ch'abia 1 fiorino, e ebbene 26 grossi e 26 picioli, e tanti picioli vale il grosso quanti grossi vale il fiorino: domando, quanti grossi vale il fiorino, e quanti picioli vale il grosso?

Poni che il fiorino vaglia 1 a grossi, a picioli vale 1 quadrato; anne avuto 26 grossi e 26 picioli; agionti insieme de fare 1 fiorino. Noi metemo che il fiorino vaglia 1 a grossi e a picioli un quadrato: dunque 26 grossi sono 26, e 26 picioli 26 quadrati; e 1 via 1 quadrato fa 1 cubo, ch'è equale 26 et 26 quadrati; imezza i censi, sirano 13; multiplica in sè, fa 169; giognilo al numero, fa 195; la sua radice vale la cosa più il dimezzamento de' censi, che fu 13 : tanto vale il fiorino; agiogni radice de 195 più 13.

Doi homini anno denari : dici il primo al secondo : damme la metà de' tuoi, che n'arò 6; dici il secondo al primo : damene $\frac{1}{3}$ de li tuoi, che n' arò 6 e più la radice del tuo remanente. Domando quello ch' avia ciascuno.

Mecti che il primo abia 6 meno 3 cose, il secondo arà 6 cose; se il secondo dà la $\frac{1}{2}$ de' suoi al primo gli darà 3 : adunqua il primo arà 6 commo disse; ma se' l primo dà $\frac{1}{3}$ de'suoi al secondo li darà 2 meno 1 : adunqua il secondo arà 2 e 5 cose, che sono equali a 6, e radice de 4 meno 2 cose che sono remase al primo; tra' 2 de 6 resta 4 meno 5, che sono equali a radice de 4 meno 2; reca 4 meno 5 cose a radice fa 16 meno 40 più 25 quadrati censi, che sono equale a 4 meno 2 cose; to' via da onni parte 4 e 2 cose, arai 25 quadrati censi equale a 38 e 12 numero; reduci ad 1 quadrato arai 1 quadrato equale a $\frac{38}{25}$ e $\frac{12}{25}$ numero; dimezza le cose sirano $\frac{19}{25}$; multiplica in sè fa $\frac{361}{625}$; tranne $\frac{12}{25}$ resta $\frac{61}{625}$, e la radice de $\frac{61}{625}$ vale la cosa più $\frac{19}{25}$ per numero che fu il dimezzamento de le cose; e noi metemmo che il primo avesse 6 meno 3, e 3 vagliono 2 $\frac{7}{25}$ più radice de $\frac{542}{625}$; cavalo de 6 resta 3 $\frac{18}{25}$ meno radice de $\frac{542}{625}$: tanto ebbe il primo. Il secondo dicemmo che avia 6 che avagliono 4 $\frac{14}{25}$ più radice de 3 $\frac{321}{625}$: tanto ebbe il secondo.

Doi homini anno denari. Dici il primo al secondo :

se io multiplicasse li miei per loro medessimi, io n'a-
ria tre tanti di te. Dici il secondo al primo, se io multiplicasse i miei per loro medessimi, io n'aria 4 cotanti
di te. Domando quello che a per uno.

Poni che il primo abia 1 e il secondo $\frac{1}{3}$ quadrato di
censo. Se il primo multiplica 1 via 1 fa 1 quadrato
censo; che n'a 3 tanti del secondo. Se il secondo mul-
tiplica $\frac{1}{3}$ quadrato via $\frac{1}{3}$ quadrato di censo fa $\frac{1}{9}$ di censo, che equala a 4 tanti; multiplica 4 via 1 fa 4; parti
4 per $\frac{1}{9}$ di censo, ne vene radice cuba de 36, e tanto
vale la cosa e il censo; multiplica 36 in sè fa 1296, e
la radice cuba de 1296 vale il censo; piglia il terzo
de radice cuba de 1296, cioè, reca 3 a radice cuba fa
27; parti 1296 per 27, ne vene radice cuba de 48, e
tanto ebbe il secondo; e il primo ave radice cuba de 36.

Doi homini anno denari. Dici il primo al secondo:
Damme la metà de' tuoi, che n'arò 6. Dici il secondo
al primo: Damme $\frac{1}{3}$ de' tuoi, che n'arò 6 e più radice
di 6. Domando, quanti denari a ciascuno?

Poni che il primo abia numero quadrato, cioè 9
quadrati censi; il secondo convene avere 12 meno 18
quadrati censi, che se ne dà la metà al primo li darà
6 meno 9 quadrati, sì che il primo arà 6. Ma se'l pri-
mo dà $\frac{1}{3}$ de' suoi al secondo; li darà $\frac{3}{1}$ quadrati, sì che
il secondo arà 12 meno 15 quadrati censi; e questo
de' essere equale a 6 e radice de 9 quadrati ch'è 3.
Tu ai 3. 6 e 12 meno 15 quadrati censi; equaglia le
parti; toli da onni parte 6, restarà 15 quadrati censi,
e 3, equale a 6; reduci ad 1 quadrato arai 1 quadrato
$\frac{3}{15}$ de cosa $\frac{6}{15}$ numero; ismezza le cose, sirà $\frac{1}{10}$; multiplica in sè, fa $\frac{1}{100}$; giognilo con lo numero, farà $\frac{41}{100}$, e

la radice de $\frac{41}{100}$ vale la cosa meno $\frac{1}{10}$ che fu il dimezzamento de le cose; è a sapere quello che vale il censo,
multiplica radice $\frac{41}{100}$ meno $\frac{1}{10}$ per numero in sè fa $\frac{21}{50}$
meno radice de $\frac{49}{2500}$: tanto vale il censo; e noi di-
cemmo il primo avere 9 quadrati censi. Multiplica 9
via $\frac{21}{50}$ fa $3\frac{39}{50}$ meno radice de $1\frac{821}{2500}$; adunqua il primo ebbe $3\frac{39}{50}$ meno radice de $1\frac{821}{2500}$; e il secondo dicemmo che avia 12 meno 18 quadrati, e 18 quadrati
vagliono $7\frac{28}{50}$ meno radice de $5\frac{784}{2500}$; trallo de 12, resta
$4\frac{22}{50}$ più radice de $5\frac{784}{2500}$: tanto avia il secondo.

Famme de 10 do parti, che multiplicata una per
radice di 7 faccia tanto quanto l'altra multiplicata per
radice de 6.

Reca 10 a radice fa 100, e da 6 a 7 e 1, che è tuo
partitore; hora multiplica 6 via 100 fa 600, e 7 via
600 fa 4200; hora di 6 via 600 fa 3600; la prima parte
è radice de 4200 meno radice de 3600; hora per
l'altra multiplica 7 via 100 fa 700, e 7 via 700 fa 4900,
e 6 via 700 fa 4200; e l'altra parte fa radice de 4900
meno radice de 4200: adunqua una parte fu radice
de 4200 meno radice de 3600, e questa se multiplica
per radice de 7; l'altra parte fu de 4900 meno radice de
4200 e questa multiplica per radice de 6. Se tu multiplichi radice de 6 via radice de 4900 meno radice de 4200 fa
radice de 29400 meno radice de 25200; e se multiplichi
radice 7 via radice de 4200 meno radice de 3600, fa radice de 29400 meno 25200 ch'è quello medesimo.

Doi homini anno denari; il primo n'a una quantità, il secondo n'a doi tanti, la radice di ciò che anno
tucti doi, e tucti doi anno 20.

Domando, quanti denari anno per uno?

Mecti che il primo abia 1 cosa, il secondo arà 2 cose e radice de 3 cose : adunqua anno tucti doi 3 cose e radice di 3 cose, che sono equale a 20; cava 3 de 20 resta 20 meno 3 cose, che sono equali a 3 cose; reca 20 meno 3 a radice, fa 9 quadrati e 400 numero meno 120; restora le parti, dà a onni parte 120, arai 123 cose equale a 9 quadrati censi e 400 numero; reduci ad 1 quadrato, sirà 1 quadrato e $44\frac{4}{9}$ numero, equale a $13\frac{2}{3}$; ismezza le cose, siranno $6\frac{5}{6}$; multiplica in sè, fa $46\frac{25}{36}$; cavane il numero, che è $44\frac{4}{9}$, resta $2\frac{9}{36}$, abiamo che la cosa vale $6\frac{5}{6}$ meno radice de $2\frac{9}{36}$ che è $1\frac{1}{2}$. Il primo ebbe $6\frac{5}{6}$ meno $1\frac{1}{2}$; il secondo mectemmo che avesse 2 più radice de 3; e la cosa vale $5\frac{1}{3}$, 2 cose vagliono $10\frac{2}{3}$, gionti quelli del primo e quelli del secondo fanno 16: la sua radice è 4; giognilo a $10\frac{2}{3}$ fa $14\frac{2}{3}$: tanto ebbe il secondo; e noi dicemmo che tucti do avevano 20. Dimò così sono 2 compagni, il primo a 1, il secondo 2, anno guadagnato 20 meno radice de 20; il primo si mise 1, il secondo 2, che fa 3, ch'è tuo partitore. Hora multiplica 1 via 20 meno radice de 20 fa una meno radice de 20; parti per 3, ne vene $6\frac{2}{3}$ meno radice de $2\frac{2}{9}$, perchè per partire radice recasti 3 a radice, che fa 9, che a partire radice de 20 ne vene $2\frac{2}{9}$, cioè radice de $9\frac{2}{9}$: tanto ebbe il primo, cioè $6\frac{2}{3}$ meno radice de $2\frac{2}{9}$. Hora per lo secondo multiplica 2 via 20 meno radice de 20 fa 40 meno radice de 80; parti per 3, ne vene $13\frac{1}{3}$, meno radice de $8\frac{8}{9}$; agiogni radice de 20, fa $13\frac{1}{3}$ più radice de $2\frac{2}{9}$: tanto ebbe il secondo.

Doi homini anno danari: il primo n'a una quantità, il secondo n'a doi tanti e più la radice de ciò che anno tucti doi , e tucti doi anno radice de 20. Domando , quel ch'avevano per uno ?

Fa' così : tra' radice de radice de 20 , remane radice de 20 meno radice de radice de 20 ; poni che il primo abia 1, e l'altro 2; agiogni insiemi fa 3, ch'è tuo partitore; e anno guadagnato radice de 20 meno radice de radice de 20. Che toccarà al primo che mise uno ? Multiplica 1 via radice de 20 meno radice de radice de 20 , fa quello medessimo; parti per 3, reca a radice fa 9; parti 20 per 9 ne vene radice de $2\frac{2}{9}$; reca 9 a radice fa 81; parti radice de radice de 20 per 81 , ne vene $\frac{20}{81}$, cioè radice de radice de $\frac{20}{81}$: adunque il primo fu radice de $2\frac{2}{9}$ meno radice de radice de $\frac{20}{81}$. Hora per lo secondo reca 2 a radice fa 4; multiplica 4 via radice de 20 fa radice de 80; reca 4 a radice fa 16; multiplica 16 via radice de radice de 20 fa radice de 320; hora parti radice de 80 per radice de 9 ne vene radice de $8\frac{8}{9}$; parti 320 per radice de radice de 81 ne vene radice de radice de $3\frac{77}{81}$. Tu ai per lo secondo radice de $8\frac{8}{9}$ meno radice de radice de $3\frac{77}{81}$; giognici radice de radice de....... arai che il secondo fu radice de $8\frac{8}{9}$, più radice de radice de $\frac{20}{81}$, e il primo fu radice de $2\frac{2}{9}$ meno radice de radice de $\frac{20}{81}$.

Famme de 10 do parti, che l'una multiplicata per 3 facia tanto quanto l'altra multiplicata per radice de 8.

Poni che una parte sia 1 cosa, e l'altra 10 meno 1 cosa; reca a radice onni una; 1 cosa via 1 fa 1 quadrato censo; e 10 meno 1 cosa via 10 meno 1 fa 100 meno 20 cose più 1 quadrato censo; tu ai da un canto 1 quadrato, da l'altro 100 meno 20 più 1 quadrato; reca a radice fa 9; multiplica 9 via 1 quadrato fa 9 quadrati censi; e multiplica 8 via 100 meno 20 più 1 quadrato, fa 800 meno 160 cose più 8 quadrati censi; restora le parti, da ad onni parte 160 cose; e togli da onni parte 8 quadrati, arai 1 quadrato e 160 equali ad 800 numero, ismezza le cose, siranno 80; multiplica in sè, fa 6400; agiognisi il numero fa 7200; la sua radice vale la cosa meno 80 che fu il dimezzamento de le cose : dunqua una parte fu radice de 7200 meno 80 per numero; e l'altra fu 90 meno radice de 7200.

Doi homini anno denari non so quanti, ma so che il primo dici al secondo: Damme la radice de'tuoi, che n'arò doi tanti di te; e il secondo dici al primo: Damme tal parte de'tuoi quale tu m'adimandi dei miei io, n'arò tre tanti di te. Domando, quanti n'avevano per uno?

Mecti che il primo abia 2 quadrati censi meno 3 cose, e il secondo abia 1 quadrato censo. Se il secondo dà la radice dei suoi al primo li darà 1; adunqua li remane 1 quadrato censo meno 1; e il primo arà 2 quadrati censi meno 2 cose, si che n'a doi tanti: il secondo dici al primo: Damme tal parte de' tuoi che tu adimandi dei miei, che n'arò 3 tanti di te. Hora di' così : se 1 quadrato me dà 1 cosa che me darà 2 quadrati censi meno 3 cose? Multiplica 1 via 2 quadrati meno 3 fa 2 cubi meno 3 quadrati censi; parti per 1 quadrato ne de' venire tal numero che tracto de 2 quadrati meno 3, e posto sopra ad 1 quadrato, sia 3 cotanto che il remanente, il quale numero è 1 quadrato $\frac{1}{4}$ e 2 cose $\frac{1}{4}$, perchè tracto 1 $\frac{1}{4}$ de 2 remane $\frac{3}{4}$, e 1 $\frac{1}{4}$ gionto con 1 fa $\frac{9}{4}$: sì che sono tre tanti; e tracto 2 $\frac{1}{4}$ de 3 meno remane $\frac{3}{4}$ meno, sì ch'è tretanti meno; e noi avemo che a partire 2 cubi meno 3 quadrati per 1 quadrato censo

ne dei venire 1 quadrato $\frac{1}{4}$ e 2 $\frac{1}{4}$ meno. Hora multiplica
1 quadrato via 1 quadrato $\frac{1}{4}$ fa 1 quadrato di censo $\frac{1}{4}$
meno 2 cubi , e 1 quadrato censo di censo è $\frac{1}{4}$, che
sono equali a 2 cubi meno 3 quadrati censi ; giogni
2 cubi con 2 $\frac{1}{4}$ fa 4 cubi $\frac{1}{4}$; e giogni 3 quadrati con
1 censo di censo e $\frac{1}{4}$ fa 1 censo di censo e $\frac{1}{4}$ e 3 quadrati di censo , che sono equali ad 4 cubi $\frac{1}{4}$; reduci
ad 1 censo di censo arai 1 censo di censo e 2 quadrati
censi $\frac{2}{5}$ equali ad 3 cubi $\frac{2}{5}$; piglia la metà de' cubi , sono
1 $\frac{7}{10}$; multiplica in sè fa 2 $\frac{89}{100}$; tranne 2 $\frac{2}{5}$, che sono
i censi , resta $\frac{49}{100}$; e la radice de $\frac{49}{100}$ vale la cosa più
1 $\frac{7}{10}$ per numero ; e la radice de $\frac{49}{100}$ è $\frac{7}{10}$, che gionto
coruno e $\frac{7}{10}$ fa 2 $\frac{2}{5}$: tanto vale la cosa , e il censo vale
5 $\frac{19}{25}$, e 2 censi vagliono 11 $\frac{13}{25}$; tranne 3 , che vagliano
7 $\frac{1}{5}$, remane 4 $\frac{8}{25}$: tanto ebbe il primo ; e il secondo
metemmo che avesse 1 censo , e il censo vale 5 $\frac{19}{25}$,
tanto ebbe il secondo.

Doi homini anno denari non so quanti , ma so che
il primo dici al secondo : damme la metà de' tuoi che
n'arò 6 ; e il secondo dici al primo : damme $\frac{1}{3}$ dei tuoi,
che n' arò 6 e più la radice de quanti n'abiamo tucti
due. Domando, quanti n' anno per uno ?

Poni che il primo abia 3 cose , e il secondo abia 12
meno 6 cose. Se lui ne dà i mezzi al primo, il primo
n'arà 6 ; ma se il primo dà $\frac{1}{3}$ de'suoi al secondo , li
darà 1 : sì che il secondo arà 12 meno 5 , e questo
sirà equale a 6 e radice de 12 meno 5 cose ; restora le
parti, arai 6 meno 5 , equale a radice de 12 meno 3
cose ; reca 6 meno 5 a radice fa 25 quadrati meno 60
più 36 numero ; e questo è equale a 12 meno 3 ; restora le parti, arai 1 quadrato e $\frac{24}{25}$ numero, equale a 2

$\frac{7}{23}$ de cosa; ismezza le cose sirano $\frac{61}{50}$; multiplicale in
sè fa $\frac{3249}{2500}$; tranne il numero che è $\frac{24}{25}$, che in sè multiplicato fa $\frac{576}{625}$, che tracto de $\frac{3249}{2500}$ remane $\frac{945}{2500}$: la
cosa vale $\frac{57}{50}$ meno la radice de $\frac{945}{2500}$; e noi dicemmo che il primo ave 3; multiplica 3 via $\frac{57}{50}$ fa 3 $\frac{21}{50}$; reca 3 a radice fa 9; e 9 via $\frac{945}{2500}$ fa radice de 3 $\frac{985}{2500}$. Il
primo ebbe 3 $\frac{21}{50}$ meno radice de 3 $\frac{985}{2500}$. Il secondo dicemmo ch'avia 12 meno 6, e la cosa vale $\frac{57}{50}$ meno la
radice de $\frac{945}{2500}$; multiplica 6 via $\frac{57}{50}$ fa 6 $\frac{42}{50}$; multiplica
6 in sè fa 36; e 36 via $\frac{945}{2500}$ fa radice de 13 $\frac{1520}{2500}$. Adunqua 6 vagliono 6 $\frac{42}{50}$ meno la radice de 13 $\frac{1520}{2500}$; trallo
de 12 ch'ebbe il secondo, remane 5 $\frac{8}{50}$ più radice de
13 $\frac{1520}{2500}$. Il primo ave 3 $\frac{21}{50}$ meno radice de 3 $\frac{985}{2500}$: il
secondo ebbe 5 $\frac{8}{50}$ più radice de 13 $\frac{1520}{2500}$.

Tre homini anno denari; il primo n'a una quantità, il secondo n'a doi tanti, e il terzo tre tanti del
secondo più la radice de ciò che anno tucti 3, e tucti
3 anno 10 denari.

Domando, che a ciascuno?

Poni che il primo abia 1 cosa, il secondo 2, il terzo
6 cose più la radice de 10. Hora tra' radice de 10 de
10, remane 10 meno radice de 10. Dimo così e' sono
3 che fanno compagnia; il primo mecte 1, il secondo
2; il terzo 6: gionti insieme sono 9. Hora di' se 9 me
dà 10 meno radice de 10, che me darà 1? Multiplica
1 via 10 meno radice de 10 fa 10 meno radice de 10;
parti per 9, ne vene 1 $\frac{1}{9}$ meno radice $\frac{10}{81}$: tanto a il
primo. Il secondo mise 2; multiplica 2 via 10 meno
radice de 10 fa 20 meno radice de 40; parti per 9, ne
vene 2 $\frac{2}{9}$ meno radice de $\frac{40}{81}$: tanto avia il secondo. Il
terzo mise 6; multiplica 6 via 10 meno radice de 10,

fa 60 meno radice de 36o; parti per 9, ne vene $6\frac{2}{3}$ meno radice de $4\frac{4}{9}$, gionici radice de 10 fa $6\frac{2}{3}$ e radice de 10 meno radice de $4\frac{4}{9}$, che tracta de radice de 10 remane radice de $1\frac{1}{9}$: adunqua il terzo ebbe $6\frac{2}{9}$ più radice de $1\frac{1}{9}$.

E se se dicesse, il primo n'a una quantità, il secondo n'a doi tanti, e il terzo tretanti del secondo più la radice de 10; e tucti 3 anno 100 denari. Mecti che il primo abia 1, il secondo 2, il terzo 6 e radice de 3; tu sai che 9 e radice de 3 sono equale ad 100; però cava 9 di 100, resta 100 meno 9 che sono equali a radice de 3; reca 100 meno 9 a radice fa 81 quadrato e 10000 numero meno 1800 cose; e questo è equale a 3; restora le parti; da' a onni parte 1800 arei 1803 cose, equale ad 81 quadrato e 10000 numero; reduci ad 1 censo arai 1 quadrato e $123\frac{37}{81}$, equale ad $22\frac{21}{81}$; ismezza le cose, sirano $11\frac{21}{162}$; multiplica in sè fa $123\frac{22797}{26244}$; tranne il numero, che è $123\frac{37}{81}$, remane $\frac{10809}{26244}$, e la sua radice meno il dimezzamento de le cose, ch'è $11\frac{7}{54}$, vale la cosa, cioè $11\frac{7}{54}$ meno la radice de $\frac{10809}{26244}$: tanto ebbe il primo. E il secondo mise 2, che vagliono $22\frac{14}{54}$ meno radice de $\frac{1888}{26244}$: tanto a il secondo. Il terzo mectemmo che avesse 6, e 6 cose vagliono $66\frac{42}{54}$ meno radice de $14\frac{2412}{2916}$; tractone de $33\frac{63}{162}$ meno radice de radice de $3\frac{2061}{2916}$, resta al terzo $66\frac{2}{9}$; e radice de $33\frac{63}{162}$ meno radice de radice $3\frac{2061}{2916}$ gionta con radice de $14\frac{2412}{2916}$, cioè, il terzo ebe $66\frac{7}{9}$; e radice de $33\frac{63}{162}$, meno radice de $3\frac{2061}{2916}$, gionta con radice de $14\frac{2412}{2916}$.

Doi homini anno denari, e ciò che anno tramendui è numero quadrato, e multiplicati i denari del primo per loro medessimi, e posto sopra ciò che anno tucti dui è numero quadrato; e multiplicati quelli del secondo per loro medessimi, e posti sopra tucta la somma è numero quadrato. Domando quello che avevano per uno.

Ponamo che il primo numero sia 4 cose, ch'è in sè quadrato; 4 via 4 fa 16 quadrati censi, che è quadrato; trova uno numero che multiplicato per sè medessimo, e posto sopra 16 quadrati, faccia numero quadrato e 3, perchè 3 via 3 fa 9 quadrati censi, che posto sopra 16 quadrati fa 25 quadrati, ch'è quadrato, e 5 è la sua radice; e perchè ponemmo uno 3 e l'altro 4, se de pigliare $\frac{3}{4}$ de 5 ch'è radice de 25, che sono 3 $\frac{3}{4}$. Hora che parte è 3 di 3 $\frac{3}{4}$ e $\frac{4}{5}$ mo dei pigliare $\frac{4}{5}$ di 3, che sono 2 $\frac{2}{5}$; di' mo così: il primo ponemmo 2 $\frac{2}{5}$, il secondo 3 cose; hora multiplica 2 $\frac{2}{5}$ in sè fa 5 quadrati censi $\frac{19}{25}$ di censo; cavalo de 16 quadrati censi, che tu ai di sopra, resta 10 quadrati censi e $\frac{6}{25}$ di censo, sì che sono quadrati, e gionti insieme sono quadrati. Noi ponemmo il primo 2 $\frac{2}{5}$ e l'altro 3; giogni insiemi fa 5 cose $\frac{2}{5}$; parti per li censi, che sono 10 quadrati $\frac{6}{25}$, ne vene $\frac{136}{256}$; tanto vale la cosa; e noi ponemmo il primo 2 $\frac{2}{5}$ che vagliono 1 $\frac{68}{256}$: tanto ebbe il primo. Il secondo ponemmo 3, che vagliano 1 $\frac{149}{256}$, e tanto ebbe il secondo.

Per altra via tu ai 16 quadrati censi e ai 3 e 4 cose; tra' 3 de 4 resta 1, la quale multiplicata in sè fa 1 quadrato; trallo de 16 quadrati resta 15 quadrati censi equali a 4 cose; parti per li censi sirà $\frac{4}{15}$: tanto vale la cosa che fu del primo. Il secondo a 3 che sono $\frac{12}{15}$, che se ci poni su 4 fa 16, ch'è numero quadrato, e se multiplichi 4 in sè fa $\frac{16}{225}$; giogni con $\frac{16}{15}$ fa $\frac{256}{225}$, ch' è quadrato; e se multiplichi $\frac{12}{15}$ in sè fa $\frac{144}{225}$; pollo sopra a $\frac{256}{225}$ fa $\frac{400}{225}$ ch' è quadrato.

Doi homeni anno denari, e tal parte è quelli del primo a quelli del secondo commo è 1 di 3; e multiplicati quelli del primo in sè e posti sopra a quello ch' anno tucti doi è quadrato; e multiplicati quelli del secondo in sè e posti sopra tucta la somma è numero quadrato. Domando quello ch' a ciascuno.

Poni quello numero 16 quadrati censi; hora trova uno numero che multiplicato in sè e posto sopra 16 sia quadrato, e 3; che 3 via 3 fa 9 quadrati; pollo sopra 16 quadrati fa 25 quadrati, ch' è quadrato. Il primo metemo 1; il secondo 3: hora di' 1 via 1 fa 1 quadrato censo; trallo de 16 quadrati, resta 15 quadrati; giogni 1 e 3 fa 4, que sono equali ad 15 quadrati; parti le cose, che sono 4, per 15 quadrati, ne vene $\frac{4}{15}$: tanto vale la cosa.

Fame do 10 do parti, che multiplicata la magiore per la minore, e partita per la deferentia che dà l'una a l'altra, ne venga radice de 18.

Mecti una parte 1 cosa, l'altra 10 meno 1 cosa, multiplica 1 cosa via 10 meno 1 cosa fa 10 cose meno 1 quadrato censo; e questo partiper la deferenza che dà 1 a 10 meno 1, ch' è 10 meno 2 cose, ne dei venire radice de 18; tu dei recare 10 meno 2 cose a radice, fa 100 meno 20 cose, più 4 quadrati censi; multiplica 18 via 100 meno 20 più 1 quadrato, fa 1800 meno 720 più 72 quadrati censi; la radice de questo è equale a 10 meno 1 quadrato censo; recale a radice fa 100 quadrati censi meno 20 cubi, più 1 censo di censo, che sono equale ad 1800 numero meno 720 cose più 72 quadrati censi; resterà le parti; toli da onni parte 72 quadrati, e da' 20 cubi, arai 1 censo di censo e 28 quadrati censi e 720 cose, equale a 20 cubi e 1800 numero; reduci 1 censo di censo, è quello medessimo; hora parti li cubi per 4, ne vene 5; multiplica in sè fa 25; parti le cose per 2, ne vene 360; partile per quello che erano prima i cubi, che erano 20, ne vene 18; pollo sopra 25 fa 43; e la radice de 43 più 5 che venne de' cubi partiti in 4 è meno la radice de quello che venne de le cose partite in 2, e poi partite per li cubi che fu 18, tanto vale la cosa; e noi dicemmo che una parte fu 1 adunqua fu radice de 43 più 5 meno radice de 18; e l'altra è 5 e radice de 18 meno radice de 43.

Uno presta ad un altro 20 £, non so a che ragione la £ il mese; in capo de l'anno gli dà 10 lire, e a quella medessima ragione in capo de doi anni li rende tra merito e capitale 60 £. Domando, a che ragione fu prestata la £ il mese?

Di' che la £ fosse posta il mese a 1, vene l'anno 12, ch'è $\frac{1}{20}$ de £; 20 £ sono l'anno 1; e li rende 10 £; resta 20 £ e 1 meno 10 £. Il secondo anno sono 20 £ e 2 meno 10 £ e $\frac{1}{2}$ cosa meno più $\frac{1}{20}$ de quadrato de censo, e tu voi 60; restora le parti arai 30 lire e $1\frac{1}{2} 1\frac{1}{20}$ de quadrato di censo; reduci ad 1 quadrato arai 1 quadrato 30 cose, equale a 1000 numero; ismezza le cose, sirano 15; multiplicale in sè fa 225; giognile al numero fa 1225, e la radice de 1225 vale la cosa meno 15 per numero; e noi dicemmo che la

£ fu posta ad 1 ; adunqua fu posta il mese la £ a
radice de 1225 meno 15 per numero.

Uno presta ad un altro denari non so quanti, a
ragione de 2 denari la £ il mese; e quante £ li presto
tanti anni li tenne a fare capo d'anno , e quello che
li prestò, multiplicato per sè medessimo fa 1 denari
che li rende. Domando quello che li prestò.

Dì che li prestasse 1 cosa, e 1 di tempo li tenne ;
che vale la lira a 2 denari il mese; vale l'anno 2 sol-
di, ch' è $\frac{1}{10}$ de lira ; piglia $\frac{1}{10}$ de cosa, e $\frac{1}{10}$ de cosa
fa $\frac{1}{10}$ di quadrato censo ; tu ai 1 $\frac{1}{10}$ di quadrato de censo, e tu voi 1 quadrato, perchè e' li presta 1 e dici
che li rende multiplicata in sè che fa 1 quadrato;
adunqua un quadrato è equale ad 1 $\frac{1}{10}$ de quadrato di
censo ; restora le parti; to' via da onni parte $\frac{1}{10}$ de quadrato di censo, resta 1 cosa, equale a $\frac{9}{10}$ de quadrato
de censo ; parti le cose per li censi, ne vene 1 $\frac{1}{9}$; tanto
vale la cosa; e no' metemmo che li prestò 1, e 1 tempo
li tenne : dunqua li presto 1 $\frac{1}{9}$, e 1 anno e $\frac{1}{9}$ li tenne.

Uno presta ad un altro denari non so quanti a ragione de 2 denari la lira il mese, e tanto lire quante li
prestò tanti anni li tenne a fare capo d'anno ; in capo
del termine li rende i suoi denari multiplicati per sè
medessimi. Domando, quante lire li prestò e il tempo
che li tenne.

Poni che li prestasse 1 lira e 1 de lira, e 1 lira e 1
cosa de tempo li tenne ; a 2 denari il mese varà l'anno
2 soldi , ch' è $\frac{1}{10}$ de lira ; piglia $\frac{1}{10}$ de lira e 1, che $\frac{1}{10}$
de lira è $\frac{1}{10}$ de cosa ; e ai 1 lira e $\frac{1}{10}$ e $\frac{1}{10}$ de cosa : hora
vale la cosa l'anno 2 ; piglia el decimo de 1 lira $\frac{1}{10}$, e
ancora de 1 $\frac{1}{10}$, sirà $\frac{11}{100}$ de cosa ; tu ai 1 $\frac{21}{100}$, e il de-

cimo de $1\frac{1}{10}$ si è $\frac{11}{100}$ di quadrato di censo; e ai 1 lira
$\frac{1}{10}$ e $1\frac{21}{100}$ e $\frac{11}{100}$ di quadrato di censo, equale ad 1 lira
e 1; multiplica in sè, fa 1 lira 2 cose e 1 quadrato cen-
so; restora le parti; to' via da onni parte 1 lira, e da
onni parte $1\frac{21}{100}$ de cosa; restora $\frac{1}{10}$ de lira equale ad
$\frac{89}{100}$ de quadrato e $\frac{79?}{100}$ di cosa; reduci ad 1 quadrato
arai 1 quadrato e $\frac{79}{89}$ de cosa, equale ad $\frac{10}{89}$ de lira; demezza le cose sirano $\frac{79}{178}$; multiplica in sè fa $\frac{6241}{31684}$;
giognilo collo numero, fa $\frac{9801}{31684}$; la sua radice vale la
cosa meno il dimezzamento de le cose, che fu $\frac{79}{178}$ per
numero; e noi dicemmo che li prestò 1 lira e 1 : adun-
qua li prestò 1 lira e radice de $\frac{9801}{31684}$ meno $\frac{79}{178}$ per numero, e tanto tempo li tenne : 1 anno è radice de
$\frac{9801}{31684}$ meno $\frac{79}{178}$.

Uno presta ad un altro $100,000$ £ per 5 anni a fare
capo d'anno; in capo de' 5 anni quello gli rende tra
merito e capitale $161,051$. Domando, a che ragione
fu prestata la lira il mese ?

Mecti che la lira fusse prestata il mese ad 1 cosa de
lira, che vene l'anno 12 de lira; per le 12 piglia $\frac{1}{20}$ de
lira, che è $\frac{1}{20}$ de cosa : adunqua 100000 lire sirano
$\frac{100000}{20}$ de cosa che sono 5000; e ai il primo anno 5000;
per lo secondo 100000 dà pure 5000; gionte insieme
fa 10000 cose; e 5000 cose te dà il secondo anno 250
quadrati censi, ch'è il vintesimo de 5000; e ai il
secondo anno 100000 e 10000 cose e 250 quadrati
censi; il terzo anno 100000 lire te dà pure 5000; e
$10,000$ te dà 500 quadrati censi; e 250 quadrati censi
te dà 12 censi $\frac{1}{2}$ cubi; agiogni insiemi arai il terzo anno
100000 lire e 15000 cose, e 750 quadrati censi e 12
censi $\frac{1}{2}$ cubi; per lo quarto anno 100000 lire te dà

pure 5ooo, e 15ooo te dà 75o quadrati censi, e 7 5o
quadrati te dà 37 censi $\frac{1}{2}$ cubi ; e 12 censi $\frac{1}{2}$ cubi te dà
$\frac{25}{40}$ di quadrato di censo di censo : arai, giognendo
insieme, il quarto anno 100000 lire e 20000 cose
e 15oo quadrati censi, e 5o censi cubi e $\frac{5}{8}$ di censo di
censo : hora per lo quinto anno 100000 lire te dà
5,ooo, e 20000 cose te dà 1000 quadrati censi, e
1,5oo quadrati te dà 75 censi cubi , e 5o censi cubi te
dà 2 quadrati $\frac{1}{2}$ censi di censi , e $\frac{5}{8}$ di censo di censo te
dà $\frac{25}{800}$ di censo di cubi; e ai il quinto anno, gionto
onni cosa iusieme , 100000 lire e 25000 cose 2500
quadrati censi e 125 censi cubi e 3 quadrati $\frac{1}{8}$ censi di
censo e $\frac{5}{160}$ di censo di cubo, che sono equale ad
161051 lire : restora le parti, leva da onni parte
100000 lire, restarà 61051 lire equale a 25000 cose
e a 2500 quadrati e 125 censi cubi e 3 quadrati $\frac{1}{8}$ censo
di censo , e $\frac{5}{160}$ di censo di cubo; reduci ad 1 censo
di cubo, arai 1 censo di cubo e 100 quadrati censo di
censo e 4,ooo censi cubi e 80ooo quadrati censi e
8oo,ooo cose, equale ad 1953632 numero. E la regola dici che se parta i censi, che sono 80,ooo quadrati,
per li censi di censi, e quello che ne veneno multiplicare per li cubi, e partendo i censi per li censi di
censi, ne vene 8oo; multiplica con li cubi, cioè 8oo
via 4ooo fa 3200000; giogni collo numero fa
5153632 : hora se vole partire le cose, che sono
8ooooo, per li censi, e quello che ne vene se vole ser-
bare. Adunqua partendo le cose, che sono 8ooooo ,
per li censi di censi, che sono 100, ne vene 8000 :
adunqua diremo che la lira fu prestata il mese a radice
relata de 5153632 meno radice cuba de 8ooo che è

20 ; e radice relata de 5153632 è 22 ; tranne 20, resta 2, e a 2 denari la lira fu prestata il mese.

Famme de 10 2 parti, che multiplicata la magiore per la minore, e partita per la deferentia, ch'è da una parte a l'altra, ne venga radice de 18.

Poni che una parte sia 1 cosa, e l'altra 10 meno una cosa; multiplica 1 via 10 meno una cosa, fa 10 cose meno 1 quadrato censo, il quale parti per la deferentia ch'è da 1 cosa a 10 meno 1, che è 10 meno 2 cose; reca 10 meno 2 cose a radice fa 100 meno 40 cose più 40 quadrati censi; multiplica con 18 fa 1800 meno 720 cose più 72 quadrati censi, la radice de questo è equale a 10 e meno 1 quadrato; recalo a radice fa 100 quadrati censi meno 20 cubi più 1 quadrato censo di censo; tu ai 100 quadrati e 1 quadrato censo di censo meno 20 cubi equale ad 72 quadrati censi e 1800 numero meno 720 cose; restora le parti, arai che 28 quadrati censi e 720 cose e 1 censo di censo sono equali ad 1800 e 20 cubi; fa' commo dici l'algebra, parti per li censi di censi, ne vene quello medessimo : hora parti li cubi in 4, ne vene 5; multiplica per sè medessimo fa 25; hora parti le cose in 2 ne vene 360; poi le parti per quello che erano prima li cubi, ch'erano 20, ne vene 18; poni sopra 25, fa 43; e la radice de 43, più quello che venne partiti i cubi in 4, che fu 5 e meno la radice di quello che venne : partite le cose do e poi partite in quello che erano prima li cubi, che ne venne 18, tanto vale la cosa; e tu t'aponesti che una parte fusse 1 cosa, adunqua fu radice de 43 più 5 e meno la radice de 18; e l'altra parte fu il remanente perfine a 10 ch'è 5 e radice de 18 meno

radice de 43; se voi sapere l'altro eguagliamente parti
i censi, che sono 28, in 4 ne vene 7; multiplicato in
sè fa 49; pollo sopra al numero, che farà 1849, e la
sua radice è 43 più il partimento de' cubi in 4, ch'è 5,
e meno la radice de quello che venne partite le cose
in 2; e poi ne' cubi, che ne venne 18, ai una parte
radice 43 più 5 meno radice de 18, l'altra 5 e radice 18
meno radice de 43.

Egli è uno triangulo che è quadrato 100 bracci, e i
lati suoi sono in proportione sexquintertia. Domando
la quantità de' suoi lati.

Trova uno triangulo, che i suoi lati sieno in proportione sexquialtera, il quale sia A B C, e sia A B 9 e
A C 12, e B C 16, che sono in proportione sexquialtera; hora lo quadra, e per quadrarlo trova
il catecto cadente sopra B C, che sirà radice de
$44 \frac{637}{1024}$, il quale multiplica con la metà de B C, ch'è
8; reco 8 a radice fa radice de 64, multiplica 64 via
$44 \frac{639}{1024}$ fa radice de $2855 \frac{15}{16}$: hora reca 100 a radice
fa 10000; e reca a radice uno lato del triangulo A B C,
cioè A B a radice de radice, ch'è 9 farà 6561.
Adunqua tu ai che radice de $2855 \frac{15}{16}$ te dà radice de
radice 6561: che te darà radice de 10000? Multiplica
6561 via 10,000 fa 6,5610,000, il quale parti per
$2855 \frac{15}{16}$ ne vene $22973 \frac{8765}{45695}$; e la radice de 22973
$\frac{8765}{45495}$ è A B. Hora per la basa B C, ch'è 16, reca a radice de radice fa 65536, il quale multiplica con 10000 fa
655,360,000, il quale parti per $2855 \frac{15}{16}$ ne vene radice
de radice de 229538 e $\frac{4218}{9139}$: tanto è B C. Hora per
A C, ch'è 12, reca 12 a radice de radice, fa 20736;
multiplica con 10000, fa 207,360,000, il quale parti

per 2855 $\frac{15}{16}$ ne vene radice de radice de 72606 $\frac{5766}{9139}$; tanto è A C.

Posse fare par l'algebra, cioè, mecti un lato 9, l'altro 12, e l'altro 16; trovamo il catecto, che trovarai ch'egli è 44 censi e $\frac{639}{1024}$ de censo : tanto è il catecto, cioè, radice de 44 quadrati $\frac{639}{1024}$; il quale multiplica con la metà de la base ch'è 8 cose; reca a radice fa 64 quadrati censi; e 64 quadrati via 44 quadrati censi $\frac{639}{1024}$ fa 2855 censi de censi $\frac{15}{16}$ de censi, che sono equali ad 100 numero; reca a radice, fa 10000; reduci a 16, le parti, arai 160000 numero equale ad 45695 censi de censi; parti il numero per li censi di censi, ne vene 3 $\frac{22915}{45695}$, e la radice de la radice vale la cosa; e noi dicemmo che A B era 9 cose; reca a radice de radice fa 6561; multiplica con 3 $\frac{22915}{45695}$ fa 22773 $\frac{8765}{45695}$; e la radice de la radice de 22973 $\frac{8765}{45695}$ è A B; e A C mectemmo 12; reca a radice de radice, fa 20736, il quale multiplica per 3 $\frac{22915}{45695}$ fa 72606 e $\frac{5766}{9\equiv39}$; e la radice de la radice de 72606 $\frac{5766}{9139}$ è A C; e B C metemmo 16; reca a radice de radice fa 65536, e questo multiplica per 3 $\frac{22915}{45695}$ fa 229538 $\frac{4218}{9139}$, e la radice de la radice de 229538 $\frac{4218}{9139}$ è B C, ch'è il proposto.

Egli è uno triangulo che la basa sua è 12, e il catecto è 10, gli altri due lati gionti insieme sono 24. Domando de ciascuno.

Tu ai il triangulo A B C, che la basa B C è 12, e il catecto A F è 10, e A B e A C insiemi sono 24. Hora di' che A B sia 24 meno 1 cosa, e A C 1 cosa; multiplica 24 meno 1 cosa via 24 meno 1 cosa fa 576 meno 48 cose più 1 quadrato censo; multiplica 1 cosa via 1 cosa fa 1 quadrato censo; cavane la posanza de la

basa, ch'è 144, resta 432 e 1 quadrato censo meno
48 cose; le quali cava de la posanza de A C, ch'è 1
quadrato censo, resta 48 cose meno 432 numero, e
questo parti per 24, ne vene 2 cose meno 18 numero;
il quale multiplica in sè fa 4 quadrati censi e 324 numero meno 72 cose, che sono equali a 72; giogni la
posanza del cateto, ch'è 100, fa 424; reduci ad 1
quadrato censo, sirà 1 quadrato censo e 141 $\frac{1}{3}$, equale
ad 24 cose; demezza le cose, sirano 12; multiplica in
sè fa 144; tranne il numero, ch'è 141 $\frac{1}{3}$, resta 2 $\frac{2}{3}$; e
la radice de 2 $\frac{2}{3}$ più del dimezzamento de li cose, che
fu 12, vale la cosa : e noi mectemmo A C 1 cosa,
dunqua fu 12 più radice de 2 $\frac{2}{3}$; e A B fu 12 meno
radice de 2 $\frac{2}{3}$, ch'è il proposto.

Qui (1) appresso saranno scripti certi capitoli la
dequazione dequali sono regolati solamente alle loro
ragioni: e di quelle proprietà delle quali elle sono or-
dinate benchè per alcuni accidenti elle possano le
ditte regole occorrere in alcune ragioni. Et impero noi
laniamo misse da parte dalli capitoli ditti dinanzi li
quali sono regolati perfettamente alle suoe dequazioni
dogni ragione per le dette dequazioni potessivo venire.

Quando (2) le c. elli c, elli cubi sono eguali al nu-

(1) Ce second extrait est tiré d'un manuscrit dont j'ai déjà parlé dans
le second volume, à la page 519.

(2) Dans le langage de l'auteur, c veut dire *Cosa* ou *Cose* ; c, *Censi* ;
R, *Radice* ; L. *Lira* ou *Lire*.

mero tu dei partire tutta la dequazione per la quantita de cubi : e poi partire le c, e quello che ne viene riduce a R. cuba : e quella multiplicatione giunge sopra al numero, ella R. cuba di quella somma meno lo partimente tivenne partendo le c. per li c, e tanto vale la c.

Uno presto ad un altro lire 100. ed in capo di 3 anni elli riceve lire 270. tra capitale e merito a fare capo d'anno : Adimando a quanto fu prestata la lira lo mese; farai così : Pone che la lira sia prestata lo mese a 1^a c. di d. che viene l'anno 12. c. di d. e per le 12 c. di d. piglia $\frac{1}{20}$ di d. perchè 12 d. sono $\frac{1}{20}$ di £ dunqua fu prestata la lira al mese a $\frac{1}{20}$ di c. di lira elle lire 100. verrebbero l'anno $\frac{100}{20}$ di c. di lira che sono 5. c. di lira. Adunque le lire 100 saranno lo 1° anno lire 100. e 5 c. di lira e per lo second anno piglia anchora $\frac{1}{20}$ di lire 100. e 5 c. di £ chenneviene. 5 c. e $\frac{5}{20}$ di c, che e $\frac{1}{4}$ di $c_,$. Adunque per 2. anni tu avrai lire 100 e 10. c. e $\frac{1}{4}$ di c, o vuoi fare per la regola del 3. dicendo se 100 viene 100. et 5 c. lo 1° anno adimando 100 e 5 c. quanto verrà lo 2° anno, che ne viene 100 numeri e 10 c, e $\frac{1}{4}$ di $c_,$. Chonsequente piglia lo 3° anno così lo $\frac{1}{20}$ di c. di 100 numeri e 10. c. $\frac{1}{4}$ di c, e avrai 5 c. e $\frac{1}{2}$. $c_,$ e $\frac{1}{80}$ di cubo. Adunque tu avrai in nella fine del 3° anno. 100. numeri e 15. c. e $\frac{3}{4}$ di c, e $\frac{1}{80}$ di cubo : e questa quantità sarà eguale a 150 cioè a quello che gli riceve nella fine di 3. anni intral capitale elmerito : Ora procede secondo la regola data disopra consiacosachè imprima le levare la minore quantità de numeri di ciascuna delle parte. e resteratti 15 c. $\frac{3}{4}$ de c, e $\frac{1}{80}$ di cubo eguale a 50.

Ora parte tutta la dequazione per li cubi cioè per $\frac{1}{80}$ chenneviene 4000 num. eguale a 1200 c, 60 c. e 1° cubo. Ora parte le c. cioè 1200 per li cioè per 60 chenneviene 20. e questo 20 reducelo a R. cuba e avrai 8000 giungelo sopral numero cioè sopra a 4000 e avrai 12000 ella R. cuba di 12000 meno lo partimento chetivenne partendo le c. per li c, cioè meno 20. e tanto vale la c. eatanti d. fu prestata la lira al mese.

Quando le c. elli c, elli cubi elli c, di c, sono eguali al numero tu dei partire tutta la dequazione perli c. di c, e poi partire le c. per li cubi : et quello chenneviene partito per li cubi riduce a R. e quella multipli catione giunge sopra alnumero, ella R. della R. di quella somma meno la R. del partimento chetti venne partendo le c. per li cubi. e tanto viene a valere. la c.

Uno presta annaltro lire 100 ed in capo di 4. anni costui ricevette tra capitale e merito lire 160 a fare chapo d'anno. Adimando a che ragione fu prestata la lira lo mese. Farai cosi : pone chella lira sia prestata il mese 1^a. j. c. di d. che viene lanno a 12 c. di d. e perle 12. c. di d. piglia $\frac{1}{20}$ di c. perche 12. $\frac{1}{20}$ di lira. Adunque la lira e prestata l'anno a $\frac{1}{20}$ di c. di £ elle 100. £ sono prestate l'anno a $\frac{100}{20}$ di c. di £ chemene 5. c. di £. Adunqua £ 100 in capo d'uno anno saranno £ 100 e 5. c. di £ e pe lo secondo anno piglia $\frac{1}{20}$ di £ 100 et 5 c. chenneviene 5. c. e $\frac{1}{20}$ di c, che e $\frac{1}{4}$ di c,. Adunqua per 2 anni tu avrai £ 100 e 10 c. e $\frac{1}{4}$ di c, di £. Ovuoi fare per la regola del 3. dicendo se 100 £ lo 1°. anno faranno 100. e 5. c. quanto sarà lo secondo anno cheveniene 100. num 10. c. e $\frac{1}{4}$ di c' e avrai 5. c. $\frac{1}{4}$ c' e $\frac{1}{80}$

di cubo e cosi arai che alla fine del 3°. anno tiverrà. 100. per numero piu 15. c. $\frac{3}{4}$ di c, e $\frac{1}{100}$ di cubo. Ora piglia per lo 4°. anno $\frac{1}{20}$ di c. di tutta quella somma cioè. 100. per nûo 15. c. $\frac{3}{4}$ di c, e $\frac{1}{80}$ di cubo : e avrai 5. c. $\frac{3}{4}$ di num. $\frac{3}{80}$ di cubo e $\frac{1}{1600}$ di c, di c,. O vuoi tu intendere per la regola del 3. come e dito sopra everratti quello medesimo la quale quantità sarà eguale a 160 £ cioè aquello chelprestatore riceve in nella fine del 4°. anno intra capitale e merito. Ora procede secondo la regola data disopra che tu parti tutta le dequazione per li c' di c' cioè per $\frac{1}{1600}$ chenneviene traendo la minore quantità del num. di ciascuna parte 96000 num. eguale a 32000 c. e 2400 c, e 80 cubi e 1°. c, di c,. Ora parte le c. cioè 32000 per li cubi cioè per 80 chenneviene 400 lo quale 400 riduce a R. e avrai 160000 e questa multiplicatione cioè 160000 giungila sopra al num. chettivenne in nella dequazione cioè sopra a 96000. e avrai 256000 ella R. della R. di 256000 meno la R. del partimento chetivenne partendo le c. per li cubi cioè meno R. di 400. e tanto vale la c. ea tanti fu prestata la lira lodmese ede fatta :

Quando le c. elli c' di c, sono equali al num e a cubi tu dei partire tutta la dequazione per li c, di c, e poi partire li ci. per 4 equello chenneviene multiplicare inse medesimo e quella multiplicatione guinge sopra al num. ella R. della R. di quella somma giungi al partimento chetivenne partendo li cubi ancora per 4. e di questa somma trai la R. delpartimento chetivenne partendo le c. per lo doppio de cubi etanta varra la c.

Fammi di. 10 tale 2 parte che multiplicata luna per-

laltra e quella multiplicatione partita per la differenza
che e dell' una parte all'altra, quello chenneviene delpartimento sia R. di 18. Adimando quanto sarà ciscu-
na parte farai così : pone chelluna parte sia 1ª. c. ellaltra parte viene a essere 10 meno 1. c. Ora multiplica luna parte per l'altra cioè 1ª. c. via 10. meno
1ª. c. che fa 10. c. meno. 1°. c, e serba da parte poi
piglia la differenza che è dell'una parte all' altra cioè
da 1ª. c. infino a 10. meno 1ª. c. la qual differenza
mene a essere 2 c. meno 10 e parte lamultiplicatione
che tu serbasti. cioè 10 c. meno 1°. c, per 2 c. meno
10, edenne venire R. di 18. Adunqua multiplica a lo
partitore cioè 2. c. men. 10. va R. di 18. el suo mul-
tiplicamento sarà equale alla multiplicatione delle
parte luna perlaltra cioè a 10 c. meno 1°. c,. Adunqua
multiplicando R. di 10. per 2. c. meno 10. tu dei recare 2. c. meno 10. a R. e avrai R. di 100 numeri e 4.
c, meno 40 c. equale multiplica per R. di 10 che fa R.
di 1800 numeri e 72. c, meno 720 c. la quale somma
c, equale a 10. c. meno 1°. c,. Ora arecha queste 10.
c. meno 1°. c, a R. e avrai R. di 1°. c, di c, e 100 c, meno
20 cubi e sarà R. d'una delle parte equale a R. dell'
altra : la quale de quazione schizzando per R. sarà
ono cosi equale come se da alcuna parte non fosse no-
minato R. Adunqua aremo che 1°. c' di c, meno 20 cubi
sono equali a 1800 num. e 72 c, meno 720 c. Ora da-
rai quello che manca alla parte aciascuna parte e trai
la minore quantita de c, di ciascuna parte in questo
modo da 20 cubi e 720. c. a ciascuna parte : e trai 72.
c, di ciascuna parte : e arai che dall'una parte sarà
1° c, di c, e 28 c, e 720 c. eguale a 1800 num. e 20 cubi.

Ora procede secondo la regola data disopra che tu parti
tutta la dequazione per li c, di c, cioè per 1°. chenneviene quello medesimo. Poi parte li c, cioè 28. in
4 chenneviene 7, lo quale 7. multiplica in se medesimo che fa 49 loquale 49 giungilo sopra al numero
cioè sopra a 1800, e avrai 1849 ella R. della R. di 1849
la quale e R. di 43 giunge sopra al partimento chettivenne partendo li cubi cioè 20 per 4 chenneviene, 5
et avrai 5 e R. di 43. tranne la R. del partimento che
ti venne partendo le c. cioè 720 per lo doppio de cubi
cioè per 40 chenneviene 18. e R. di 18; trai di 5 piue
R. di 43 che resta 5 e R. di 43 meno R. di 18. e tanto
vale la c. e tu ponesti 1ª. delle parte fusse 1ª. c. Adunqua fu l'una parte 5. giunto con R. di 43. meno R. di
10 ellaltra parte sarà lo resto infine a 10 cioè 5. e R. di
18. meno R. di 43. ella differentia viene daessere
quello chelluna parte e più chellaltra, cioè R. di 172.
meno R. di 72. e defatta :

E nota che in questa ragione e in ciascuna altra
chella c. venisse la maggiore parte del numero del
quale tu partisti in 2 parte volendo pigliare la differenza che e delluna parte allaltra facendo luna delle parte
essere 1ª. c. e ti converrà pigliare la differenza come
tu ai tolto in questa ragione conciossiacosache' in alchune altre ragioni mettendo 1ª delle parte essere 1ª c.
venendo la c. essere meno chella metà del numoro del
quale tu volesti fare 2. parte ti coverrebbe pigliare la
differenza per altro modo che perlo sopraditto la quale
differenza verrebbe essere 10. meno 2. c. perchè pigliando la differenza 2. c. meno lo nûo la c. conviene
essere più chella metà del numero : E pigliando per la

differenza lo numero meno. 2. c. la c. conviene essere
meno chella metà del numero : e altramenti non si
potrebbe trarre lo numoro di 2. volte la c. ne eziando
2. volte la c. del numero essendo differenza infralle
parte come e ditto disopra.

Anchora nota che simile ragione di questa produce
la dequazione diversa da questa, la quale dequazione
si regge secondo la dequazione sopradetta secondo
come tu vedrai per esemplo in una simile ragione di
quella la quale è dimostrata alla quale noi metteremo
capto per se, perchè la sua dequazione è variata da
questa.

Quando le c. elli c, di c, sono eguali alnuo ea c' e a
cubi, tu dei partire come è detto dinanzi la dequazione per li c, di c, e poi partire li c, per 4 c quello
chenneviene multiplicare in se medesimo e quella multiplicatione giungere sopra al numero ella R. della R.
di quella somma giungere al partimento che viene partendo li cubi in 4. e di quell' ultima somma trai la R.
del partimento che viene partendo le c. in 2. volte la
quantità de cubi e tanto vale la c.

Fammi di 10 tale 2 parte che multiplicata l'una per
l' altra e quella multiplicatione partita per la differenza
che e dall' una parte all' altra e quello che ne viene
del partimento sia R. di 20. Adimando quanto sarà
ciascuna parte farai così : pone chelluna parte sia 2ª c.
ell' altra sarà 10 meno. 1ª c. Ora multiplica ca 1ª c.
via 10. meno 1ª c. che fa 10 c. meno 1º c, le quali 10 c.
meno 1º c, parte per la differenza che è delluna parte,
all'altra cioè 2 c. meno 10. per numero. E deve venire R di 28. E però tu dei multiplicare 2. c. meno 10

23.

per R. di 20 che monta R. di 2800 num. e 112 c,
meno 1120 c. le quale sono eguale a 10 c. meno 1° c,
cioè a R. di 1° di c, e 100 c, meno 20 cubi la quale dequazione dando el mancamento a ciascuna parte et
traendo la minore quantità de c, di ciascuna parte che
viene a essere 2800, num. e 12 c, e 20 cubi equale a
1° c, di c, e 1120 c. Ora procede secondo la regola data
disopra e troverai essere la c. R. di R. di 2809 e 5 più
meno R. di 28 e tanto sarà la maggior parte ellaltra
viene a essere lo resto infino a 10. cioè 5 e R di 28 meno
R. di R. di 2809 e tanto sara la maggior parte.

NOTE XXXII.

(PAGE 156.)

On ne lira pas sans intérêt le récit que fait Tartaglia de ses malheurs. (1)

P. Ditemi un poco, ve aricordati havermi conosciuto, quando che io stantiava à Bressa. N. Mene aricordo, si, quantunque à quel tempo io fusse molto piccolo, et per tal signale, vostra signoria stantiava in quella contrata, che è fra li Carmini et santo Christofolo, over santa Chiara nuova. P. Voi diceti la verita. Ditemi anchora, come se chiama vostro padre. N. Mio padre hebbe nome Michele. Et perche la natura non gli fu manco avara in dare à sua persona grandezza conveniente, di quello, che fu la fortuna in farlo partecipe di suoi beni, fu chiamato Micheletto. P. Certamente se la natura fu alquanto avara, in dare alla persona di vostro padre grandezza conveniente, nanche con voi è stata molto liberale. N. Io me ne allegro, perche l'esser di persona cosi piccolo, mi fa testimonianza che veramente fui suo figlio. perche ancor che il non mi lasciasse al mondo, a me con un altro mio fratello, et due sorelle, quasi

---

(1) *Tartaglia*, *quesili*, f. 69-70.

salvo che l'esser per buona memoria di lui, mi basta
aver sentito a dire da molti che il conosceva et prati-
cava, che egli era huomo da bene, della qual cosa
molto più me ne contento, et allegro di quello haveria fatto se mi havesse lasciato di molta facolta con un
tristo nome. P. Che essercitio faceva vostro padre. N.
Mio padre teneva un cavallo, et con quello correva
alla posta ad istantia di cavallari da Bressa, cioè por-
tando lettere della illustrissima signoria, da Bressa,
a Bergamo, a Crema, a Verona, et altri luochi simili. P. Di che casata se chiamava. N. Per Dio, che io
non so, ne me ne aricorda de altra sua casata, ne
cognome, salvo che sempre il sentei da piccolino
chiamar semplicemente Micheletto cavallaro, petria
esser che avesse havuto qualche altra casata, over
cognome, ma non che io sappia, la causa è, che il
detto mio padre mi morse essendo io di età de anni
sei, vel circa, et così restai io, e un' altro mio fratello
(poco maggior di me) et una mia sorella (menora di
me) insieme con nostra madre vedova, et liquida di
beni della fortuna, con la quale, non poco dapoi fus-
semo dalla fortuna conquassati, che à volerlo raccon-
tar saria cosa longa, la qual cosa mi dete da pensare in
altro, che de inquerire di che casata se chiamasse
mio padre. P. Non sapendo di che casata si chiamasse vostro padre, perche ve chiamati così Nicolo
Tartaglia. N. Io ve diro, quando che li Francesi sac-
cheggiorno Bressa nelqual sacco fu preso la buona memoria del Magnifico messer Andrea Gritti (a quel
tempo Proveditore) et fu menato in Franza oltra che
ne fu sualisata la casa (anchor che poco vi fusse) ma

piu, che essendo io fuggito nel domo di Bressa insieme con mia madre, et mia sorella, et molti altri huomini, et donne della nostra contrata, credendone in tal luoco esser salsi almen della persona, ma tal pensier ne ando falito, perche in tal chiesa, alla presentia di mia madre mi fur date cinque ferite mortale, cioe tre su la testa (che in cadauna la panna del cervello si vedeva) et due su la fazza, che se la barba non me le occultasse, io pareria un mostro, e fra le quale una ve ne haveva a traversa la bocca, e denti, la qual della massella, et palato superiore me ne fece due parti, et el medesimo della inferiore : per la qual ferita, non solamente io non poteva parlare (salvo, che in gorga, come fanno le gazzole) ma nanche poteva manzare, perche io non poteva movere la bocca, nelle masselle in conto alcuno, per esser quelle (come detto) insieme con li denti tutte fracassate, talmente, che bisognava cibarme solamente con cibi liquidi, et con grande industria. Ma piu forte che à mia madre, per non haver cosi il modo da comprar li unguenti (non che da tuor medico) fu astretta a medicarme sempre di sua propria mano; et non con unguenti, ma solamente con el tenermi nettate le ferite spesso, et tolse tal essempio dalli cani, che quando quelli si trovano feriti, si sanano solamente con el tenersi netta la ferita con la lingua. Con laqual cautella, in termine di pochi mesi me redusse a bon porto, hor per tornare al nostro proposito, essendo io quasi guarrito di talle, et tai ferite, stetti un tempo, che io non poteva ben proferire parole, ma sempre balbutava nel parlare, per causa di quella ferita à traverso della bocca, et denti (non anchor ben consolidata) per il che li putti della mia eta con chi conversava, me imposero per sopra nome Tartaglia. El perche tal cognome me duro molto tempo, per buona memoria di tal mia disgratia, me apparso de volermi chiamare per Nicolo Tartaglia. P. Di che eta erate voi à quel tempo. N. de anni; 12. vel circa. P. Certamente la fu cosa molto crudele à ferire un putto di quella eta, avisandovi, che mi maravigliava di tal vostro stranio cognome, perche a me mi pareva di non haver mai alduto ne sentito a nominar una tal casata in Bressa. N. La cosa sta precisamente come ho narrato a vostra Reverentia P. Che fu vostro precettore. N. Avanti, che mio padre morisse, fui mandato alquanti mesi a scola di leggere, ma perche a quel tempo io era molto piccolo, cioe di eta di anni cinque in sei, non me aricordo el nome di tal maestro, vero è, che essendo poi di eta di anni. 14 vel circa. Andei volontariamente circa giorni 15. a scola de scrivere da uno chiamato maestro Francesco, nel qual tempo imparai a fare la A. b. c. per fiu al k. de lettera mercantesca. P. Perche cosi fina al k. et non piu oltra. N. Perche li termini del pagamento (con el detto maestro) erano di darvi el terzo avanti tratto, e un altro terzo quando che sapeva fare la detta. A. b. c. perfina al k. et el resto quando, che sapeva fare tutta la detta A. b. c. et perche al detto termine non mi trovava cosi li danari de far el debito mio (et desidoroso de imparare) cercai di havere alcuni de suoi Alphabeti compiti, et essempi de lettera scritti di sua mano, et piu non vi tornai, perchè sopra de quelli imparai da mia posta, et cosi da quel

giorno in qua, mai piu fui, ne andai da alcun' altro
precettore, ma solamente in compagnia di una figlia di
poverta chiamata industria. Sopra le opere degli huomini defonti continuamente mi son travagliato. Quantunque della eta d'anni vinti in qua sempre sia stato
da non poca cura famigliare straniamente impedito.
Et finalmente poi la crudel morte mi ha fatto restare
novamente poco men che solo. P. Non haveti fatto
poco, havendo havuto cura famigliare a frequentar el
studio.

NOTE XXXIII.

Voici la figure qui se trouve dans le *General trat-tato* (part. II, f. 71, lib. II. c. 21) pour exprimer successivement les coefficiens des diverses puissances du binôme.

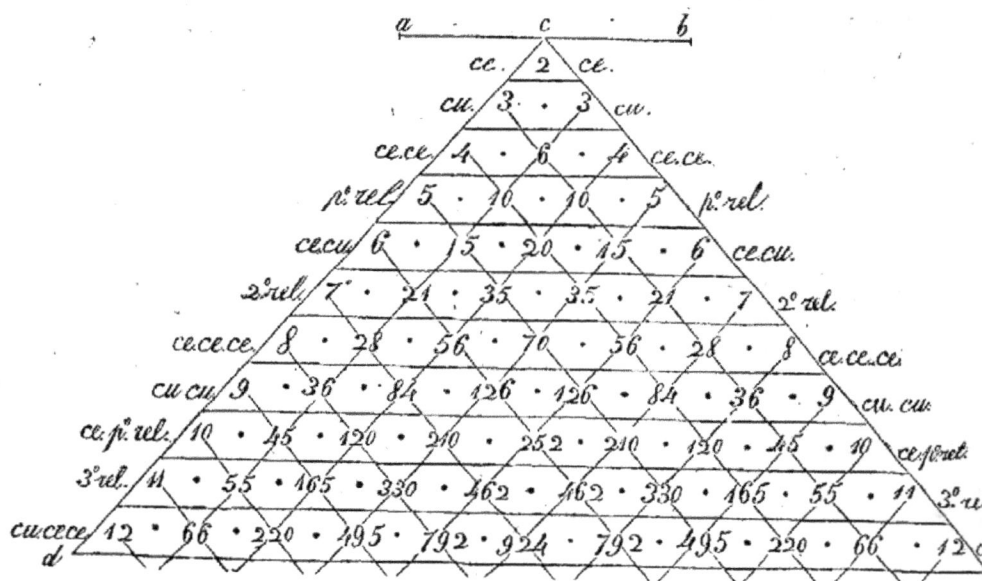

La règle que donne Tartaglia dans ce chapitre, pour former un coefficient quelconque par la somme des deux coefficiens qui lui correspondent dans la rangée supérieure, est très générale. En effet, on a toujours

$$\frac{n\,(n-1)\,(n-2)\ldots\ldots(n-m+2)}{1.\,2.\,3.\ldots\ldots(m-1)} + \frac{n\,(n-1)\ldots\ldots(n-m+1)}{1.\,2.\,3.\ldots\ldots m}$$

$$= \frac{n\,(n-1)\ldots\ldots(n-m+2)}{1.\,2.\,3.\ldots\ldots(m-1)m}\left\{m+n-m+1\right\}$$

$$= \frac{(n+1)\,n\,(n-1)\ldots\ldots(n-m+2)}{1.\,2.\,3.\ldots\ldots m}$$

NOTE XXXIV.

(PAGE 183.)

Je vais donner différens extraits de Bombelli qui renferment des faits intéressans pour l'histoire des sciences. La *Dédicace* et l'*Avertissement* nous révèlent des particularités fort curieuses de la vie de Bombelli; le chapitre où sont résolues les équations du quatrième degré nous fait connaître la méthode de l'inventeur Ferrari, que Bombelli dit reproduire dans son ouvrage.

AL. REVER.^{MO} MONS. IL SIG.

ALESSANDRO RUFINI, VESCOVO DIGNISSIMO

DI MELFI SIGNORE

E PADRON SUO SEMPRE OSSERVANDISS.

RAFAEL BOMBELLI DA BOLOGNA.

Cosi veggio hoggi dì introdutto questo uso da tutti gli scrittori de nostri tempi, di dare al mondo l'opere loro sotto el nome di qualche, ò suo amorevolissimo Padrone, overo honorato signore (acciothe con la defesa del nome suo restino da laceratori sicuri, et acquistino alquanto più di reputatione e grandezza) che, chi altrimente facesse sarebbe tenuto ò per huomo troppo ambitioso, ò totalmente contrario à gli altri giudicato : perciò volendo io di presente mandar in luce questa mia opera della parte maggiore dell' Aimetica (Algebra detta) non ha voluto restare, Reverendiss. Monseg. Signor, e Padron mio sempre osservandissimo, secondo el comun uso, di darla sotto il nome suo, non perche ella bisogno habbia di difesa, che tal 'è la natura delle discipline Matematiche, che per se sono elle probabili, ne si possono (come l'altre) diversamente intendere, da che una sola veritade hanno; anzi per la certezza de' quella attengono tra tutte l'altre discipline el primato : mà bensì perchè a me parea, che lecito fosse (si come l'opera trattava di materia perfetta, e d'eccellente) che parimente à persona di lei assai ben degna se ne dovesse far dono, e se una tale trovar ne volea, ove un' altra più di lei meritevole immaginar me ne potia? Poichè chiaramente si sà, quanta sia mai sempre stata la grandezza dell' animo suo : quale la integrita : la prudentia : e che desiderio tenghi di giovare à tutti : el che essendo stato benissimo già conosciuto dal prudentissimo, e giuditiosissimo Paulo Terzo (di felice memoria) mertò (mentre ch'ei visse) di essere tra suoi più cari, et affettionate, à lui carissimo, et affettionatissimo; da quello attenendo, e quanto volse, e seppe desiderare, nè senza causa; perche se resguardiamo alla grandezza dell' animo di V. S. Reverendiss. non si vede in lei chiaramente una viva effigie di quello virtuoso sangue de suoi antichi Romani? Et ad immitatione di quelli hà ella tante gran cose fatte, degne della grandezza Romana, e particolarmente (con l'opera mia) essicando la palude Chiana in Toscana con tante salute, e felicitade de popoli circonvicini, che ben tutti per una voce confessano questa opera esser stata gloriosa, ed immortale; e son certo, che se le forze correspondessero al generoso animo suo, che à Claudio, il quale da scrittori cotanto vien celebrato, per haver à tempi suoi essicato le Paludi Pontine, le quali pocia per la grandissime ruine d'Italia patite da Barbari, e per le mala cura havutone, sono ritornate nel primiero stato; in questo esso non punto cederebbe (ancorchè fusse sì potente Imperadore); col essicarle novamente, levando ogni difficultà de interessati (come più volte discorrendo con esso meco intorno à ciò, me ne ha fatto à pieno capace) tanta è la prudentia, e destrezza sua. Qual sia poi il desiderio di giovare al mondo, e particolarmente à virtuosi: a mille occasioni essa ne ha dato honorato saggio; e benissimo lo mostrò, quando (che à tempi di esso Paolo Terzo suo signore) essendosi per essicare le Paludi di Foligno da Messer Pier Francesco Clementi da Corinaldo mio Precettore, ne potendosi trovar modo di accommodar questo negotio, e mandare ad effetto tale impresa: essa (ancorche altra cognitione non havesse di detto mio Precettore), non dimeno per essere huomo vertuoso, e perche vedea V. S. Reverendiss. questa impresa resultare a publico beneficio, come che se suo intrinsichissimo, e famigliarissimo stato fosse, talmente lo favorè, che il negotio per opera sua hebbe il compiuto fine. Ecco dunque che per eccelentia di huomo l'opera mia mertevolmente à lei si dovea: Ne meno poi mi parea, che lecito fusse (se à vitio di animo ingratissimo non volea, che ascritto mi fusse,

non che poco amorevole, ed affettionato verso de
suoi signori e Padroni) che il frutto, il qual dalla
pianta già posta, e cresciuta nel suo terreno, e dall'
amorevolezza sua così ben coltivata, che pur gionta è
a tale, che frutto hà potuto produrre : altro che
quella havuto ne lo havesse perchè spinto io solo dalle
amorevolissime essortationi, le quali mi facea V. S.
Reverendiss. e dalla commodità, et agio, ch'ella mi
diede all' amenissima sua villa della Rufina (all' hora
che quasi era abbandonata l'impresa della essicatione
della palude chiana, per colpa di cui lo potea fare),
qui libero da ogni passione d'animo ritiratomi col nostro compatriotta Messer Francesco Maria Salando,
scrittore (com' ella sa) de nostri tempi rarissimo, e
persona giudiciosa, e con Hercole mio fratello, anco
egli di questa professione e così ben versato nelle
Matematiche, che se malvagia morte avanti tempo
nol toglieva, egli à sommo grado in quelle sarebbe
gionto, composi la presente opera; sapendo de gli
dui fini, i quali all' hora nell' animo mi proposi, che
furno: l'uno di giovar al mondo (com' è debito naturale di tutti i viventi) e l'altro di obedire a V. Seg.
Reverendiss. quale me lo commandava, almeno l'uno
conseguito ne haverei. Ecco dunque, Sig. e Padron mio
osservandissimo, che l'Algebra frutto suo, e mia fatica a lei sola si dovea, e per questi rispetti e per gli
oblighi infiniti, che tengo alla liberalità sua (e particolarmente intorno al farla stampare; la quale cosi lar-
gamente usata mi hà) cosi con ogni sincerità di animo
devotissimo hora gliela dono e presento; la quale
(come parto uscito dalla cortesia e bontà sua) sò, che

carissima le sarà, però non la pregarò ad accettarla amorevolmente, bensì la supplicarò con quel maggior affetto, che da animo di affettionatissimo servitore, uscir puote, che quella si degni conservarmi nella sua buona gratia; alla quale tutto mi dono, riverente bacciandole la mano, e pregandole da Nostro Signore Dio ogni felicitade, e contentezza. In Bologna, il di XXII, di Giugno del MDLXXII.

A GLI LETTORI.

Io sò, che il mio sarebbe un gettar il tempo, se di presente volessi forzarmi con finite parole, di far conoscere quanta infinita sia l'eccellentia delle discipline matematiche; poiche da tanti rari intelletti, e commendati autori sono elle celebrate. Però debole sarebbe il testimonio mio, ne meno parmi necessario sia, che mi forzi di far conoscere, che la parte maggiore dell'aritmetica (hoggi dal vulgo Algebra detta) tenghi ella sola tra queste il primato; perche di lei tutte l'altre bisogna, che si prevagliano, ne già potriano cosi l'arimetico, come il geometra senza quella sciogliere i problemi suoi, e provare le sue demostrationi; ne l'astrologo misuràre i cieli, e gradi, e col cosmografo, ritrovare la intersicatione de circoli, le linee rette da se senza havere a fidarsi delle tavole da gli altri fatte; le quali per esser state stampate più, e più volte, e da gente, che poca cognitione hanno di dette discipline, sono assai corrotte, e l'operante (colpa di quelle) commette infiniti errori: trovare ogni paralello, linea retta, circoli e gradi. Il musico senza questa poca, ò nulla cognitione haver puote della sua quantità discreta, e giongere al fine di trovare la sua proportione musicale. Ma che diremo dell'architettura? ella solo ci dà l'uso, et il modo (per la forza delle linee) di fondar le fortezza, le machine da guerra, e ogni misura, corpo, e proportione cosi di prospettive, come di ogni altra sua parte, ne meno gli fà conoscere gli errori che in quella occorrer possino. Lassando dunque tutte queste cose (come per se assai ben note) da parte : sol questo dirò, che ò sia per la difficultà della materia, ò per il confuso scrivere de scrittori, i quali fino ad hora ne hanno trattato, quanto piu l'algebra è perfetta tanto meno à quella veggio darsi opera, al che havendo havuto io piu volte consideratione, ne sapendomi immaginare da che ciò procedesse (benche dalla diffidenza, la quale hanno gli huomini di non poterla apprendere per la poca cognitione, che di quella si hà, et uso suo, dicessero che restavano) mà per dirla come la intendo penso più tosto, che molti si vogliono coprire con questo, e se la verità volessero dire; accusarebbono la debolezza del suo ingegno e rozzezza : perche versando tutte le matematiche intorno alle speculationi; invano si affatica, chi speculativo non è à volerle apprendere; non niego gia, che di grandissimo travaglio, et impedimento non sia à professori di quelle la confusion de scrittori, et il poco ordine, che si hà di questa disciplina : per levare finalmente ogni impedimento alli speculativi, e vaghi di questa scientia, e togliere ogni scusa à vili, et inetti : mi son posto nell'animo di volere, à perfetto ordine ridurla, e dirne quanto da gli altri è stato taciuto in questa mia presente opera, la quale, si perche questa bella scientia resti conosciuta, come per giovar à tutti mi son dato à comporre, e accioche piu facilmente lo potessi fare : ho voluto prima vedere la maggior parte de gli Autori, i quali di quella sino ad' hora ne hanno scritto, accioche in quello, ch'essi hanno mancato io potessi

supplire, che molti, e molti sono, tra quali certo Mau-
metto di Mosè Àrabo è creduto il primo, e di lui una
operetta si vede, mà di picciol valore, e da quì credo,
che venuto sia questa voce Algebra, perche gli anni à
dietro essendosi posto à scrivere Frate Luca del Borgo
San Sepolcro dell' ordine de Minori in lingua cosi la-
tina come volgare di questa scientia : disse, che questa
voce Algebra Araba erá, quale in lingua nostra positione dir vuole, e che da Arabi la scientia è venuta;
il che parimente poi hanno creduto, e detto quanti
doppo lui hanno scritto ma questi anni passati, essendosi ritrovato una opera greca di questa disciplina
nella libreria di Nostro Signore in Vaticano, compos-
ta da un certo Diofante Alessandrino autor greco, il
quale fù à tempo di Antonin Pio, et havendomela
fatta vedere Messer Antonio Maria Pazzi Reggiano
publico lettore delle matematiche in Roma, e giudi-
catalo con lui Autore assai intelligente de numeri (ancorche non tratti de numeri irrationali, ma solo in
lui si vede un perfetto ordine di operare) egli, et io,
per arrichire il mondo di cosi fatta opera, ci dessimo à
tradurlo, e cinque libri (delli sette, che sono) tradutti
ne habbiamo; lo restante non havendo potuto finire
per gli travagli avenuti all' uno e all' altro; e in detta
opera habbiamo ritrovato, ch' egli assai volte cita gli
autori indiani, col che mi hà fatto conoscere, che
questa disciplina appo gl'Indiani prima fù, che à gli
Arabi, scrisse poi doppo questo (ma ci fù grande in-
tervallo di tempo) Leonardo Pisano in idioma latino,
ne doppo lui alcuno ci è stato, che cosa buona habbia
detto sino à Frate Luca suddetto, il quale in vero (se

ben fù scrittore trascurato, e perciò commisse qualche errore) non dimeno egli il primo fù che luce
diede a questa scientia, ancorche alcuni siano, che se
ne facciano cavaglieri, e à se attribuiscano tutto l'honore, malvagiamente accusando i pochi errori, del
Frate, e tacendo l'opere sue buone : Hanno poi, e
Barbari, e Italiani, à nostri tempi scritto, come furno
Oroncio, Scribelio, et il Boglione Francesi, Giovan
Stifelio Todesco, e un certo Spagnuolo, el quale nell'
idioma suo assai ne scrisse, ma in vero alcuno non è
stato che nel secreto della cosa sia penetrato, oltre
che il Cardano Melanese nella sua arte magna, ove
di questa scientia assai disse, ma nel dire fù oscura,
ne trattò parimenti in certi suoi cartelli, i quali con
Lodovico Ferrarij nostro Bolognese scrisse contro à
Nicolo Tartaglia Bresciano, ne i quali bellissimi, et
ingegnosi problemi si veggiono di questa scientia, ma
con tanta poca modestia del Tartaglia (come quello il
quale di sua natura era così assue fatto à dir male,
che all' hora egli pensava di haver dato honorato
saggio di se, quando che di alcuno havesse sparlato),
che offese quasi tutti i nobili intelletti, veggiendo
com' egli, e del Cardano, e del Ferrario strupendi
ingegni à questi nostri tempi piu tosto divini, che
humani, altri ancora sono, che scritto ne hanno,
i quali se tutti volessi nominare assai haverei che
farè; ma perche di poco giovamento sono stato cle
opere loro, taceroli, e solo (come prima), dico;
che havendo visto dunque quanto da detti Autori n'è
stato trattato. Hò poi anco io con ordine continuato
ridutto insieme la presente opera à beneficio com-

24.

mune, dividendola in tre libri : nel primo inseren-
dovi tutta la pratica del decimo di Euclide, l'operar
delle Radici cube com' esso decimo opera nelle qua-
drate, il che serve ove intravenghino cubi over corpi.
Nel secondo ho trattato di tutti gli Algorismi dell'
Algebra, dove intravenghino le quantitadi incognite
con l'ordine delle loro agguagliationi, e dimostrationi
geometriche. Nel terzo poi hò posto (come per pruova
della scientia) circa trecento Problemi, accioche veg-
gia lo studioso di questa disciplina (leggendo quelli)
quanto soave sia il frutto della scientia. Accetti dunque il lettore con animo libero da ogni passione l'o-
pera mia, e cerchi farsene intendente, che vedrà di
quanto giovamento gli sarà, avisandolo però, chè se
egli capace non sarà della parte minore della Arimetica, non si ponghi à questa impresa di volere apprendere l'Algebra, perche getterebbe il tempo; ne ancor
mi tassi se qualche errore, ò scorrettione ritrovasse
nell' opera, che non è proceduto da me, mà dallo
stampatore, ancor che si sia usata, e fatta usare quella
diligentia, che si è potuta ma in impossibil 'è che
non ne avenghino in simil opere, e parimente se nella
tessitura delle parole vedesse alcune sconvenevolezza,
ò poco leggiadro stile, non consideri questa come cosa
assai ben lontana dalla profession mia, ma solo alla
essentia della cosa, che la politezza del dire in tal
materia poco rilieva, ne io hò havuto questo fine,
mà solo (come prima dissi) di insegnar la disciplina,
ed' uso della parte minore dell Arimetica (ò Algebra
che vogliano dire) il che piaccia à Dio che sia à laude
sua, e à beneficio de viventi.

CAPITOLO (1) DI POTÉNZA DI POTENZA,
E TANTI EGUALE A NUMERO.

Doppo ch'io viddi l'opera di Diofante, sempre son stato di opinione, che tutto il suo intento sino a quei giorni fusse di venire à questa agguagliatione, perchè si vede, che camina a una strada di trovare sempre numeri quadrati, e che aggiontoli qualche numero siano quadrati, e credo che li sei libri, che mancano, fussero di questo agguagliamento; nel fine è ben vero, che me ne fa stare alquanto in dubbio que giamai opera R. q. ne sò che me ne dire, se non che noi restiamo privi per la malvagità del tempo distrugitor del tutto (il quale ha fatto perdere sudetti sei libri di una bella, e maggior parte di questa disciplina); ma Lodovico Ferrari nostro Cittadino anco egli

---

(1) *Bombelli, algebra*, p. 353.—Dans cet extrait, j'ai conservé autant que possible les notations de Bombelli. On en trouvera ici un certain nombre, avec la traduction en langage algébrique ordinaire : elles faciliteront la lecture de ce chapitre, auquel je ne crois pas devoir ajouter de commentaire, puisque Lagrange a déjà exposé la méthode de Ferrari, que Bombelli rapporte ici pour la résolution des équations du quatrième degré. (*Mémoire de l'Académie de Berlin*, pour l'année 1770, p. 173 et suiv.)—Voici, au reste, ces notations :

$$\underset{\smile}{1} = x, \quad \underset{\smile}{2} = x^2, \quad \underset{\smile}{3} = x^3, \quad \underset{\smile}{4} = x^4, \quad \ldots \ldots$$

Tanto, ou Quantità $= x$; potenza $= x^2$,

caminò per questa via, et trovò l'uso d'agguagliare
simili Capitoli, quale fù inventione bellissima, però
mi forzarò di chiarirla al meglio che si potrà in bene-
ficio del Lettore. Dato che si havesse 1 $\underset{\smile}{4}$ p. 20 $\underset{\smile}{1}$
eguale à 21. Levisi li Tanti a ciascuna delle parte, e
si haverà 1 $\underset{\smile}{4}$ eguale à 21. m. 20 $\underset{\smile}{1}$, e gia siamo
chiari che 1 $\underset{\smile}{4}$ ha lato, et se 21 m. 20 $\underset{\smile}{1}$ havesse lato
l'agguagliatione saria facile, ma non ha lato, ne lo
può havere, perche dove intervengono Tanti, e nu.
non può havere lato, ma bisogna siano accompagnat
con le potenze. Però se a 1 $\underset{\smile}{4}$ se li aggiongesse 2 $\underset{\smile}{2}$
p. 1 faria 1 $\underset{\smile}{4}$ p. 2 $\underset{\smile}{1}$ p. 1. e saria quadrato, et ag-

potenza di potenza $= x^4$,

tanti $= x$,

p $=$ più,

m $=$ meno,

nu $=$ numero,

2 $\underset{\smile}{2}$ m 20 $\underset{\smile}{1}$ p 22 $= 2x^2 - 2x + 22$,

R. q. $= \sqrt{}$,

R. c. $= \sqrt[3]{}$,

R. q. 3 $= \sqrt{3}$,

n di m. $= + \sqrt{-1}$,

L ⅃ $= ($ $)$,

R. c. L R. q. 4352 p. 16 ⅃ m. R. c. L R. q. 4352. m. 16 ⅃,

$= \sqrt[3]{\left(\sqrt{4352} + 16\right)} - \sqrt[3]{\left(\sqrt{4352} - 16\right)}$,

R. q. L R. c. L R. q. 278528. p. 128 ⅃. m. R. c. L 278528. p. 128 ⅃ ⅃,

$= \sqrt{\left(\sqrt[3]{\left(\sqrt{278527} + 128\right)} - \sqrt[3]{\left(278528 + 128\right)}\right)}$,

etc., etc., etc.

gionto all' altra parte faria 2 2 m. 20 1 p. 22, che
volendo vedere, se è quadrato, moltiplichisi 2. numero delle potenze via 22 (se fa 100, quadrato della
metà delli Tanti), sarà quadrato, ma non fa se non 44
pero 2 2 p. 1. non basta ma se si giongerà 4 2 p. 4
à ciascuna delle parti, si haverà 1 4 p. 4 2 p. 4, e
4 2 p. 20 1 p. 25, che l'uno e l'altro è quadrato,
che li loro lati sono 1 2 p. 2 e 5. m. 2 1 e l'uno è
eguale all'altro che agguagliato il Tanto vale 1. Ma
perche queste potenze, e nu. si sono cercate a tento-
ni, però portò la regola di trovarli. Si vede, che il
nu. delle potenze, che si aggiongono alla potenza di
potenza sono il doppio del lato del nu. come, quando
se li aggionge 2 2 p. 1, il numero delle potenze è il
doppio d'1. lato del nu. e quando si aggionse 4 2 p.
4 il nu. delle potenze è il doppio di 2. lato del 4 numero; però volendo à 1 4 et à 21 m. 20 1 aggiongere tante potenze e nu. che ciascuna parte sia quadrata, e che le potenze siano il doppio del lato del
numero; bisogna formare un quesito, che dica trovisi
un num. quadrato che gionto a 21 e moltiplicato via
il doppio del suo lato faccia 100 (quadrato della metà
delli Tanti). Ponghisi che il nu quadrato ha 1 2 e si
aggionga a 21. fa 21. p. 1 2 e questo si dite moltiplicare via 2 1 doppio del lato d'1 2 fa 2 3 p. 42
1, e questo deve essere eguale a 100, che agguagliato,
il Tanto vale 2, e perchè fu posto che il num. fusse
1 2 sara 4, e questo sara il nu. da giongere, e le potenze saranno 4, cioè il doppio del lato del 4, però
aggionto à ciascuna delle parti 4 2 p. 4. si haverà 1
4 p. 4 2 p. 4 e 4 2 m. 20 1 p. 25, che l'uno e

l'altro è quadrato, et essendo eguali, ancora li lati saranno eguali, che sono 1 ^{2} p. 2. et 5. m. 2 ^{1}, che agguagliato, il Tanto vale 1. Ma perche hò detto, che il lato di 4 ^{2} m. 20 ^{1} p. 25. è 5. m. 2 ^{1} e ancora potria essere 2 ^{1} m. 5, che levato il meno, si haveria 1 ^{2} p. 7, eguale a 2 ^{1}, che non si potria agguagliare. Però volendosi le regole di questo agguagliamento per brevità faccisi così.

Agguaglisi 1 ^{4} p. 20 ^{1} à 21. Faccisi del nu. Tanti, che saranno 21 ^{1}. Poi si pigli l'ottava parte del quadrato del nu. delli 20 ^{1}, ch'è 50, e questo sarà eguale a 1 ^{3} p. 21 ^{1}, che agguagliato il Tanto valerà 2 il qual 2, si quadra, fa 4, che aggionto al numero di prima, ch'era 21, fa 25, e ne piglia il lato ch'è 5, del quale se ne cava 2. cioè la valuta del Tanto detta di sopra resta 3, e questo è eguale à 1 ^{2} p. 2 ^{1} e queste 2 ^{1} nascono dal lato della valuta di 2 ^{1} cioè da 4, che agguagliato, il Tanto valerà 1.

Agguaglisi 1 ^{4} p. 16 ^{1} à 12. Piglisi l'ottavo del quadrato delli Tanti, ch'è 32, e questo sarà eguale a 1 ^{3} p. 12 ^{1}, che agguagliato il Tanto, valerà 2, che il suo quadrato è 4, che aggionto al 12 fa 16. che il suo lato è 4, del quale cavatone 2, valuta del Tanto, resta 2 e questo è eguale a 1 ^{2} p. 2 ^{1}, e li 2 ^{1} si trovano col moltiplicare la valuta del Tanto sopradetta per 2. per regola, e del prodotto pigliarne il lato, che agguagliato, il Tanto valerà R. q. 3. m. 1.

Agguaglisi 1 ^{4} p. 16 ^{1} à 48. Piglisi l'ottava parte del quadrato delli Tanti, ch'è 32, e questo sarà eguale a 1 ^{3} p. 48 ^{1} che agguagliato, il Tanto valerà R. c. L R. q. 4352 p. 16 J m R. c L R. q. 4352. m. 16 J ,

che il suo quadrato, sarà R. c. L 4608. p. R. q.
4456448 ɪ. p. R. c. L. 4608, p. R. q. 4456448 ɪ m.
32, che aggionto al 48. fa R. c. L 4608. p. R. q.
4456448 ɪ. p. R. c. L 4608. m. R. q. 4456448 ɪ p.
16; che pigliatone il lato, sarà R. q. L, R. c. L 4608.
p. R. q. 4456448 ɪ p. R. c. L 4608. m. R. q.
4456448 ɪ p. 16 ɪ, e di questo si cava la valuta del
Tanto, resta R. q. L R. c. L 4608. p. R. q. 4456448
ɪ. p. R. c. L 4608. m. R. q. 4456448 ɪ p. 6 ɪ m.
R. c. L R. q. 4352. p. 19 ɪ. p. R. c. L R. q. 4352.
m. 16 ɪ, e tutto questo è eguale a 1 ⌣2 più R. q. L R.
c. L R. q. 278528. p. 128 ɪ. m. R. c. L 278528. p.
128 ɪɪ, che pigliato la metà delli Tanti, ne viene R.
q. L R. c. L R. q. 68. p. 2 ɪ. m. R. c. L R. q. 68. m.
2. ɪɪ. che il suo quadrato sarà R. c. L R. q. 68. p.
2 ɪ. m. R. c. L R. q. 68. m. 2 ɪ, e questo si aggionge
al un fa R. q. L R. c. L 4608. p. R. q. 4456448 ɪ.
p. R. c. L 4608. m. R. q. 4456448 ɪ. p. 16 ɪ. p.
R. c. L. R. q. 68, m. 2 ɪ. m. R. c. L R. q. 68, p.
2 ɪ e R. q. legata di tutto questo composto meno
la metà delli Tanti, cioè meno R. q. L R. c. L R. q. 68.
p. 2 ɪ. m. R. c. L R. q. 68. m. 2 ɪɪ, sarà la valuta
del tanto, e tale agguagliamento pare quasi impossibile et è verissimo perche pigliato la R. q. L di R. q.
L R. c. L 4608. p. R. q. 4456448 ɪ, p. R. c. L 4608.
m. R. q. 4456448 ɪ p. 16 ɪ m. R. c. L R. q. 68. p. 2
ɪ p. R. c. L R. q. 68 m. 2 ɪɪ, che sarà 2. p. R. q.
L R. c. L R. q. 68. p. 2. ɪ m. R. c. L R. q. 68. m. 2.
ɪɪ, che cavatone la metà delli Tanti resta 2, ch'è la
valuta del Tanto, e benche tal lato non paia vero,
nondimeno è cosi, e facendone la prova (come ho

mostrato nel fine del primo, di conoscere qual sia maggiore di due quantità) trovarà tanto essere detto lato,
quanto è detta R. q. legata, benchè tengo che il Binomio, et il Trinomio habbia lato, perchè il Tanto
habbia da valere 2. Ma tal lato per ancora non ho
potuto ritrovare, e perchè sarebbe uno andare per
l'infinito a volere porre qui tutti li modi, ne quali possono venire così il presente Capitolo, come gli altri di
Potenza potenza simili, ne ponero solo, per ogni qua-
litade, e specie uno, o due essempij con la loro breve
regola, e a dove nasca la trasmutatione.

*Trasmutatione di potenza potenza, e Tanti eguali
a Numero in potenza potenza, eguale a Cubo, è
numero.*

Volendo trasmutare 1 $\underset{\smile}{4}$ p. 20 $\underset{\smile}{1}$ eguale a 21.
Faccisi questa domanda. Trovami due numeri, che
moltiplicato l'uno via l'altro, faccia 21, e che pigliato
qual si voglia di essi due numeri, et al suo quadro
quadrato aggionta la moltiplicatione di esso numero
per 20 faccia 21. Ponghisi l'uno di detti due numeri
esser 1 $\underset{\smile}{1}$ l'altro di necessita sarà 21. esimo d'1 $\underset{\smile}{1}$ e,
se si pigliarà di detti due numeri 1 $\underset{\smile}{1}$ il suo quadro
quadrato sarà 1 $\underset{\smile}{4}$, et à moltiplicare 1 $\underset{\smile}{1}$ via 20, fa
20 $\underset{\smile}{1}$ che aggionte insieme fanno 1 $\underset{\smile}{4}$ p. 20 $\underset{\smile}{1}$ e
questo è eguale à 21, e tanto si haverà prima, però
bisogna pigliare l'altro numero ch'è 21. esimo d'1 $\underset{\smile}{1}$
che il suo quadro quadrato sarà 194481 esimo d'1
$\underset{\smile}{4}$, che aggiontali 420, esimo d'1 $\underset{\smile}{1}$, che sono li
suoi 20 $\underset{\smile}{1}$ farà 194481. p. 420. $\underset{\smile}{3}$ esimi d'1 $\underset{\smile}{4}$ e

questo è eguale à 21, che levato il rotto, si haverà 194481. p. 420 $\underset{3}{\smile}$ eguali à 21 $\underset{4}{\smile}$, che ridutto à 1 $\underset{4}{\smile}$ si haverà 1 $\underset{4}{\smile}$ eguale à 9261. p. 20 $\underset{3}{\smile}$, e questa è la sua trasmutatione, e trovata, che sia la valuta del Tanto partasi 21 per essa valuta, e si haverà la valuta del Tanto di prima. Ma per non havere à fare la positione, piglisi il numero, e cubisi, et al produtto si aggionghino li Tanti, ma dicano Cubi, e questo sarà eguale à 1 $\underset{4}{\smile}$ e ancor che paia che queste trasmutationi in questi Capitoli non siano necessarie, nè di utilità, pur si vedrà che giovaranno ne gli agguagliamenti di questi Capitoli.

Capitolo di potenza potenza eguale à Tanti, e numero.

Questo Capitolo nel suo agguagliare non patisce eccettione alcuna, e sempre si può agguagliare senza il p. di m. Però (senza dire altro verrò à gli essempij). Agguaglisi 1 $\underset{4}{\smile}$ à 72 $\underset{1}{\smile}$ p. 17. Piglisi l'ottavo del quadrato delli Tanti, ch'è 648, et questo sarà eguale à 1 $\underset{3}{\smile}$ p. 17 $\underset{1}{\smile}$, che agguagliato il Tanto valerà 8, e questo per regola si dupla fa 16, che pigliatone il lato sarà 4, e saranno tante, li quali si salvano, poi quadrisi 8. valuta del tanto di prima, fa 64, e si aggionge al num. cioè à 17, fa 81 del qual se ne piglia il lato, ch'è 9; del quale se ne cava 8. valuta del sopradetto Tanto, resta 1, e questo si aggionge à li 4 $\underset{1}{\smile}$ serbati, farà 4 $\underset{1}{\smile}$ p. 1, ch'è eguale à 1 $\underset{2}{\smile}$ che agguagliato il Tanto valerà R. q. 5. p. 2.

Agguaglisi 1 $\underset{4}{\smile}$ à 4 $\underset{1}{\smile}$ p. 6. Piglisi l'ottavo del quadrato delli Tanti, ch'è 2, e sarà eguale à 1 $\underset{3}{\smile}$

p. 6 ͜ , che agguagliato il Tanto valerà R. c. 4 m.
R. c. 2, che duplato farà R. c. 32. m. R. c. 16. che
pigliatone il lato, si haverà R. q. L R. c. 32 m. R.
c. 16 ͡, e questi saranno tanti, poi si quadra R. c. 4.
m. R. c. 2. valuta del Tanto, fa R. c. 16. p. R. c. 4.
m. 4, che aggionto col numero, cioè con 6, fa R. c. 16.
p. R. c. 4. p. 2, e di questo se ne piglia il lato, ch' è
R. q. L R. c. 16, p. R. c. 4. p. 2 ͡, che aggionto alli
Tanti fa R. q. L R. c. 32 ͜ m. R. c. 16 ͜ ͡ e questo
sarà eguale à 1 ͜ p. R. c. 4. m. R. c. 2, che levato
il minor numero, si haverà 1 ͜ eguale à R. q. L R.
c. 32. ͜ m. R. c. 16 ͜ ͡ p. R. q. L R. c. 16. p. R.
c. 4. p. 2 ͡ p. R. c. 2. m. R. c. 4, che agguagliato, il
Tanto valerà R. c. L. R. L c. 16. p. R. c. 4. p. 2 ͡.
p. R. c. ¼ m. R. c. ½ ͡. p. R. q. L R. c. ½ m. R. c. ¼ ͡.

La regola di questa aggualiatione detta di sopra nasce
dal medesimo detto nel Capitolo di 4 ͜ et ͜ eguale à
numero, come sarebbe 1 4 eguale à 72 ͜ p. 17;
bisogna aggiongere à ciascuna parte delle potenze e
numero, si che divenga l'una e l'altra quadrata, e ne
viene formato il medessimo quesito (come il passato)
di trovare un numero quadrato, che aggionto à 17, e
la somma moltiplicata per il doppio del lato di esso
numero quadrato, faccia 1296. quadrato di 36. metà
delli Tanti, che posto che tal nu sia 1 ͜ aggionto
con 17. fa 17. p. 1 ͜ e moltiplicato via 2 ͜ doppio
d'1 ͜ lato della potenza fa 2 ͜ p. 34 ͜, e questo è
eguale à 1296, che redutto à 1 ͜ sarà 1 ͜ p. 17 ͜
eguale à 648, che agguagliato il Tanto valerà 8, e la
positione fà 1 ͜ ch'è 64, e tanto sarà il numero da
aggiongere, e le potenze saranno 16, cioè il doppio

del lato di 64, che gionti à ciascuna delle parti si haverà 1 4 p. 16 2 p. 64, e 16 2 p. 72 1 p. 81, che ciascuno è quadrato, e li lati sono 1 2 p. 8 eguale à 4 1 p. 9, che redutto a brevità, resta 1 2 eguale à 4 1 p. 1, che agguagliato, il tanto valerà R. q. 5. p. 2 (come fu detto nel primo essempio).

Capitolo di potenza potenza, e numero eguale a Tanti.

Questo capitolo non si può agguagliare, quando la sesta decima parte del quadrato delli tanti à quadrarla non sia maggiore del cubato del terzo del numero, e questo non è difetto del capitolo, ma è difetto della domanda, che verrà à questo agguagliamento, laqual domanda sarà impossibile à solvere se non fintamente, e dell'uno, e l'altro modo porrò l'essempio.

Agguaglisi 1 4 p. 6. à R. q. 32 1. Piglisi l'ottava parte del quadrato delli Tanti ch'è 4, e aggiongaseli il numero (ma dica Tanti, che farà 6 1 p. 4 che saranno eguali a 1 3, che agguagliato il Tanto valerà R. q. 3 p. 1, e questa valuta per regola si quadra, fa 4 p. R. q. 12. del che se ne cava il numero, cioè 6, resta R. q. 12. m. 2 del quale se ne piglia il lato, ch'è R q. L R. q. 12. m. 2 ⌡ e se ne cava la valuta di mezzo Tanto, cioè R. q. $\frac{3}{4}$ p. $\frac{1}{2}$ che (per essere maggiore non si può cavare, onde tale agguagliamento non si può finire, per essere la domanda insciolubile.

Agguaglisi 1 4 p. 6. à R. q. 320 1. Piglisi l'ottavo del quadrato delle Tanti, ch'è 40, et accompagnisi col numero, e dica Tanti, che farà 6 1 p. 40. che saranno eguali à 1 3, che agguagliato, il Tanto va-

lerà 4; di cui il quadrato è 16, del quale se ne cava
il numero, cioè 6 resta 10, che pigliatone il lato sarà,
R. q. 10, del quale si cava 2. metà di 4. valuta del
Tanto, resta R. q. 10. m. 2, e di questo si piglia il
lato, ch'è R. q. LR. q. 10 m. 2 ɟ, e questo si aggionge a R. q. 2. lato della valuta della metà de 1 ͬ,
overo si cava. che farà R. q. 2. p. R. q. LR. q. 10, m.
2 ɟ, overo R. q. 2. m. R. q. LR. q. 10. m. 2 ɟ,
che l'uno e l'altro è la valuta del Tanto. Della qual regola questo è il suo nascimento.

Agguaglisi 1 4 p. 6. à R. q. 320 ͬ. Levasi il numero
da ogni parte, e si haverà 1 4 eguale à R. q. 320 ͬ
m. 6, e come nelli altri cerchisi un numero, che del
suo quadrato cavatone 6, e lo restante moltiplicato
per il doppio del lato del quadrato faccia 80. quarta
parte del quadrato delli Tanti. Ponghisi, che il numero quadrato, che si cerca sia 1 ᴬ, che cavatone 6,
resta 1 ᴬ m. 6, e questo si multiplica per 2 ͬ doppio del
lato d'1 ᴬ fa 2 ᴮ m. 12 ͬ, e questo è eguale à 80, che
levato il meno a ridutto a 1 ᴮ, si haverà 1 ᴮ eguale a
6 ͬ p. 40, che agguagliato il Tanto vale 4, e la potenza
vale 16, e questo è il numero quadrato, che cavatone 6 resta 10, e moltiplicato via 8, doppio di 4 lato
del 16 fà 80. quarta parte del quadrato delli; Tanti ma
perchè si intenda meglio, dico, che si pigli il lato
d' 1 4 ch'è 1 ᴬ et aggiongaseli 4 valuta del Tanto
trovato, fa 1 ᴬ p. 4, e quadrisi fa 1 4 p. 8 ᴬ p. 16,
che cavatone 1 4 resta 8 ᴬ p. 16, e questo è il numero da giongere à ciascuna delle parti, acciochè siano
quadrati, che aggionte à 1 4 e a R. q. 320 ͬ m. 6,
fa 1 4 p. 8 ͬ p. 16 e 8 ᴬ p. R. q. 320 ͬ p. 10, che

tolto il lato dell'uno, e l'altro si haverà 1 ︶2 p. 4.
eguale à R. q. 8 ︶1 p. R. q. 10. Levinsi R. q. 10. da
ogni parte, e si haverà 1 ︶2 p. 4. m. R. q. 10 eguale à
R. q. 8 ︶1; che tolto la metà di R. q. 8, e quadrato
fa 2, e cavatone 4 m. R. q. 10, resta R. q. 10. m. 2. e
di questo pigliato la R. q. fa R. q. L R. q. 10. m. 2 ﹝
e questo si gionge, e si cava di R. q. 2. metà delli
Tanti, fa R. q. 2. p. R. q . L R. q. 10 m. 2 ﹝, e R. q. 2.
m. R. q. L R. q. 10. m. 2 ﹝, che l'uno e l'altro può
essere la valuta del Tanto.

Capitolo di potenza potenza, e cubi eguale à numero.

Questo capitolo sempre si può agguagliare come il
capitolo di ︶4 e ︶1 eguale à numero senza il p. di m.
(come si vedrà nelli essempii che si proporanno). Agguaglisi 1 ︶4 p. 4 ︶3 à 1. Bisogna pigliare il lato d'1 ︶4
ch'è 1 ︶2 et aggiongerli 2 ︶1, cioè la metà di 4 ︶3, ma
dichino Tanti, che farà 1 ︶2 p. 2 ︶1, e questo quadrarlo fa 1 ︶4 p. 4 ︶3 p. 4 ︶2, del quale si cavi 1 ︶4
p. 4 ︶3 resta 4 ︶2, però si potrà dire che se a 1 ︶4
p. 4 ︶3 si giongerà 4 ︶2 si haverà una quantità quadrata, cioè 1 ︶4 p. 4 ︶3 p. 4 ︶2, et aggionte à 1. fa
4 ︶2 p. 1, e se questo fusse quadrato si haverebbe l'intento, però bisogna trovare altra quantità da giongere, però se à 1 ︶2 p. 2 ︶1 lato di 1 ︶4 p. 4 ︶3 p. 4 ︶2
si aggiongesse 3. farebbe 1 ︶2 p. 2 ︶1 p. 3, che il suo
quadrato sarebbe 1 ︶4 p. 4 ︶3 p. 10 ︶2 p. 12 ︶1 p. 9,
che levatone 1 ︶4 p. 4 ︶3 p. 4 ︶2, resta 6 ︶2 p. 12 ︶1
p. 9, e se à 1 ︶4 p. 4 ︶3 p. 4 ︶2 si aggiongerà 6 ︶2
p. 12 ︶1 p. 9, farà 1 ︶4 p. 4 ︶3 p. 10 ︶2 p. 12 ︶1

p. 9 , che parimente è quadrato , ma aggionto all'altra parte , fa 10 ^{2} p. 12 ^{1} p. 10 ; che non è quadrato , ma à moltiplicare 10 ^{2} via 10 fa 100 ^{2} , e non dove-rebbe fare più che 36. quadrato di 6. metà di 12 ^{1} , però non è buono il giongere un numero à 1 ^{2} p. 2 ^{1} lato d'1 ^{4} p. 4 ^{3} p. 4 ^{2} , ma bisogna cavarlo , però se si cavarà d'esso 1 resta 1 ^{2} p. 2 ^{1} m. 1 , che il suo quadrato è 1 ^{4} , p. 4 ^{3} p. 2 ^{2} m. 14 ^{1} p. 9 , del quale cavatone 1 ^{4} p. 4 ^{3} , resta 2 ^{2} m. 4 ^{1} p. 1 , e questo aggionto a ciascuna delle parti , si haverà 1 ^{4} p. 4 ^{3} p. 2 ^{2} m. 4 ^{1} p. 1 , e 2 ^{2} m. 4 ^{1} p. 2 , che l'uno , e l'altro hà lato , et il lato dell'uno è 1 ^{2} p. 2 ^{1} m. 1 , et il lato dell'altro è R. q. 3. m. R. q. 2 ^{1} , le quali sono eguali l'uno a l'altro , che levato il meno si haverà 1 ^{2} p. 2 ^{1} p. R. q. 2 ^{1} eguale à R. q. 2 , p. 1 , che tolto la metà delli Tanti , ch'è 1 . p. R. q, $\frac{1}{2}$ e quadrata fa 1 $\frac{1}{2}$ p. R. q. 2 e gionto a R. q. 2 p. 1 , fa R. q. 8 , p. 2 $\frac{1}{2}$: e la R! q. legata di questo binomo cavato d'1 p. R. q. $\frac{1}{2}$ metà delli Tanti sarà la valuta del Tanto , cioè 1 p. R. q. $\frac{1}{2}$ m. R. q. L R. q. 8 p. 2 $\frac{1}{2}$ 1. Ma perchè se bene hò posto che la quantità che si deve giongere sia 2 ^{2} m. 4 ^{1} p. 1 nondimeno non hò dato il modo di trovarla. Però hora lo porrò , il qual'è questo : Ponghisi , che il lato del numero quadrato d'1 ^{4} p. 4 ^{3} sia 1 ^{2} p. 2 ^{1} m. 1. quantità, il suo quadrato sarà 1 ^{4} p. 4 ^{3} p. 4 ^{2} m. 2 ^{2} quantità p. 2 ^{1} quantità p. 1. quadrato quan-tità , e di questo composto se ne cava 1 ^{4} p. 4 ^{3} resta 4 ^{2} p. 2 ^{2} quantità m. 2 ^{1} quantità p. 1. quadrato quantità e questo è quello che si deve giongere à cias-cuna delle parti , acciochè siano quadrati , che ag-

gionte à 1^{4} p. 4^{3}, il suo lato sarà 1^{2} p. 2^{1} p. 1.
quantità, e aggionte all'altra parte, fa 4^{2} p. 2^{2} quantità m. 4^{1} quantità p. 1. p. 1. quantità, resta che 1.
p. 1. quadrato quantità moltiplicato per 4. m. 2.
quantita numero delle potenze, faccia 4. quadrati di
quantità, quarta parte del quadrato di 4^{1} quantità,
che moltiplicato fa 4. p. 4. quadrati di quantità m. 2.
quantità m. 1. cubo di quantità, il ch'è eguale a 4.
quadrati di quantità quadrato della metà delli Tanti,
che levato simili da simili resta 2 cubi di quantità
p. 2. quantità eguale à 4, ch'è quanto 2^{3} p. 2^{1}
eguale à 4, che agguagliato la quantità vale 1, e questo
è il numero che si deve cavare d'1^{2} p. 2^{1}, acciochè si trovi la quantità da aggiongere che cavato d'1^{2}
p. 2^{1} resta 1^{2} p. 2^{1} m. 1, e si procede (come si
è fatto di sopra).

Ma volendo per regola fare questo agguagliamento,
faccisi così, dato, che si volesse agguagliare 1^{4} p. 6.
^{3} con 18, faccisi del numero Tanti per regola, e si
gionghino à 1^{3} fa 1^{3} p. 18^{1}, e questo si agguaglia a
81 produtto della metà di 18. in 9. quadrato della metà
delli 6^{3}, che agguagliato, il Tanto valerà R. c. L R.
q. $1856 \frac{1}{4}$ p. $40 \frac{1}{2}$ J. m. R. c. L R. q. $1856 \frac{1}{4}$. m. $40 \frac{1}{2}$
J che queste R. c. hanno lato, che sono R. q. $8 \frac{1}{4}$ p.
$1 \frac{1}{2}$, e R. q. $8 \frac{1}{4}$ m. $1 \frac{1}{2}$, che cavato l'uno dell'altro
resta 3 e 3. è la valuta della quantità, però se di 1^{2}
p. 3^{1} si caverà 3, si haverà 1^{2} p. 3^{1} m. 3; il suo
quadrato sarà 1^{2} p. 6^{3} p. 3^{2} m. 18^{1} p. 9, del
quale se ne cava 1^{4} p. 6^{3} resta 3^{2} m. 18^{1} p.
9, e questo restante è la quantità, che si dove giongere à ciascuna delle parte, accioche l'una, e l'altra

sia quadrata, che aggionta à 1 ⌣4 p. 6 ⌣3 fa 1 ⌣4 p.
6. ⌣3 p. 3 ⌣2 m. 18 ⌣1 p. 9, ed aggionta à 18. fa 3 ⌣2
m. 18 ⌣1 p. 28, che tolto il lato di ciascuna, si haverà
1 ⌣2 p. 3 ⌣1 m. 3 eguale à R. q. 18. m. R. q. 3 ⌣1 che
redutto à brevità, si haverà 1 ⌣2 p. 3 ⌣1 p. R. q. 3 ⌣1
eguale à R. q. 18. p. 3, che tolto la metà delli Tanti
ch'è 1 ½ p. R. q. ¾ et quadrato fa 3. p. R. q. 6 ¾, e
gionto con R. q. 18. p. 3. fa 6. p. R. q. 18 p. R. q.
6 ¾ e, la R. q. legata di questo Trinomio meno la metà
delli Tanti vale il Tanto, cioè R. q. L 6. p. R. q. 18.
p. R. q. 6 ¾ ⅃. m. 1 ½ m. R. q. ¾.

Capitolo di potenza di potenza eguale a Cubi, e numero.

Questo capitolo sempre si può agguagliare senza il
p. di m. e dè come il Capitolo di ⌣4 equale à ⌣1, e
numero , e si può agguagliare almeno in tre modi, de
quali porrò gli essempij.

Agguaglisi 1 ⌣4 à 16 ⌣3 p. 1728. Piglisi il lato cubico di 1728, ch'è 12, e sarà eguale à 1 ⌣4 p. 16 ⌣1,
perche de Cubi si fanno Tanti, e si accompagnano
con la potenza di potenza, e trovata la valuta del
Tanto, si parte il 12 lato cubico del numero, e l'a-
venimento sarà la valuta del Tanto.

Agguaglisi 1 ⌣4 à 4 ⌣3 p. 10. Cubisi il numero, fa
100, e quadrisi, fa 100, e si moltiplica via 4. numero
di cubi, fa 400 e dica ⌣1, li quali per regula si aggiongono à 1 ⌣4 farà 1 ⌣4 p. 400 ⌣1 eguale à 1000,
che trovata la valuta del Tanto, si partirà 10 per detta
valuta, e l'avenimento sarà la valuta del Tanto.

Agguaglisi 1 4 a R. q. 192 3 p. 12. Piglisi il
mezo de cubi, ch'è R. q. 48, e quadrisi, fa 48, e si
moltiplica via la metà del numero, cioè 6, fa 288, et è
eguale à 1 3 p. 12 1, perchè del numero si fa 1,
che agguagliato, il Tanto valerà 6, che il suo quadrato
è 36, e si aggionge al numero, fa 48, e se ne piglia il
lato, che sarà. R. q. 48, al quale si aggionghi 6. valuta del Tanto, fa R. q. 48, p. 6, e si salva, poi piglisi la quarta parte del quadrato de Cubi, ch' è 48, e
se ne cava 12. duplo della valuta del Tanto, resta 36,
del quale se ne piglia il lato, ch' è 6, e si aggionge
alla metà de Cubi, fa R. q. 48. p. 6, e questi sono 1
e si aggiongono con R. q. 48. p. 6, salvato di sopra,
che fanno R. q. 48 1 p. 6 1, p. R. q. 48. p. 6, e
questo per regola è eguale à 1 2, che agguagliato, il
Tanto valerà R. q. 2352, p. 33. p. R. q. 12. p. 3, et
questi sono li tre sopradetti modi, de quali porrò i
loro nascimenti.

Il primo è 1 4 eguale à 16 3 p. 1728. La regola
sua è il rovescio di 4 e 1 eguale à numero, perchè
se si haverà 1 4 p. 16 1 eguale à 12, à trasmutarla
(come è stato dimostrato in detto Capitolo, ne verrà
1 4 eguale à 16 3 p. 1728, e cosi si vede l'uno essere il rovescio dell' altro, onde per dichiaratione di
questo non dirò altro.

Il secondo, ch'è un 4 eguale à 4 3 p. 10. La sua
regola nasce da questa domanda: Trovami due numeri, che moltip. l'uno via l'altro faccino 10, et che
li quattro cubati di uno d'essi numeri aggionto con
10, faccia quanto è il quadroquadrato di esso num.
Ponghisi l'uno di detti due numeri essere 1 1, l'altro

sarà 10. esimo d'1 ^{1} che li suoi quattro cubati saranno 4000. esimo d'1 ^{3}, che giontoli 10, fa 4000. p. 10 ^{3} esimo d'1 ^{3} e questo è eguale à 10000, esimo d'1 ^{4} quadroquadrato di 10. esimo d'1 ^{1}, che levati i rotti, e ridutto à 1 ^{4}. si haverà 1 ^{4} p. 400 ^{1} eguale à 1000, che agguagliato, e trovato la valuta del Tanto, si partirà 10, per detta valuta, perche il numero era 10. esimi d'1 ^{1} e l'avenimento sarà la valuta del Tanto avanti la trasmutatione.

Il terzo chè 1 ^{4} eguale à R. q. 192 ^{3} p. 12, nasce da questa regola. Levinsi i Cubi da ogni parte, si haverà 1 ^{4} m. R. q. 192 ^{3} eguale à 12. Piglisi la metà de Cubi, ch'è R. q. 48 e dichi Tanti, e si cava d'1 ^{2} lato d'1 ^{4} resta 1 ^{2} m. R. q. 48 ^{1} et per questo per regola se ne cava 1 ^{1} di numero, resta 1 ^{2} m. R. q. 48 ^{1} m. 1 ^{1} di numero, che il suo quadrato è 1 ^{4} m. R. q. 192 ^{3} p. 48 ^{2} m. 2. ^{1} di ^{2} p. R. q. 192 ^{1} di ^{1} p. 1 ^{2} de numero, e questa è la quantità, che si dove giongere à ciascuna delle parti, acciò che habbino lato, che aggionta à 12 fa 12. p. 1 ^{2} di numero p. R. q. 192 ^{1} di ^{1} p. 48 ^{2} m. 2 ^{1} di ^{2}. Hora bisogna vedere, se il lato delle potenze, ch'è R. q. L 48. m. 2 ^{1} ⌡, moltiplicato via il lato del numero, ch'è R. q. L 12. p. 1 ^{2} ⌡ fa R. q. 48 ^{1} meta delli Tanti, che moltiplicati detti lati l'uno via l'altro, fanno R. q. L 576. p. 48 ^{2} m. 24 ^{2} m. 2 ^{3} ⌡, ch'è eguale à R. q. 48 ^{1}, che levate le R. q. et il meno, si haverà 576 p. 48 ^{2} eguale à 48 ^{1} p. 2 ^{3} p. 24 ^{1} che redutto à 1 ^{3} e levate le ^{2}, si haverà 1 ^{3} p. 12 ^{1} eguale à 288, che agguagliato il Tanto valerà 6, e questo è la valuta del meno 1 ^{1}

di numero, che cavata d'1 $\overset{2}{\smile}$ m. R. q. 48 $\overset{1}{\smile}$ restarà
1 $\overset{2}{\smile}$ m. R. q. 48 $\overset{1}{\smile}$ m. 6, che il suo quadrato è 1 $\overset{4}{\smile}$
m. R. q. 192. $\overset{3}{\smile}$ p. 36 $\overset{2}{\smile}$ p. R. q. 6912 $\overset{1}{\smile}$ p. 36 che
cavatone 1 $\overset{4}{\smile}$ m. R. q. 192 $\overset{3}{\smile}$ resta 36 $\overset{2}{\smile}$ p. R. q.
6912 $\overset{1}{\smile}$ p. 36, e questa è la quantità, che si deve
giongere à ciascuna delle parti, accioche l'una „ e l'al-
tra habbia lato, che aggionta à 1 $\overset{4}{\smile}$ m. R. q. 392 $\overset{3}{\smile}$
il suo lato sarà 1 $\overset{2}{\smile}$ m. R. q. 48 $\overset{1}{\smile}$ m. 6, et aggionta
à 12. farà 36 $\overset{2}{\smile}$ p. R. q. 6912 $\overset{1}{\smile}$ p. 48, che il suo
lato è 6 $\overset{1}{\smile}$ p. R. q. 48, ch'è eguale al lato detto di
sopra, cioè à 1 $\overset{2}{\smile}$ m. R. q. 48 $\overset{1}{\smile}$ m. 6, che levato il
meno, si haverà 1 $\overset{2}{\smile}$ eguale à R. q. 48 $\overset{1}{\smile}$ p. 6 $\overset{1}{\smile}$ p.
R. q. 48. p. 6, che agguagliato, il Tanto valerà R. q.
L. R. q. 235. 2 p. 33 $\overset{1}{\smile}$ p. R. q. 12. p. 3.

Capitolo di Potenza potenza, e numero eguale à Cubo.

Questo capitolo si può agguagliare (come i passati)
et è generale, e quando verrà in modo che non si possa
agguagliare con li modi, che si davanno; all'hora la
domanda sarà impossibile (com'è) quando si hà $\overset{2}{\smile}$ e
numero eguale à $\overset{1}{\smile}$ e che il quadrato della metà delli
Tanti sia minore del numero, la domanda pur è im-
possibile, e solo si può agguagliari sofisticamente, e lo
somigliante accade in questo, onde verrò alle sue regole.
Agguaglisi 1 $\overset{4}{\smile}$ p. 12. à R. q. 96 $\overset{3}{\smile}$. Piglisi il mezzo
delli Cubi, ch'è R. q. 24, e quadrisi fa 24, e questo si
moltiplica via 6. metà del numero, fa 144, al quale si
aggionge il 12. numero (ma dica Tanti) che farà 12 $\overset{1}{\smile}$
p. 144 è per regola è eguale à 1 $\overset{3}{\smile}$, che agguagliato, il
Tanto valerà 6, il quale si quadra; fa 36, e se ne cava

il numero (cioè il 12) resta 24, e se ne piglia il lato,
ch'è R. q. 24 e se li aggionge la valuta del Tauto, fa
6. p. R. q. 24, e si salva, poi piglisi il quadrato della
metà di Cubi, ch'è 24 e se li aggionge 12. doppio di 6.
valuta del Tanto fa 36, che il suo lato è 6, e si aggionge con la metà de Cubi, cioè con R. q. 24, fa 6.
p. R. q. 24 e questi sono Tanti, che sono eguali alla
quantità serbata di sopra si che si haverà 1 2 p. 6.
p. R. q. 24 eguale à 6 1 p. R. q. 24 1 che agguagliato, il Tanto valerà 3, p. R. q. 6. m. R. q. L R. q. 96.
p. 9. 1. Overo 3. p. R. q. 6 p. R. q. L R. q. 96. p. 9 1,
che l'una e l'altra è la vera valuta del Tanto, e questa
sarà la dimostratione del nascimento di detta regola.

Havendosi 1 4 p. 12 eguale à R. q. 96 3, il suo
agguagliare nasce da questa regola. Levansi i Cubi da
ogni parte, e cosi il numero, e si haverà 1 4 m. R.
q. 96 3 eguale à m. 12. Piglisi la metà di Cubi, ch'è
R. q. 24, e (dica 1 e si cava d'1 2 lato d'1 4 resta
1 3 m. R. q. 24 1 et aquesto si aggionge 1 1 di
numero, fa 1 2 m. R. q. 24 1 p. 1 di numero che
il suo quadrato sarà 1 4 m. R. q. 96 3 p. 24 2 p.
2 1 di 2 m. R. q. 96 1 di 1 p. 1 2 di numero,
che cavatone 1 4 m. R. q. 96 3 restano 24 2 p. 2
1 di 2 m. R. q. 96 1 di 1 p. 1 2 di numero, e
questa è la quantità da aggiongere à ciascuna delle
parti, accioche l'una, et l'altra habbia lato, che aggionta à 1 4 m. R. q. 96 3, il suo lato sarà 1 2 m. R. q.
24 1 p. 1 1 di un e aggionta à m. 12, fa 24 2 p. 2 1
di 2 m. R. q. 96 1 di 1 p. 1 2 di nu. m. 12. Hora
bisogna vadere, se il lato delle potenze, ch'è R. q. L
24. p. 2 2 1, moltiplicato via il lato del numero, ch'è

R. q. L 1 ^{2} m. 12 ꝛ fa R. q. 24 ^{2} metà delli ^{1} che moltiplicate dette due R. q. fanno R. q. L 2 ^{3} p. 24 ^{2} m. 24 ^{1} m. 288 ꝛ, e questo è eguale à R. p. 24 ^{1} che levate le R. q. si haveranno 2 ^{3} p. 24 ^{2} m. 24 ^{1} m. 288, eguale à 24 ^{2}, che levate le potenze, et il menò, e redutto à 1 ^{3}, si haverà 1 ^{3} eguale à 12 ^{1} p. 144, che agguagliato, il Tanto valerà 6, e questo è quel ^{1} di numero, che fù accompagnato con 1 ^{2} m. R. q. 24 ^{1}, si che hora si dirà 1 ^{2} m. R. q. 24 ^{1} p. 6, che il suo quadrato sarà 1 ^{4} m. R. q. 96 ^{3} p. 36 ^{2} m. R. q. 3456 ^{1} p. 36, che cavatone 1 ^{4} m. R. q. 96 ^{3} resta 36 ^{2} m. R. q. 3456 ^{1} p. 36, e questa è la quantità che si deve giongere à ciascuna delle parti acciochè habbiano lato, che aggionta à 1 ^{4} m. R. q. 96 ^{3} il suo lato sarà 1 ^{2} m. R. q. 24 ^{1} p. 6 et aggionta à m. 12. fa 36 ^{2} m. R. q. 3456 ^{1} p. 24, che il suo lato sarà 6 ^{1} m. R. q. 24, e questo è eguale al lato detto di sopra, ch'è 1 ^{2} m. R. q. 24 ^{1} p. 6, che agguagliato, il Tanto valerà 3. p. R. q. 6. p. R. q. L R. q. 96. p. 9. ꝛ. overo 3. p. R. q. 6. m. R. q. L R. q. 96. p. 9. ꝛ, che l'una e l'altra è vera valuta.

Capitolo di potenza potenza eguale à potenze, Tanti e num.

Questo Capitolo può venire in più modi, et alcuna volta patisce le difficultà del Capitolo di Cubo eguale à Tanti, e numero, del quale ne porrò solo tre essempij, perche chi volesse pòrre tutti li modi, ne quali può venire questo, e gli altri, che seguitano, si andrebbe in infinito, et chi intenderà bene questi potrà da se trovar gli altri. Ne meno porrò le trasmutationi, per non essere necessarii.

Agguaglisi 1 4̣ à 9 2̣ p. 24 1̣ p. 16. Perche à moltiplicare il lato delle 2̣ via il lato del numero fa 12 metà delli 1̣, però 9 2̣ p. 24 1̣ p. 16 hà lato ch'è 3 1̣ p. 4 ch'è eguale à 1 2̣ lato d'1 4̣, che agguagliato, il Tanto valerà 4.

Agguaglisi 1 4̣ à 7 2̣ p. 24 1̣ p. 15. Prima bisogna moltiplicare il numero delle potenze via il numero, che fa 105, e questo cavare di 144. quadrato della metà delli Tanti, resta 39, del quale per regola se ne piglia la metà ch'è 19 $\frac{1}{2}$, ch'è eguale à 1 3̣ p. 15 1̣ p. 3 $\frac{1}{2}$ 2̣, che li 15 1̣ sono il numero al quale si fa mutar natura, e dire 1̣ e le 3 $\frac{1}{2}$ 2̣ sono la metà delle 7 2̣, che agguagliato il Tanto valerà 1, il suo quadrato è 1, il quale si gionge à 15 numero, fa 16, che il suo lato è 4, del quale si cava 1 valuta del Tanto, resta 3, e questo si salva, poi si piglia il numero delle potenze ch'è 7, e se li aggionge 2. doppio della valuta del Tanto, fa 9 che il suo lato è 3, e sono 1̣ che aggionti co'l 3, serbato di sopra, fa 3 1̣ p. 3, e questo per regola è eguale à 1 2̣, che agguagliato, il tanto valerà R. q. 5 $\frac{1}{4}$ p. 1. $\frac{1}{2}$. Ma per sapere dove nasca tal regola, lo mostrarò.

Piglisi 1 2̣ lato della potenza di potenza, e se gli aggionge 1 1̣ di numero fa 1 2̣ p. 1 1̣ di numero, che il suo quadrato è 1 4̣ p. 2 1̣ di 2̣ p. 1 2̣ di numero, che cavatone 1 4̣, resta 2 1̣ di 2̣ p. 1 2̣ di numero, e questa è la quantità d'aggiongersi à ciascuna delle parti, acciochè habbino lato, che aggionta à 1 4̣ il suo lato sarà 1 2̣ p. 1 1̣ di numero, et ag-.

gionta à 7 ‿2 p. 24 ‿1 p. 15, fa 7 ‿2 p. 2 ‿1 di ‿2 p.
24 ‿1 p. 15. p. 1 ‿2 di numero. Hora bisogna vedere,
se à moltiplicare il lato delle potenze, ch'è R. q. L 7.
p. 2 ‿1 J. vià il lato del numero, ch'è R. q. L 15. p.
1 ‿2 J, fa 12. metà delli ‿1 che moltiplicati detti lati
l'uno via l'altro, fanno R. q. L 2 ‿3 p. 7 ‿2 p. 3 ‿1 p.
105 J, ch'è eguale à 12. metà delli Tanti, che levata
la R. q. e ridutto à 1 ‿3 si haverà 1 ‿3 p. 3½ ‿2 p. 15
‿1 eguale a 19½, che aggugliato il Tanto valerà 1,
et questa è la valuta d'1 ‿1 di numero, che fu accompagnata con 1 ‿2. Si che aggionto à 1 ‿2 farà 1 ‿2 p.
1, che il suo quadrato è 1 ‿4 p. 2 ‿2 p. 1, che cavatone 1 ‿4 restano 2 ‿2 p. 1 ch'è la quantità, che si
deve aggiongere à ciascuna delle parti, acciochè l'una
e l'altra habbia lato, che aggionta à 1 ‿4 et à 7 ‿2 p.
24 ‿1 p. 15 farà 1 ‿4 p. 2 ‿2 p. 1. eguale à 9 ‿2 p.
24 ‿1 p. 16, che pigliato il lato di ciascuna, si haverà
1 ‿2 p. 1 eguale à 3 ‿1 p. 4, che aggugliato, il Tanto
valerà R. q. 5¼ p. 1½ (come fù detto di sopra). Ma
se à moltiplicare il numero delle potenze via il numero, il produtto superane il quadrato della metà delli
Tanti, bisogna tenere la strada, che si mostrarà nel
seguente essempio.

Agguaglisi 1 ‿4 à 11 ‿2 p. 24 ‿1 p. 15. Moltiplichisi il numero delle potenze via il numero fa 165,
del quale se ne cava 144 quadrato della metà delli
Tanti, resta 21, che aggionto con le potenze fa 21. p.
11. ‿2, e questo per regola si parte per 2. ne viene
10½ p. 5½ ‿2, ch'è eguale a 1 ‿3 p. 15 ‿1 perche del
15 si fa 15 ‿1, che aggugliato, il Tanto valerà 1, che
il suo quadrato sarà parimente 1, che aggionto col

numero, cioè con 15, fa 16, che il suo lato è 4, alquale si aggionge 1 (valuta del Tanto), fa 5, e si salva,
e d'ell' 11. numero delle potenze se ne cava 2, valuta
di 2 ⌣, resta 9, che il sua lato è 3, e sono Tanti, cioè
3 ⌣, che aggionti col 5. serbato di sopra fa 3 ⌣, p.
5, e questo per règola è eguale à 1 ⌣, che agguagliato, il Tanto valerà R. q. 7 ¼ p. 1 ½, e la varietà
di questo agguagliamento da quello di sopra, procede,
che 1 ⌣ di numero in quello di sopra si aggionge à
1 ⌣ et in questo si cava. Sì che chi intenderà quello
di sopra intenderà parimente questo.

Capitolo di potenza potenza, e Tanti, eguale à
potenza, e numero.

Questo Capitolo può venire in assai modi, ma solo
ne porrò per brevità quattro essempij più necessarij,
e detto Capitolo patisce l'eccettioni, che patiscono li
Capitoli di 3 ⌣ equale à 1 ⌣, e numero, e 3 e numero
eguale a 1 ⌣.

Agguaglisi 1 ⌣ p. 24 ⌣ à 8 ⌣ p. 18. Levinsi li
Tanti da ogni parte, e si haverà 1 ⌣ eguale à 8 ⌣ m.
24 ⌣ p. 18, e perchè à moltiplicare il numero delle
potenze via il numero, fa 144, che il suo lato è 12,
ch'è pari à 12. metà delli Tanti. Però 8 ⌣ m. 24 ⌣
p. 18. hà lato il qual' è R. q. 8 ⌣ m. R. q. 18 overo
R. q. 18. m. R. q. 8 ⌣, che l'uno, e l'altro non si può
negare. Mal a vera si è R. q. 18 m. 8 ⌣ e questo è
equale a 1 ⌣ lato d'1 ⌣, che agguagliato, il Tanto valerà R. q. L R. q. 18. p. 2 J. m. R. q. 2, e perchè hò

detto che R. q. 18 m. R. q. 8 ᴗ è la vera nel Capitolo
seguente chiarirò questo dubbio.

Agguaglisi 1 ᴗ4 p. 24 ᴗ1 à 18 ᴗ2 p. 8. Levinsi li
Tanti (com' è detto di sopra) si haverà 1 ᴗ4 eguale à
18 ᴗ2 m. 24 ᴗ1 p. 8, la qual quantità hà lato per il
rispetto detto di sopra , che esso lato sarà R. q. 18 ᴗ1
m. R. q. 8 overo R. q. 8. m. R. q. 18 ᴗ1 che l'uno e
l'altro è buono e per conoscere quando l'uno e l'altro è
buono. Piglisi il quarto delle potenze , ch'è 4 ½. che
essendo maggiore , ò pari al lato del numero ambidui
e lati sono buoni.

Ma se il lato del numero è maggiore del quarto delle
potenze, all' hora non è buono se non quello, che dice
numero men ᴗ1. Si che in questo essempio si possono
pigliare ambidui li lati. Hora piglisi R. q. p. 18 ᴗ1 m.
R. q. 8, che sarà eguale à 1 ᴗ2 lato d'1 ᴗ4, che agguagliato, il Tanto valerà R. q. 4 ½ m. R. q. L 4 ½ m. R.
q. 8 ⌐, overo R. q. 4 ½ p. R. q. L 4 ½ m. R. q. 8 ⌐ , ma
perche detta R. q. legata hà lato, ch'è 2. m. R. q. ½ che
aggionto è cavato à R. q. 4 ½ fa. 2. p. R. q. 2, e R. q.
8. m. 2, che l'una e l'altra è vera valuta del Tanto.
Ma se si fusse pigliato per il lato R. q. 8 m. R. q. 18 ᴗ1
il Tanto sarebbe valuto R. q. L 4 ½ p. R. q. 8. ⌐ m. R.
q. 4 ½, e perche R. q. L 4 ½ p. R. q. 8 ⌐ hà lato ch'è
2. p. R. q. ½, che cavatone R. q. 4 ½ resta 2 m. R. q.
2, e questa anco è pur vera valuta del Tanto, si che
questo essempio, che ha queste parti di moltiplicare
le 2 via il numero, et il produtto esser pari al quadrato
della metà delli ᴗ1, e il quarto delle potenze esser
maggiore del lato del numero, haverà sempre tre valute vere.

Agguaglisi 1 ⌣4 p. 40 ⌣1 à 10 ⌣2 p. 16. Moltiplichisi
il numero delle ⌣2 via il numero fa 160, che cavato
di 400. quadrato della metà delli ⌣1, resta 240, di che
si piglia il mezzo, ch'è 120, e questo è eguale à 1 ⌣3 p.
5 ⌣2 p. 16 ⌣1, che le 5 ⌣2 sono la metà delle 10 ⌣2 e
li 16 ⌣1 sono il numero, che doventa ⌣1 che agguagliato il Tanto vale 3, che il suo quadrato è 9,
che aggionto col numero, cioè con 16, fa 25, che
il suo lato è 5 del quale se ne cava 3. valuta del
Tanto, resta 2, il quale si salva, poi si piglia doppio di 3. valuta del Tanto, ch'è 6, e si aggionge
al numero delle potenze, fa 16 ⌣2, che il suo lato
è 4 ⌣1, al quale per regola si aggionge 1 ⌣2, fa 1 ⌣2
p. 4 ⌣1, e questo è eguale al 2 serbato di sopra, che
agguagliato, il Tanto valerà R. q. 6. m. 2, e per sapere
dove nasca tal regola. Levinsi li ⌣1 da ogni parte, e si
haverà 1 ⌣4 eguale à 12 ⌣2 m. 40 ⌣1 p. 16. Hora piglisi il lato d'1 ⌣4, ch'è 1 ⌣2 al quale se si aggionga
1 ⌣1 di numero, fa 1 ⌣2 p. 1 ⌣1 di numero, che il
suo quadrato è 1 ⌣4 p. 2 ⌣1 di ⌣2 p. 1 ⌣2 di nu. che
cavatone 1 ⌣4 resta 2 ⌣1 di ⌣2 p. 1 ⌣2 di nu. e questa
è la quantità che si deve aggiongere à ciascuna delle
parti, acciochè habbiano lato, che aggionta à 1 ⌣4 il
suo lato sarà 1 ⌣2 p. 1 ⌣1 di nu. e aggionta à 10 ⌣2 m.
40 ⌣1 p. 16, fa 10 ⌣2 p. 2 ⌣1 di ⌣2 m. 40 ⌣1 p. 16. p.
1 ⌣2 di numero. Hora bisogna vedere, se il lato delle
⌣2, ch'è R. q. L 10. p. 2 ⌣1 ⌡ moltiplicato via il lato
del numero, ch'è R. q. L 16. p. 1 ⌣2 ⌡, fa 20. metà
delli ⌣1, che à moltiplicare detti late l'uno via l'altro,
faranno R. q. L 2 ⌣3 p. 10 ⌣2 p. 32 ⌣1 p. 160 ⌡, e
questo è eguale à 20, che levata la R. q. legata si ha-

verà 2^{3} p. 10^{2} p. 32^{1} p. 160. eguale à 400, che
ridutto à 1^{3}, e levato il minor numero, si haverà
1^{3}, p. 5^{2} p. 16^{1} eguale à 120, che agguagliato,
il Tanto valerà 3, ch'è il Tanto di numero, che fù
posto con la potenza, onde pongasi detto 3, con 1^{2},
fa 1^{2} p. 3, che il suo quadrato è 1^{4} p. 6^{2} p. 9,
che cavatone 1^{4} resta 6^{2} p. 9, ch'è la quantità,
che va aggionta à ciascuna delle parti, che aggionta à
1^{4} et à 10^{2} m. 40^{1} p. 16, farà 1^{4} p. 6^{2} p.
9. eguale à 16^{2} m. 40^{1} p. 25, che tolto il lato
dell'uno, e dell'altro, si haverà 1^{2} p. 3. eguale à 5.
m. 4^{1}, che agguagliato, il tanto valerà R. q. 6. m.
2. come fu detto di sopra ella se il produtto delle 2
via il numero che fu detto nel principio dell'essempio sarà maggiore del quadrato della metà delli 1
all' hora bisognarà procedere nel modo, che si dirà
nel seguente essempio.

Agguaglisi 1^{4} p. 18^{1} à 11^{2} p. 8. Moltiplichisi
il numero delle potenze via il numero, fa 88, che cavatone 81 quadrato della metà delli Tanti, resta 7. e
questo si accompagna con le 2 fa 11^{2} p. 7, che per
regola se ne piglia la metà ch'è 3$\frac{1}{2}$ p. 5$\frac{1}{2}$^{2}, il quale
è eguale a 1^{3} p. 8^{1}, che agguagliato, il Tanto va-
lerà 1, e questo si cava d'1^{2} resta 1^{2} m. 1, che il
suo quadrato è 1^{4} nu. 2^{2} p. 1, che cavatone 1^{4}
resta m. 2^{2} p. 1 ch'è la quantità da aggiongere a ciascuna delle parti, acciochè habbino lato, che aggionta
à 1^{4} e à 11^{2} p. 8. m. 18^{1}, farà 1^{4} m. 2^{2} p.
1. eguale à 9^{2} m. 18^{1} p. 9, che pigliato il lato
dell' una e dell' altra parte, si haverà 1^{2} m. 1.
eguale à 3^{1} p. 3. overo à 3. m. 3^{1}, che l'uno e

l'altro modo è buono, e aguagliato, il Tanto valerà
1 overo 2.

Capitolo di potenza potenza, e numero eguale à potenze
e Tanti.

Questo Capitolo patisce l'eccettioni del sopradetto.
Ma nel resto vien sempre ad un modo, però di esso
non porrò più d'uno essempio.

Agguaglisi 1 4 p. 12 à 8 2 p. 16 1. Moltiplichisi
il numero delle 2 via il numero, fa 96, e si aggionge
col quadrato della metà delli 1, fa 160, che per regola se ne piglia la metà, ch'è 80, e se li aggionga il
numero, ma dichi 1, che farà 12 1 p. 80, e sarà
eguale à 1 3 più il mezzo delli 2 cioè 4 2, che agguagliato, il Tanto valerà 4, e questo 4. si aggionge
con 1 2 lato d'1 4, fa 1 2 p. 4, che il suo quadrato
è 1 4 p. 8 2 p. 16, del quale se ne cava 1 2 p. 12,
resta 8 2 p. 4, e si aggionge à 8 2 p. 16 1, fa 16 2
p. 16 1 p. 4, che il suo lato è 4 1 p. 2, et è eguale
à 1 2 p. 4. detto di sopra, che agguagliato, il Tanto
valerà 2 p. R. q. 2, overo 2. m. R. q. 2, e intorno
questo Capitolo non dirò altro, perche chi intenderà
le regole de passati, intenderà parimente dove nasca
la regola di questo.

Capitolo di potenza potenza, e potenze, eguale à Tanti
e numero.

Il presente Capitolo è simile al passato, eccetto che
questo non hà più di una valuta, e l'altro ne ha due,
però ne porrò un solo essempio.

Agguaglisi 1 ⌣4 p. 12 ⌣2 à 40 ⌣1 p. 36. Moltiplichisi
il numero delle ⌣2 via il numero, fa 432, al quale si
aggionge 400. quadrato della metà delli ⌣1 fa 832, et
à questo si aggiongono le 12 ⌣2 et si parte il tutto per
2. ne viene 416. p. 6 ⌣2, ch'è eguale à 1 ⌣3 p. 36 ⌣1
perche del numero si fanno ⌣1 che agguagliato, il
Tanto valerà 8, il quale 8, si aggionge à 1 ⌣2, fa 1 ⌣2
p. 8, che il suo quadrato è 1 ⌣4 p. 16 ⌣2 p. 64, che
cavatone 1 ⌣4 p. 12 ⌣2 resta 4 ⌣2 p. 64, e questa è la
quantità che si deve aggiongere à ciascuna delle parti,
accioche sia quadrata, che aggionta à 1 ⌣4 p. 12 ⌣2 et
à 40 ⌣1 p. 36, fa 1 ⌣4 p. 16 ⌣2 p. 64 e 4 ⌣2 p. 40 ⌣1 p.
100, che li loro lati sono 1 ⌣2 p. 8, e 2 ⌣1 p. 10, che
agguagliato il Tanto valerà R. q. 3. p. 1.

Capitolo di potenza potenza, Cubi e Tanti eguale à
numero.

Questo Capitolo è generale, e sempre si può agguagliare (com'è il Capitolo di Cubo, e Tanti eguale
e numero) e perche ha assai parti, però ne porrò tre
essempij per maggiore sua intelligenza.

Agguaglisi 1 ⌣4 p. 4 ⌣3 p. 104 ⌣1 à 64. Piglisi il quadrato della metà de Cubi, ch'è 4, e moltiplichisi via
il numero, fa 256. e questo si cava del quadrato della
metà delli Tanti, ch'è 2704, resta 2448; del quale se
ne piglia la metà, ch'è 1224, e si salva; poi si moltiplica la metà de Cubi, ch'è 2. via 52. metà delli
Tanti fa 104, e si aggionge al numero, cioè à 64; fa
168, e tutti sono Tanti, alli quali per regola si aggionge 1 ⌣3 fa 1 ⌣3 p. 168 ⌣1, e questo è eguale à 1224.
Serbato di sopra, che agguagliato, il Tanto valerà 6,

che si aggionge con 1 ² lato d'1 ⁴ fa 1 ² p. 6, al
quale si aggionge la metà de ³, ma dica ¹ cioè 2 ¹
farà 1 ² p. 2 ¹ p. 6, che il suo quadrato sarà 1 ⁴ p.
4 ³ p. 16 ² p. 24 ¹ p. 36. che cavatone 1 ⁴ p. 4
³ p. 104 ¹ restanno 16 ² m. 80 ¹ p. 36, e tutto
questo si aggionge al numero, cioè à 64. fa 6 ² m.
80 ¹ p. 100, che il suo lato è 10 m. 4 ¹, e questo è
eguale à 1 ² p. 2 ¹ p. 6. detto di sopra, che agguagliato, il Tanto valerà R. q. 13. m. 3, e tale agguagliamento nasce da questa regola. Piglisi il lato d'1 ⁴,
ch'è 1 ¹, et accompagnisi con tanti ¹ quanti sono la
metà de ³ fa 1 ² p. 2 ¹, et à questo si aggionge 1
¹ di numero, che il suo quadrato sarà 1 ⁴ p. 4 ³
p. 4 ² p. 2 ¹ di ² p. 4 ¹ di ¹ p. 1 ² di numero,
che cavatone 1 ⁴ p. 4 ³ p. 104 ¹ restanno 4 ² p. 2
¹ di ² p. 4 ¹ di ¹ m. 104 ¹ p. 1 ² di numero,
chè la quantità da aggiongere à ciascuna delle parti,
perche habbino lato, che aggionta à 1 ⁴ p. 4 ³ p.
104 ¹ il suo lato sarà 1 ² p. 2 ¹ p. 1 ¹ di numero, et
aggionta à 64, farà 4 ² p. 2 ¹ di ² p. 4 ¹ di ¹ m.
104 ¹ p. 64. p. 1 ² di numero. Hora bisogna vedere,
se à moltiplicare il lato delli ¹, ch'è. R. q. L 4. p.
2 ¹ ⅃ via il lato del numero, ch'è R. q. L 64. p. 1
² ⅃ fa 2 ¹ m. 52. metà delli ¹, che à moltiplicare
detti due R. q. legate l'una via l'altra fanno R. q. L 2 ³
p. 4 ² p. 128 ¹ p. 256 ⅃ e questo è eguale à 2 ¹ m.
52, che levata la R. q. legata si haveranno 2 ³ p. 4
² p. 128 ¹ p. 256. eguale à 2704. m. 208 ¹ p. 4
² che ridutto à brevità si haverà 1 ³ p. 168 ¹ eguale
à 1224, che agguagliato, il Tanto valerà 6, ch'è la
valuta del ¹ di numero la quale accompagnata con 1

2 p. 2 1 farà 1 2 p. 2 1 p. 6, che il suo quadrato sarà 1 4 p. 4 3 p. 16 2 p. 24 1 p. 36, che cavatone 1 4 p. 4 3 p. 104 1 restanno 16 2 m. 80 1 p. 36, e questa è la quantità, che si deve aggiongere à ciascuna delle parti, che aggionta à 1 4 p. 4 3 p. 104 1 et à 64, farà 1 4 p. 4 3 p. 16 2 p. 24 1 p. 36, eguale à 16 2 m. 80 1 p. 100, che tolto il lato di ciascuna delle parti, si haverà 1 2 p. 2 1 p. 6. eguale à 10 m. 4 1, che agguagliato, il Tanto valerà R. q. 13. m. 3.

Ma se nell' agguagliare di questo Capitolo, la moltiplicatione del quadrato della metà delli Cubi via il numero sarà maggiore del quadrato della metà delli 1; all' hora si terrà la strada di questo essempio.

Agguaglisi 1 4 p. 8 3 p. 20 1 à 23. Moltiplichisi il numero via il quadrato della metà de cubi ch' è 16 fa 368, e questo si cava di 100 quadrato della metà delli 1, resta m. 268, che partito per 2 ne viene m. 134. poi moltiplichisi la metà de cubi via la metà delli 1 fa 40; e aggiongaseli il numero, fa 63, e sono 1, che si devono accompagnare con 1 3, che farà 1 3 p. 63 1 e questo è eguale al m. 134. detto, di sopra, che agguagliato il 1 valerà m. 2. e si aggionge con 1 2 p. 4 1, fa 1 2 p. 4 1 m. 2. Li 4 1 nascono della metà de cubi (come fù detto nell' essempio passato) che il suo quadrato sarà 1 4 p. 8 3 p. 12 2 m. 16 1 p. 4, che cavatone 1 4 p. 8 3 p. 20 1 resta 12 2 m. 36 1 p. 4. e questo si aggionge al numero, cioè à 23, fa 12 2 m. 36 1 p. 27, che il suo lato è R. q. 27. m. R. q. 12 1 e, questo è eguale a 1 2 p. 4 1 m. 2 detto di sopra, che levato il meno, si haverà 1 2 p. 4 1 p. R. q. 12 1 eguale à R. q. 27.

p. 2 , che agguagliato il Tanto valerà R. q. L R. q. 147.
p. 9 ⌊ m. 2. R. q. 3.

Capitolo di potenza potenza, e potenze e Tanti eguale
à num.

Questo capitolo può venire in diversi modi, e patisce
le eccettioni del capitolo di 3 eguale à 1, e numero, e del
capitolo di 3 e numero eguale à 1, che ci può inter-
venìre il p. di m., del quale ne porrò solo un essempio.
Agguaglisi 1 4 p. 12 1 p. 96 1 à 48. Moltiplichisi le 2 via il numero fanno 576, e se gli aggionge
il quadrato della metà delli 1, fa 2880, e se ne piglia
la metà ch'è 1440, e se li aggiongi la metà delle potenze, cioè 6 2, fa 1440, p. 6 2, e questo è eguale
à 1 3 p. 48 1, che agguagliato, il Tanto vale 12; il
quale si aggionge con 1 2 fa 1 2 p. 12, che il suo
quadrato è 1 4 p. 24 2 p. 144, che cavatone 1 4
p. 12 2 p. 96 1 resta 12 2 men. 96 1 p. 144, e questo
si aggionge à 48, cioè al nu. fa 12 2 m. 96 1 p. 192,
che pigliatone il lato sarà R. q. 192. m. R. q. 12 1,
che sarà eguale à 1 2 p. 12. detto di sopra, che agguagliato, il Tanto valerà R. q. L R. q. 192. m. 9. J.
m̃. R. q. 3, e per dimostrare dove nasca tal regola,
aggiungasi à 1 4 lato d'1 4, 1 1 di numero, fa 1 2
p. 1 1 di numero, che il suo quadrato è 1 4 p. 2 1
di 2 p. 1 2 di numero, che cavatone 1 4 p. 12 3
p. 96 1, resta 2 1 di 2 m. 12 2 m. 96 1 p. 1 2
di numero, e questa è la quantità, che si deve giongere à ciascuna delle parti acciochè habbino lato,
che aggionta à 1 4 p. 12 2 p. 96 1, il suo lato sarà

1 ² p. 1 ⌣ di numero, e aggionta à 48, fa 2 ⌣ di ² m. 12 ² m. 96 ⌣ p. 48. p. 1 ² di numero. Hora bisogna vedere, se il lato delle ², ch'è R. q. L 2 ⌣ m. 12 J, moltiplicato via il lato del numero, ch'è R. q. L. 48. p. 1 ² J, fa 48 metà delli ⌣, che à moltiplicare detti lati l'uno via l'altro, fanno R. q. L 2 ³ p. 96 ⌣ m. 12 ² m. 576 J, ch'è eguale à 48. metà delli ⌣, che levata la R. q. legata, si haverà 2 ³ p. 96 ⌣ m. 12 ² m. 576. eguale à 2304, che levato il meno, e ridutto à 1 ³ si haverà 1 ³ p. 48 ⌣ eguale à 1440 p. 6 ² che agguagliato, il Tanto valerà 12, ch'è la valuta d'1 ⌣ di numero, che fù posto con la potenza, si che aggionto 12. à 1 ², fa 1 ² p. 12, che si quadra, fa 1 ⁴ p. 24 ² p. 144, del quale se ne cava 1 ⁴ p. 12 ² p. 96 ⌣ restano 12 ² m. 96 ⌣ p. 144, e questa è la quantità, che deve giongersi ad ambedue le parti, che aggionta à 1 ⁴ p. 12 ² p. 96 ⌣ et à 48, fa 1 ⁴ p. 24 ² p. 144 eguale à 12 ² m. 96 ⌣ p. 192, che pigliato il lato di ciascuna parte, si haverà 1 ² p. 12 eguale à R q. 192 m. R. q. 12 ⌣, che agguagliato, il tanto valerà R. q. L R. q. 192. m. q. J m. R. q. 3 (come fù detto di sopra).

Capitolo di potenza potenza, Tanti e num. eguale à potenze.

Questo Capitolo assaissime volte patisce la difficultà del Capitolo di Cubo, eguale à Tanti, e numero, e del Capitolo di ² e numero eguale à ⌣ e può venire in infiniti modi. Ma solo ne porrò due essempij.

Agguaglisi 1 ⁴ p. 19 à 4 ². Moltiplichisi la metà

delle 2 via il numero, fa 38, e si aggionge all'ottavo
del quadrato delli Tanti, ch'è 450, fa 488, et à questo
si aggionge il numero, ma dica 1 fa 448. p. 19 1 et è
eguale à 1 3 più la metà delle 2 cioè 2 2, che agguagliato il Tante valerà 8, che (per regola) si aggionge à 1 2
fa 1 2 p. 8, che il suo quadrato è 1 4 p. 16 2 p. 64,
de quale se ne cava 1 4 p. 60 1 p. 19. resta 16 2 m.
60 1 p. 45, e questo si aggionge à 4 2 fa 20 2 m.
60 1 p. 45, che pigliatone il suo lato, si haverà R. q.
45 m. R. q. 20 1 ovvero R. q. 20 1 m. R. q. 45, che
ò l'uno, ò l'altro saranno eguali à 1 2 p. 8. che nell'
uno e nell'altro si può agguagliare, perche pigliando
R. q.   . m. R. q. 20 1 e agguagliatala con 1 2, p. 8,
e levato il meno, et il minor numero, si haverà 1 2 p.
R. q. 20 1 p. 8. m. R. q. 45. eguale à o. e se si pigliarà R. q. 20 1 m. R. q. 45. e levato il meno, si haverà 1 2 p. 8. p. R. q. 45. eguale à R. q. 20 1, che
questo non meno se può agguagliare, se non fintamente,
e questo non è defetto della regola, ma è della domanda, che farà venire tale agguagliamento, la quale riso-
lutione sarà impossibile.

Agguaglisi 1 4 p. 120 1 p. 64 à 80 2. Moltiplichisi la metà delle potenze, ch'è 40 via il numero, fa
2560, et à questo si aggionge l'ottava parte del quadrato delli Tanti, ch'è 1800, fa 4360, e se gli aggionga
il numero ma dica 1, fa 4360. p. 64 1, e questo è
eguale à 1 3 p. la metà delle 2 cioè 40 2, che il
Tanto valerà 10, la qual valuta aggionta à 1 2 per regola fa 1 2 p. 10, che il suo quadrato è 1 4 p. 20 2
p. 100, che cavatone 1 4 p. 120 1 p. 64, restanno
20 2 m. 120 1 p. 36, e questa è la quantità, che và

aggionta à ciascuna delle parti accioche sia quadrata, che aggionta à 80 ⌣2 fa 100 ⌣2 p. 36. m. 120 ⌣1, che il suo lato è 10 ⌣1 m. 6, e questo è eguale à 1 ⌣2 p. 10, che agguagliato, il Tanto valerà 2. overo 8. et perche la regola di questo agguagliamento nasce dallo accompagnare 1 ⌣1 di numero con 1 ⌣2 overo cavarlo (come si è mostrato ne Capitoli passati) però havendosi à procedere in questo Capitolo nel medesimo modo, non ne dirò altro.

Capitolo di potenza potenza, e potenze, e numero eguale à Tanti.

Questo Capitolo patisce anco egli le difficultà del passato, ma non tanto, e se à moltiplicare la metà delle potenze via il numero, il produtto sia maggiore dell'ottavo del quadrato delli Tanti, all'hora riesce più difficile, e se bene può venire in diversi modi, non dimeno (come hò fatto) e farò di molti altri, non ne porrò se non uno essempio.

Agguaglisi 1 ⌣4 p. 4 ⌣2 p. 4 à 32 ⌣1. Moltiplichisi la metà delle ⌣2 via il numero, ch'è 4, fa 8, e questo si cavi di 128. ottava parte del quadrato delli Tanti, resta 120, al quale si aggionge il numero, ma dica Tanti, che faranno 4 ⌣1, et il mezzo delle potenze, cioè 2 ⌣2, che farà in tutto 120 p. 4 ⌣1 p. 2 ⌣2 e questo per regola è eguale à 1 ⌣3, che agguagliato, il Tanto valerà 6, e si aggionge à 1 ⌣2 fa 1 ⌣2 p. 6, che il suo quadrato è 1 ⌣4 p. 12 ⌣2 p. 36, che cavatone 1 ⌣4 p. 4 ⌣2 p. 4. restano 8 ⌣2 p. 32, che aggionti à 32 ⌣1 fanno 8 ⌣2 p. 32 ⌣1 p. 32, che il suo lato è R.

q. 8 ⌣ ₁ p. R. q. 32, e questo è eguale à 1 ⌣ ₂ p. 6, che aggualiato, il Tanto valerà 2. p. R. q. L R. q. 50 m. 6. ₁ overo 2. m. R. q. L R. q. 50 m. 6 ₁.

Capitolo di potenza potenza, Cubo e numero eguale à Tanti.

Agguaglisi 1 ⌣ ₄ p. 8 ⌣ ₃ p. 11 à 68 ⌣ ₁. Piglisi la metà de ⌣ ₃, e quadrisi fa 16, e moltiplichisi via il numero fa 176, e piglisene la metà ch'è 88, et aggionghis icon l'ottavo del quadrato delli Tanti, fa 666, al quale per regola si aggionga 1 ⌣ ₃ fa 1 ⌣ ₃ p. 666, e si salva. Poi moltiplichisi la metà de Cubi, via la metà delli ⌣ ₁, fa 136, al quale si aggionghi il numero, cioè 11, fa 147, e sono ⌣ ₁ che sono eguali à 1 ⌣ ₃ p. 666. serbato di sopra, che aggualiato, il Tanto valerà 6, poi si piglia il lato d'1 ⌣ ₄, ch'è 1 ⌣ ₂, e se li aggiongono 4 ⌣ ₁ metà de ⌣ ₃, fa 1 ⌣ ₂ p. 4. ⌣ ₁, e se ne cava 6. valuta del Tanto detto di sopra, resta 1 ⌣ ₂ p. 4 ⌣ ₁ m. 6, e si quadra fa 1 ⌣ ₄ p. 8 ⌣ ₃ p. 4 ⌣ ₂ m. 48 ⌣ ₁ p. 36, del qual produtto se ne cava 1 ⌣ ₄ p. 8 ⌣ ₃ p. 11, resta 4 ⌣ ₂ m. 48 ⌣ ₁ p. 25, e si aggionge à 68 ⌣ ₁ fa 4 ⌣ ₂ p. 20 ⌣ ₁ p. 25, che il suo lato sarà 2 ⌣ ₁ p. 5, e questo è eguale à 1 ⌣ ₂ p. 4 ⌣ ₁ m. 6, detto di sopra, che aggualiato, il Tanto valerà R. q. 12. m. 1.

Capitolo di potenza potenza, Tanti, e numero eguale à Cubi.

Questo Capitolo rare volte anch'egli si può aggualiare senza il p. di m. (come il sopradetto), perchè il

suo agguagliamento viene quasi sempre à ⌣3 e numero
eguale à ⌣1 che rari sono, che si possino agguagliare.

Agguaglisi 1 ⌣4 p. 36 1 p. 19. à 12 ⌣3. Moltiplichisi l'ottavo del quadrato delli ⌣3 via il numero, fa
342, al quale si aggionge l'ottavo del quadrato delli
Tanti, ch'è 162, fa 504, e per regola, se li aggionge
1 ⌣3 fa 1 ⌣3 p. 504, c si salva, poi si moltiplica la
metà de Cubi via la metà delli Tanti, fa 108, che
aggiontoli il numero, cioè il 19. fa 127, e sono Tanti,
che sono eguali à 1 ⌣3 p. 504. Serbato di sopra, che agguagliato, il Tanto valerà 8. Hora piglisi 1 ⌣2 lato
d'1 ⌣4, e se ne leva la metà de Cubi (ma dica Tanti) e
8. valuta del Tanto, restarà 1 ⌣2 m. 6 ⌣1 m. 8, che il
suo quadrato è 1 ⌣4 m. 12 ⌣3 p. 20 ⌣2 p. 96 ⌣1 p.
64, che cavatone 1 ⌣4, p. 36 ⌣1 p. 19, restano 20 ⌣2 p.
60 ⌣1 p. 45. m. 12 ⌣3, e si aggiongono à 12 ⌣3 fanno
20 ⌣2 p. 60 ⌣1 p. 45, ch'è il suo lato è R. q. 20 ⌣1 p.
R. q. 45, che agguagliato il tanto valerà R. q. L 22.
p. R. q. 409 ⅃ R. q. 5.

Capitolo di potenza potenza, eguale à Cubi, Tanti e
numero.

Il presente Capitolo è generale, perchè l'agguagliamento viene sempre à ⌣3, e ⌣1 eguale à numero,
overo à ⌣3 ⌣1 e nu. eguale à o. che in quel caso si muta
il numero, e si ha ⌣3 e ⌣1 eguale à m. numero, che il
Tanto vale meno, che tanto serve.

Agguaglisi 1 ⌣4 à 8 ⌣3 p. 132 ⌣1 p. 27. Piglisi l'ottavo del quadrato delli Tanti ch'è 2178, resta 1962,
che si salvo, poi moltiplichisi la metà de Cubi via la

metà delli Tanti, fa 264, al quale si aggionge il numero, cioè 27, fa 291, e sono ᴗ, che per regola si aggiongono à 1 ᴗ³ fa 1 ᴗ³ p. 291 ᴗ eguale à 1962. serbato di sopra, che agguagliato, il Tanto vale 6, e questo si aggiunge à 1 ᴗ² fa 1 ᴗ² p. 6, del quale se ne cava la metà de ᴗ³; ma dica ᴗ cioè 4 ᴗ, resta 1 ᴗ² m. 4 ᴗ p. 6, che il suo quadrato è 1 ᴗ⁴. m. 8 ᴗ³ p. 28 ᴗ² m. 48 ᴗ p. 36. che cavatone 1 ᴗ⁴ resta 28 ᴗ² m. 48 ᴗ p. 36. m. 8 ᴗ³, che aggionto à 8 ᴗ³ p. 132 ᴗ p. 27, fa 28 ᴗ² p. 84 ᴗ p. 63, che il suo lato è R. q. 48 ᴗ p. R. q. 63, e questo è eguale à 1 ᴗ² m. 4 ᴗ p. 6, che agguagliato, il Tanto valerà R. q. L R. q. 343 p. 5 ᴊ p. R. q. 7. p. 2.

Capitolo di potenza potenza, e Cubi, eguale à Tanti e numero.

Questo Capitolo patisce le eccettioni delli Capitoli di ᴗ³ eguale à ᴗ, e numero, e di ᴗ³, e numero eguale à ᴗ, del quale ne porrò due essempij.

Agguaglisi 1 ᴗ⁴ p. 12 ᴗ³ à 132 ᴗ p. 47. Moltiplichisi l'ottavo del quadrato de cubi via il numero, fa 846, e questo si cava dell'ottavo del quadrato delli Tanti, resta 1332, al quale si aggionge 1 ᴗ³, fa 1 ᴗ³. p. 1332, che si salva; poi moltiplichisi il mezzo de Cubi via la metà de Tanti, fa 396, del quale se ne cava il numero, cioè 47, resta 349, e questi sono Tanti, che sono eguale à 1 ᴗ³ p. 1332. serbato di sopra, che agguagliato, il Tanto vale 4, il quale si cava d'1 ᴗ² p. 6 ᴗ resta 1 ᴗ² p. 6 ᴗ m. 4 e li 6 ᴗ nascono dalla metà de Cubi, che quadrata detta quantità, fa 1 ᴗ⁴ p. 12 ᴗ³ p. 28 ᴗ² m. 48

ɪ p. 16, che cavatone 1 ⁴ p. 12 ³ restano 28 ² m. 48 ɪ p. 16 , e questa è la quantità da giongere à ciascuna delle parti, acciochc sia quadrata che se si aggiongono à 132 ɪ p. 47 fano 28 ² p. 84 ɪ p. 63, che il suo lato sarà R. q. 28 ɪ p. R. q. 63, ch' è eguale à 1 ² p. 6 ɪ m. 4. detto di sopra, che agguagliato, il Tanto valerà R. q. L 20. m. R. q. 63. ɪ p. R. q. 7. m. 3, e perche questo Capitolo può venire in più modi, e in due si può fare la positione, però porrò il nascimento della sua regola, ch'è questa : Piglisi la metà de ɪ ch'è 6 , e dica ɪ , e aggionghisi à 1 ², lato d' 1 ⁴, fa 1 ² p. 6 ɪ del quale se ne cava un ɪ di numero, resta 1 ² p. 6 ɪ m. 1 ɪ di numero, che il suo quadrato è 1 ⁴ p. 12 ³ p. 36 ² m. 2 ɪ di ² m. 12 ɪ di ɪ p. 1 ² di numero, che cavatone 1 ⁴ p. 12 ³ restano 36 ² m. 2 ɪ di ² m. 12 ɪ di ɪ p. 1 ² di numero, e questa è la quantità da aggiongere a ciascuna delle parti, che aggionta à 1 ⁴ p. 12 ³ , il suo lato sarà 1 ² p. 6 ɪ m. 1 ɪ di numero, e aggionta à 132 ɪ p. 47. farà 36 ² m. 2 ɪ di ² p. 132 ɪ m. 12 ɪ di ɪ p. 47. p. 1 ² di numero. Hora bisogna vedere, se à moltiplicare il lato delle ², ch'è R. q. L 36. m. 2 ɪ ɪ. col lato del numero, ch' è R. q. L 47. p. 1 ² ɪ faccia 66 m. 6 ɪ metà delli ɪ che à moltiplicare dette due R. q. legate fanno R. q. L 1892. p. 36 ² m. 2 ³ m. 94 ɪ ɪ e questo è eguale à 66 m. 6 ɪ, che levata la R. q. legata, si haverà 1892. p. 36 ² m. 2 ³ m. 94 ɪ eguale à 4356. p. 36 ² m. 792 ɪ, che levati i meni, e ridutti à brevità, si haverà 1 ³ p. 1332, eguale à 396 ɪ, che il Tanto valerà 4 , ch'è la valuta del Tanto di numero, e perche fù posto meno 1 ɪ, si cavarà 4 d'1 ² p. 6

1, resta 1 ‿2 p. 6 ‿1 m. 4, che il suo quadrato sarà
1 ‿4 p. 12 ‿3 m. 48 ‿1 p. 28 ‿2 p. 16, che cavatone 1
‿4 p. 12 ‿3 resta 28 ‿2 m. 48 ‿1 p. 16, e questa è la
quantità da aggiongersi à ciascuna delle parti, che aggionta à 1 ‿4 p. 12 ‿3, il suo lato è 1 ‿2 p. 6 ‿1 m. 4,
et aggionta à 132 ‿1 p. 47, fa 28 ‿2 p. 84 ‿1 p. 63, che
il suo lato è R. q. 28 ‿1 p. R. q. 63, e questo è eguale
à 1 ‿2 p. 6 ‿1 m. 4, detto di sopra; che agguagliato,
il tanto valerà R. q. L 20 m. R. q. 63 ⌐. p. R. q. 7. m. 3.
avertendosi, che si poteva fare la positione ancora d'1
‿1 di numero più, e non meno (come si è fatto in
questo essempio) e non sarebbe venuto un'altra valuta
di Tanto, perchè questo Capitolo hà due valute, però
ne porrò un'altro essempio che il Tanto di numero
sia più.

Agguaglisi 1 ‿4 p. 2 ‿3 à 12 ‿1 p. 6. Piglisi la metà
de 3, ch'è 1 e dica ‿1 e si aggionghi à 1 ‿2, fa 1 ‿2
p. 1 ‿1, et à questo si aggionghi ı ‿1 di numero, fa
1 ‿2 p. 1 ‿1 p. 1. ‿1 di me. che il suo quadrato è 1 ‿4
p. 2 ‿3 p. 1 ‿2 p. 2 ‿1 di ‿2 p. 1 ‿2 di numero, che
cavatone 1 ‿4 p. 2 ‿3, resta 1 ‿2 p. 2 ‿1 di ‿2 p. 1
‿2 di numero, e questa è la quantità di aggiongere à
ciascuna delle parti, acciochè habbiano lato, che aggionta à 1 ‿4 p. 2 ‿3, il suo lato sarà 1 ‿2 p. 1 ‿1 p.
1 ‿1 di numero, et aggionta à 12 ‿1 p. 6. farà 1 ‿2
p. 2 ‿1 di 2 p. 12 ‿1 p. 2 ‿1 di ‿1 p. 6. p. 1 ‿1 di numero. Hora bisogna vedere, se il lato delle ‿2, ch'è
R. q. L 1 p. 2 ‿1 ⌐. moltiplicato via il lato del numero,
ch'è R. q. L 6. p. 1 ‿2 ⌐. fa 6 p. 1 ‿1 metà delli ‿1, che
à moltiplicare detti lati uno via l'altro fanno R. q. L 2
‿3 p. 1 ‿2 p. 12 ‿1 p. 6 ⌐. eguale à 6. p. 1 ‿1, che le-

vata la R. q. ligata, si haverà 2 ^{3} p. 1 ^{2} p. 12 ^{1} p.
6. eguale à 36. p. 12 ^{1} p. 1 ^{2}, che ridutto à brevità,
si haverà 1 ^{3} eguale à 15, che il Tanto valerà R. c.
15, e questa è la valuta del Tanto di numero, che aggionto à 1 ^{2} p. 1 ^{1}, fa 1 ^{2} p. 1 ^{1} p. R. c. 15 che
il suo quadrato sarà 1 ^{4} p. 2 ^{3} p. 1 ^{2} p. R. c. 120
^{2} p. R. c. 120 ^{1} p. R. c. 225, che cavatone 1 ^{4} p.
2 ^{3}, resta 1 ^{2} p. R. c. 120 ^{2} p. R. c. 120 ^{1} p. R.
c. 225; e questa è la quantità da aggiongere à ciascuna delle parti, che aggionte à 1 ^{4} p. 2 ^{3}, e à 12
^{1} p. 6, fa 1 ^{4} p. 1 ^{2} p. 2 ^{3} p. R. c. 120 ^{2} p. R.
c. 120 ^{1} p. R. c. 225 eguale à R. c. 120 ^{2} p. 1 ^{2} p.
12 ^{1} p. R. c. 120 ^{1} p. 6. p. R. c. 225, che tolto il
lato d'ell' una, e dell' altra parte, si haverà 1 ^{2} p. 1
^{1} p. R. c. 15. eguale à R. q. L R. c. 120 p. 1 ^{1} Ʇ p.
R. q. L R. c. 225, che tolto il lato dell' una, e dell'
altra parte, si haverà 1 ^{2} p. 1 ^{1} p. R. c. 15. eguale
à R. q. L R. c. 120. p. 1 ^{1} Ʇ p. R. q. L R. c. 225. p.
6. Ʇ, che agguagliato, il Tanto valerà tutto questo
composto R. q. L R. q. L 16. p. R. c. 225 Ʇ p. $\frac{2}{8}$ m. R.
c. 1 $\frac{7}{8}$ Ʇ m. R. q. L R. c. 1 $\frac{7}{8}$ p. 1 $\frac{1}{8}$ Ʇ p. $\frac{1}{2}$.

*Capitolo di potenza potenza, e Tanti eguale à Cubi,
e numero.*

Il presente Capitolo patisce le eccettioni del passato, cioè de Capitoli di 3 eguale à 1 numero, e 3
et numero eguale à 1, e si può fare la positione in
due modi (come del passato). Ma di questo porrò solo
uno essempio.

Agguaglisi 1 ^{4} p. 20 ^{1} à 4 ^{3} p. 11. Moltipli-

chisi l'ottavo del quadrato de 3. ch'è 2. via il numero
fa 22. e si cava dell' ottavo del quadrato delli ⌣1 ch'è
50, resta 28, e si salva, poi si moltiplica la metà de
⌣3 via la metà delle ⌣1 fa 20, e se ne cava il numero
cioè 11, resta 9 e sono ⌣1 che aggionti co 'l numero
serbata fanno 28. p. 9 ⌣1, e questo è eguale à 1 ⌣3 che
agguagliato, il Tanto vale 4, che aggionto con 1 ⌣2 m.
2 ⌣1 fa 1 ⌣2 m. ⌣1 p. 4 et li m. 2 ⌣1 nascono dalla
metà de ⌣3 e sono m., perche gli ⌣3 sono dalla parte
contraria del ⌣4, che il suo quadrato è 1 ⌣4 m. 4 ⌣3
p. 12 ⌣2 m. 16 ⌣1 p. 16, che cavatone 1 ⌣4 p. 20 ⌣1
restanno 12 ⌣2 m. 4 ⌣3 m. 36 ⌣1 p. 16, e tutto questo
si deve giongere à 4 ⌣3 p. 11 fa 12 ⌣2 m. 36 ⌣1 p.
27, che il suo lato è R. q. 27. m. R. q. 12 ⌣1, ch'è
eguale à 1 ⌣2 m. 2 ⌣1 p. 4 detto di sopra, che agguagliato, il tanto valerà R. R. q. 3. p. 1. m. R. q. 3.

Capitolo di potenza potenza, e numero eguale à Cubi, e Tanti.

Questo Capitolo è sempre generale, perche rarissime volte viene ad altro agguagliamento, che à ⌣3 e
⌣1 eguale à numero, e di esso sempre si fa una sola
positione, cioè p. 1 ⌣1 di numero. Benche anco si
potrebbe fare m. 1 ⌣1 di numero. Ma non è necessario, del quale ponerò solo un essempio.

Agguaglisi 1 ⌣4 p. 15. à 6 ⌣3 p. 78 ⌣1. Moltiplichisi l'ottavo del quadrato de ⌣3 ch'è 4 ½ via il numero, fa 67 ½, che si aggionge con l'ottavo del quadrato
delli ⌣1, fa 828, che si salva. Poi si moltiplica la metà
delli ⌣1 via la metà de ⌣3, fa 117, del quale se ne cava

il numero, resta 102, che sono ⌣, alli quali per regola si aggionge e 3̆ fa 1 3̆, p. 102 ⌣ et è eguale al
828. serbato di sopra, che agguagliato, il Tanto valerà 6. il quale si aggionge à 1 2̆ m. 3 ⌣ fa 1 2̆ m.
3 ⌣ p. 6. e li m. 3 ⌣ nascono (come fù detto nel
Capitolo passato dalla metà de 3̆) che il suo quadrato sarà 1 4̆ m. 6 3̆ p. 21 2̆ m. 36 ⌣ p. 36, che
levatone, 1 4̆ p. 15, resta m. 6 3̆ p. 21 2̆ m. 36 ⌣
p. 36. e questa quantità si aggionge à 6 3̆ p. 78 ⌣ fa
21 2̆ p. 42 ⌣ p. 21, che il suo lato è R. q. 21 ⌣ p.
R. q. 21, ch'è eguale à 1 2̆ m. 3 ⌣ p. 6, che agguagliato, il Tanto valerà R. q. L R. q. 131 ¼ p. 1. ½ J
m. R. q. 5 ¼ m. 1 ½.

Capitolo di potenza potenza, Cubi, e Tanti eguale à numero.

Il presente Capit. patisce le eccettioni delli Capitoli di 3̆ eguale à ⌣, e numero, e di 3̆, e numero
eguale à ⌣, e massime, quando il numero delle potenze è grande raspetto il numero, et hà solo una positione, cioè p. 1 ⌣ di numero, e di esso ancora non
porrò più d'uno essempio.

Agguaglisi 1 4̆ p. 4 3̆ p. 13 2̆ à 75. Piglisi la
metà de Cubi, e quadrisi, fa 4, e cavisi del numero
delle 2̆, resta 9, il quale si moltiplica via la metà del
numero, fa 337 ½, al quale si aggionge la metà delle
2̆ fa 6 ½ 2̆ p. 337 ½, che si salva, poi faccisi del numero ⌣, che saranno 75 ⌣, e per regola, se li aggionga 1 3̆, fa 1 3̆ p. 75 ⌣ eguale à 6 ½ 2̆ p. 337 ½,
che agguagliato il Tanto valerà 5, il quale si aggion-

ghi à 1 $\overset{2}{\smile}$ p. 2, 1 $\overset{2}{\smile}$ fa 1 $\overset{2}{\smile}$ p. 2 1 $\overset{1}{\smile}$ p. 5, e li 2 $\overset{1}{\smile}$ sono la metà de $\overset{3}{\smile}$, che il suo quadrato sarà 1 $\overset{4}{\smile}$ p. 4 $\overset{3}{\smile}$ p. 4 $\overset{2}{\smile}$ p. 20 $\overset{1}{\smile}$ p. 25, che cavatone 1 $\overset{4}{\smile}$ p. 4 $\overset{3}{\smile}$ p. 13 $\overset{2}{\smile}$, resta 1 $\overset{2}{\smile}$ p. 20 $\overset{1}{\smile}$ p. 25, e questo si aggionge à 75, fa 100. p. 20 $\overset{1}{\smile}$ p. 1 $\overset{2}{\smile}$, che il suo lato è 10. p. 1 $\overset{1}{\smile}$, ch'è eguale à 1 $\overset{2}{\smile}$ p. 2 $\overset{1}{\smile}$ p. 5, che agguagliato, il Tanto valerà R. q. 5 $\frac{1}{4}$ m. $\frac{1}{2}$.

Capitolo di potenza potenza, Cubi e numero eguale à potenze.

Questo Capitolo patisce le difficultà del passato, e si può fare la positione in due modi, ch'è la cagione, che la fa patire ancor più del sopradetto, ma solo ne porrò un essempio.

Agguaglisi 1 $\overset{4}{\smile}$ p. 12 $\overset{3}{\smile}$ p. 7 à 20 $\overset{2}{\smile}$. Piglisi il quarto del quadrato de $\overset{3}{\smile}$, ch'è 36, e aggionghisi alle $\overset{2}{\smile}$, fa 56, e moltiplichisi via la metà del numero, fa 196, al quale per regola si aggionghi il numero, ma dica 1 $\overset{1}{\smile}$ farà 196. p. 7 $\overset{1}{\smile}$ e salvisi. Poi si piglia la metà delle $\overset{2}{\smile}$ ch'è 10 $\overset{2}{\smile}$, e per regola se li aggionghi 1 $\overset{3}{\smile}$, fa 1 $\overset{3}{\smile}$ p. 10 $\overset{2}{\smile}$, ch'è eguale à 7 $\overset{1}{\smile}$ p. 196. serbato di sopra, che agguagliato, il Tanto valerà 4, il quale si aggionge à 1 $\overset{2}{\smile}$ p. 6. $\overset{1}{\smile}$ fa 1 $\overset{2}{\smile}$ p. 6 $\overset{1}{\smile}$ p. 4, e li 6 $\overset{1}{\smile}$ nascono dalla metà de $\overset{3}{\smile}$, che il suo quadrato sarà 1 $\overset{4}{\smile}$ p. 12 $\overset{3}{\smile}$ p. 44 $\overset{2}{\smile}$ p. 48 $\overset{1}{\smile}$ p. 16, che cavatone 1 $\overset{4}{\smile}$ p. 12 $\overset{3}{\smile}$ p. 7 resta 44 $\overset{2}{\smile}$ p. 48 $\overset{1}{\smile}$ p. 9, che gionto à 20 $\overset{2}{\smile}$ fa 64 $\overset{2}{\smile}$ p. 48 $\overset{1}{\smile}$ p. 9, che il suo lato è 8 $\overset{1}{\smile}$ p. 3, ch'è eguale à 1 $\overset{2}{\smile}$ p. 6. $\overset{1}{\smile}$ p. 4, che agguagliato, il Tanto valerà 1.

Capitolo di potenza potenza, e potenza e numero eguale
à Cubi.

Questo Capitolo rarissime volte si può agguagliare,
senza il più di meno, e così per seguire l'ordine solito
ne porrò un essempio, del quale se ne può far solo
una positione di p. 1 ɪ di numero.

Agguaglisi 1 4 p. 1 2 p. 9 à 8 3 . Quadrisi la metà
de Cubi, fa 16, e cavasene 1. numero delle 2 resta
15, che si moltiplica via 4½ metà del numero, fa 67½,
al quale si aggionge il numero, e dica ɪ, che saranno
9 ɪ, e ancora se li aggionghi la metà delle 2 ch'è ½
2 fanno in tutto ½ 2 p. 9 ɪ p. 67 ½ eguale à 1 3 , che
agguagliato, il Tanto valerà 5, quale si aggionge à 1
2 m. 4 ɪ fa 1 2 m. 4 ɪ p. 5. e li m. 4 ɪ nascono
dalla metà de 3 , e sono menø per essere li 3 dalla
parte contraria delle 2 , che il suo quadrato è 1 4 m.
8 3 p. 26 2 m. 40 ɪ p. 25, che cavatone 1 4 p. 1
2 p. 9, resta m. 8 3 p. 25 2 m. 40 ɪ p. 16, e si
aggionge à 8 3 fa 25 2 m. 40 ɪ p. 16 , che il suo
lato è 5 m. 4, e questo è eguale à 1 2 m. 4 ɪ p. 5, detto
di sopra, che agguagliato il Tanto valerà 4½ p. R. q.
11 ¼, overo 4½ m. R. q. 11 ¼. Avertendosi che se le 2
saranno maggiori del quadrato della metà de cubi
all' hora il numero trovato (come si è detto di sopra)
si accompagnarà col Cubo, e sarà eguale à potenze, e
Tanti.

Capitolo di potenza potenza , e Cubi eguale à potenze
e numero.

Questo Capitolo patisce l'eccettioni di Capitoli di 3

eguale à 1 e numero, e di 3 e numero eguale à 1. e solo si può fare la positione di m. 1 1 di numero. Si potrebbe anco potere p. 1 1 di numero, ma il Tanto valerebbe meno.

Agguaglisi 1 4 p. 12 3 à 4 2 p. 32. Piglisi il quadrato della metà de 3, chè 36, e aggionghisi alle 2 fa 40, e moltiplichisi via 16. metà del numero, fa 640, e se li aggionge la metà delle 2 fa 640. p. 2 2, e questo è eguale à 1 3 p. 32 1, che li nascono da 32, che agguagliato, il Tanto valerà 8, il quale si cava d'1 2 p. 6 1 resta 1 2 p. 6 1 m. 8, che il suo quadrato è 1 4 p. 12 3 p. 20 2 m. 96 1 p. 64, che cavatone 1 4 p. 12 3 restano 20 2 m. 96 1 p. 64, che si aggionge à 4 2 p. 32. fa 24 2 m. 96 1 p. 96, che il suo lato è R. q. 96. m. R. q. 24 1 e questo è eguale à 1 2 p. 6 1 m. 8, che agguagliato il Tanto valerà R. q. L R. q. 600 p. 23 J m. 3. m. R. q. 6.

Capitolo di potenza potenza e potenze eguale à Cubi, e numero.

Il presente Capitolo patisce l'eccettioni del passato, e sempre si fa la positione di p. 1 1 di numero, benchè si possa anco fare di meno simile al Capitolo passato, il che viene quando il quarto del quadrato di Cubi è maggiore delle potenze.

Agguaglisi 1 4 p. 10 2 à 4 3 p. 16. Quadrisi il mezzo de Cubi, fa 4, e si cava delle potenze, resta 6, e si moltiplica via 8 metà del nu. fa 48; al quale si aggionge la metà delle 2 cioè 5 2, fa 48, p. 5 2 e

questo è eguale à 1 ³ p. 16 ¹ (e li 16 ¹ nascono
dal numero il quale si fa doventar ¹) che agguagliato,
il Tanto valerà 4, il quale si somma con 1 ² m. 2 ¹
(e li 2 ¹ nascono dalla metà de ⁶ e sono meno per
essere i Cubi dalla parte contraria della ⁴ fa 1 ² m.
2 ¹ p. 4, che il suo quadrato è 1 ⁴ m. 4 ³ p. 12 ²
m. 16 ¹ p. 16, che cavatone 1 ⁴ p. 12 ² resta m. 4
³ p. 2 ² m. 16 ¹ p. 16 quantità che si deve giongere à
ciascuna delle parti accioche sia quadrato, che aggionta a 1 ⁴ p. 10 ², fa 1 ⁴ m. 4 ³ p. 12 ² m.
16 ¹ p. 16, che il suo lato è 1 ² m. 2 ¹ p. 4, et
aggionta a 4 ³ p. 16, fa 2 ² m. 16 ¹ p. 32, che il
suo lato è R. q. 32 m. R. q. 2 ¹ e questo è eguale à
1 ² m. 2 ¹ p. 4, che levato il meno, si haverà 1 ²
eguale à 2 ¹ m. R. q. 2 ¹ p. R. q. 32 m. 4, che agguagliato il Tanto valerà R. q. L R. q. 18 m. 2 ½ l p.
½ m. R. q. ½. Avertendosi, che se il quadrato della
metà de ³ sarà maggiore delle potenze, all'hora si
pone le metà delle ² dalla banda del ³, et si haverà
³, ², e ¹ eguale a numero, come sarebbe 1 ⁴ p.
10 ² eguale a 8 ³ p. 16 che fatto (come si è detto di
sopra) si haverà 1 ³ p. 16 ¹ p. 5 ² eguale à 48.

Capitolo di potenza potenza, e numero eguale à Cubi,
e potenze.

Questo Capitolo patisce, l'eccettione de passati, e si
possono fare due positioni, cioè ponere più 1 ¹ di
numero, e l'agguagliamento verrà à ³ e ² eguale
a ¹ e numero, e se si porrà meno 1 ¹ di numero,
l'agguagliamento verrà ³, e nu. eguale a ² e ¹, del

quàle ne porrò un essempio, che sarà quello di p. 1 ͜ 1 di numero.

Agguaglisi 1 ͜ 4 p. 15 a 7 ͜ 2 p. 2 ͜ 3. Piglisi il mezzo de ͜ 3, e quadrisi, fa 1, e si aggionge al numero delle ͜ 2, fa 8, e si moltiplica via la metà del numero, ch'è 7 ½, fa 60, e se li aggionge il numero, madica ͜ 1 farà 60 p. 15 ͜ 1 e questo è eguale à 1 ͜ 3 più la metà delle ͜ 2 cioè a 1 ͜ 3 p. 3 ½ ͜ 2, che agguagliato, il Tanto valerà 4, che si aggionge à 1 ͜ 2 m. 1 ͜ 1 (il quale 1 ͜ 1 nasce dalla meta de ͜ 3) fa 1 ͜ 2 m. 1 ͜ 1 p. 4 che il suo quadrato è 1 ͜ 4 m. 2 ͜ 3 p. 9 ͜ 2 m. 8 ͜ 1 p. 16, che cavatone 1 ͜ 4 p. 15. restanno m. 2 ͜ 3 p. 9 ͜ 2 m. 8 ͜ 1 p. 1 che aggionti à 7 ͜ 2 p. 2 ͜ 3 fa 16 ͜ 2 m. 8 ͜ 1 p. 1, che il suo lato è 4 ͜ 1 m. 1. ch'è eguale à 1 ͜ 2 m. 1 ͜ 1 p. 4, che agguagliato, il tanto valerà 2 ½ p. R. q. 1 ¼ .overo 2 ½ m. R. q. 1 ¼.

Capitolo di potenza potenza eguale à Cubi, potenze, e numero.

In questo Capitolo aviene come ne gli altri passati, che assai volte ci occorre il p. di m. e la sua positione è m. 1 ͜ 1 di numero, che il suo agguagliamento viene a ͜ 3, e ͜ 1 eguale à ͜ 2, e numero (come si vedrà nel seguente essempio).

Agguaglisi 1 ͜ 4 à 8 ͜ 3 p. 5 ͜ 2 p. 28. Piglisi il quarto del quadrato de ͜ 3, ch'è 16, e si, aggionge alle ͜ 2 fa 21, e si moltiplica via la metà del numero, fa 294, e se li aggionge la metà delle ͜ 2 cioè 2 ½ ͜ 2, fa 294 p. 2 ½ ͜ 2, e questo è eguale à 1 ͜ 3 p. 28 ͜ 1 che li ͜ 1 sono il numero, che agguagliato, il Tanto valerà 6, il quale si cava d'1 ^{2} m. 4 ^{1} resta 1 ^{2} m. 4 ^{1} m. 6 (et li m. 4 ^{1} sono la metà de ^{3}) che il suo quadrato è 1 ^{4} m. 8 ^{3} p. 4 ^{2} p. 48 ^{1} p. 36, che cavatone 1 ^{4} resta m. 8 ^{3} p. 4 ^{2} p. 48 ^{1} p. 36, e si aggiongono a 8 ^{3} p. 5 ^{2} p. 28. fanno 9 ^{2} p. 48 ^{1} p. 64 che il suo lato è 3 ^{1} p. 8, e questo è eguale à 1 ^{2} m. 4 ^{1} m. 6, che agguagliato il Tanto valerà R. q. 26 $\frac{1}{4}$ p. 3 $\frac{1}{2}$.

Capitolo di potenza potenza, Cubi, potenze, e Tanti eguale à numero.

Di questo Capitolo per essere molto laborioso, porrò l'agguagliamento con brevità, et parimente la posizione col mostrare dove nasca tal regola.

Agguaglisi 1 ^{4} p. 4 ^{3} p. 15 ^{2} p. 4 ^{1} à 64. Piglisi il quarto del quadrato de ^{3} ch'è 4, e cavisi del numero delle ^{2} resta 11, che moltiplicato via 32. metà del numero, fa 352, et à questo si aggionge l'ottavo del quadrato delle ^{1}, che'è 2. fa 354, e se li aggionge la metà delle ^{2}, ch'è 7 $\frac{1}{2}$ ^{2}, fa 354 p. 7 $\frac{1}{2}$ ^{2}, e si salva, poi si moltiplica la metà de ^{3} via la metà delli ^{1}, fa 4, che aggionto col numero cioè con 64, fa 68, e questi sono ^{1}, che per regola si aggiongono à 1 ^{3}, fa 1 ^{3} p. 68 ^{1} eguale à 354 p. 7 $\frac{1}{2}$ ^{2}, serbato di sopra, che agguagliato, il Tanto valerà 6, e si aggionge à 1 ^{2} p. 2 ^{1} fa 1 ^{2} p. 2 ^{1} p. 6, che il suo quadrato è 1 ^{4} p. 4 ^{3} p. 16 ^{2} p. 24 ^{1} p. 36, che cavatone 1 ^{4} p. 4 ^{3} p. 15 ^{2} p. 4 ^{1} resta 1 ^{2} p. 20 ^{1} p. 36, che aggionto à 64. fa 1 ^{2} p. 20 ^{1} p. 100, che il suo lato è 10. p. 1 ^{1} eguale à 1 ^{2} p. 2 ^{1} p. 6. detto di sopra, che agguagliato, il Tanto valerà R. q. $4\frac{1}{4}$ m. $\frac{1}{2}$.

E per dimostrare di dove nasca tal regola, fa di bisogno pigliare 1 $\overset{2}{\smile}$ lato d'1 $\overset{4}{\smile}$ et aggiongerli 2 $\overset{1}{\smile}$ metà de Cubi fa 1 $\overset{2}{\smile}$ p. 2 $\overset{1}{\smile}$ e sé gli aggionge 1 $\overset{1}{\smile}$ di nu. fa 1 $\overset{2}{\smile}$ p. 2 $\overset{1}{\smile}$ p. 1 $\overset{1}{\smile}$ di nu. che il suo quadrato è 1 $\overset{4}{\smile}$ p. 4 $\overset{3}{\smile}$ p. 4 $\overset{1}{\smile}$ p. 21 $\overset{1}{\smile}$ di $\overset{2}{\smile}$ p. 4 $\overset{1}{\smile}$ di $\overset{1}{\smile}$ p. 1 $\overset{2}{\smile}$ di nu., e se ne cava 1 $\overset{4}{\smile}$ p. 4 $\overset{3}{\smile}$ p. 15 $\overset{2}{\smile}$ p. 4 $\overset{1}{\smile}$, resta 2 $\overset{1}{\smile}$ di $\overset{2}{\smile}$ m. 11 $\overset{2}{\smile}$ p. 4 $\overset{1}{\smile}$ m. 4 $\overset{1}{\smile}$ di $\overset{1}{\smile}$ p. 1 $\overset{2}{\smile}$ di numero, e questa è la quantità, che si deve giongere a ciascuna delle parti, accioche habbino lato, che aggionta à 1 $\overset{4}{\smile}$ p. 4 $\overset{3}{\smile}$ p. 15 $\overset{2}{\smile}$ p. 4 $\overset{1}{\smile}$, il suo lato sarà 1 $\overset{2}{\smile}$ p. 2 $\overset{1}{\smile}$ p. 1 $\overset{1}{\smile}$ di numero, et aggionta à 64. fa 2 $\overset{1}{\smile}$ di $\overset{2}{\smile}$ m. 11 $\overset{2}{\smile}$ p. 4 $\overset{1}{\smile}$ di $\overset{1}{\smile}$ m. 4 $\overset{1}{\smile}$ p. 64. p. 1 $\overset{2}{\smile}$ di numero. Hora bisogna vedere, se à moltiplicare il lato delle $\overset{2}{\smile}$ ch'è R. q. L 2 $\overset{1}{\smile}$ m. 11 $\rfloor$ con il lato del numero, ch'è R. q. L 64 p. 13 $\rfloor$ il prodotto fa la metà delli $\overset{1}{\smile}$, ch'è 2 $\overset{1}{\smile}$ m. 2, e moltiplicati delti lati l'uno via l'altro fanno R. q. L 2 $\overset{3}{\smile}$ p. 128 $\overset{1}{\smile}$ m. 11 $\overset{2}{\smile}$ m. 704 $\rfloor$. eguale à 2 $\overset{1}{\smile}$ m. 2, che levata la R. q. legata, si haverà 2 $\overset{3}{\smile}$ p. 128 $\overset{1}{\smile}$ m. 11 $\overset{2}{\smile}$ m. 704. eguale à 4 $\overset{2}{\smile}$ m. 8 $\overset{1}{\smile}$ p. 4, che levato il m. e ridutto à 1 $\overset{3}{\smile}$, si haverà 1 $\overset{3}{\smile}$ p. 68 $\overset{1}{\smile}$ eguale a $3\frac{1}{2}$ $\overset{2}{\smile}$ p. 354, che agguagliato, il Tanto valerà 6, e questa è la valuta del $\overset{1}{\smile}$ di nu. che aggionto à 1 $\overset{2}{\smile}$ p. 2 $\overset{1}{\smile}$ fa 1 $\overset{2}{\smile}$ p. 2 $\overset{1}{\smile}$ p. 6, che il suo quadrato è 1 $\overset{4}{\smile}$ p. 4 $\overset{3}{\smile}$ p. 15 $\overset{2}{\smile}$ p. 4 $\overset{1}{\smile}$ resta 1 $\overset{2}{\smile}$ p. 20 $\overset{1}{\smile}$ p. 36, e questa à la quantità da aggiongere à ciascuna delle parti, che aggionta à 1 $\overset{4}{\smile}$ p. 4 $\overset{1}{\smile}$ p. 15 $\overset{2}{\smile}$ p. 4 $\overset{1}{\smile}$ et à 64 fa 1 $\overset{4}{\smile}$ p. 4 $\overset{3}{\smile}$ p. 16 $\overset{2}{\smile}$ p. 24 $\overset{1}{\smile}$ p. 36 eguale a 1 $\overset{2}{\smile}$ p. 20 $\overset{1}{\smile}$ p. 100, che pigliato il lato di ciascuna parte si haverà 1 $\overset{2}{\smile}$ p. 2 $\overset{1}{\smile}$ p. 6 eguale à 1 $\overset{1}{\smile}$ p. 10 che agguagliato, il Tanto valerà R. q. 4

$\frac{1}{4}$ m. $\frac{1}{2}$. Averlindosi, che quando il quadrato della metà de 3 ⌣ sarà maggiore del numero delle 2 ⌣ all'hora si potrà fare la positione, che dira m. 1 ⌣ di numero, dove in questo essempio dice p. 1 ⌣ di numero.

Capitolo di potenza potenza, Cubi, potenze e numero eguale à Tanti.

Questo Capitolo patisce l'eccettioni di passati, e ogni volta, che à sommare tutti i numeri delle dignità cioè de Cubi, potenze, et potenze potenze saranno maggiori del numero delli Tanti, e che il nu. sarà pari, ò maggiore del numero di essi Tanti è impossibile fare tale agguagliamento (come si vedrà nel primo essempio) volendo per questo rispetto ponere due essempij del presente Capitolo.

Agguaglisi 1 4 ⌣ p. 8 3 ⌣ p. 8 2 ⌣ p. 10 a 8 1 ⌣. Piglisi il quarto del quadrato de Cubi, ch' è 16, e se ne cavi il nu. delle 2 ⌣, ch'è 8, resta 8, il quale si moltiplica via 5. metà del numero, fa 40, alquale si aggionge l'oltavo del quadrato delli 1 ⌣ ch'è 8; poi si moltiplica la metà delli Tanti via la metà de Cubi, fa 16, e se li aggionge il nu. cioè 10 fa 26, e sono Tanti, alli quali si aggionge la metà delle 2 ⌣ fa 26 1 ⌣ p. 4 2 ⌣ che si aggiongono al 40, et 8. detti di sopra fanno 26 1 ⌣ p. 4 2 ⌣ p. 48, e questo per regola è eguale à 1 3 ⌣, che agguagliato, il Tanto valerà 8, che aggionto à 1 2 ⌣ p. 4 1 ⌣, fa 1 2 ⌣ p. 4 1 ⌣ p. 8, che il suo quadrato è 1 4 ⌣ p. 8 3 ⌣ p. 32 2 ⌣ p. 64 1 ⌣ p. 64, che cavatone 1 4 ⌣ p. 8 3 ⌣ p. 8 2 ⌣ p. 10, resta 24 2 ⌣ p. 64 1 ⌣ p. 54, che aggionti à 8 1 ⌣ fanno 24 2 ⌣ p. 72 1 ⌣ p. 54, che il suo lato è R. q. 54.

p. R. q. 24 ⌣, ch'è eguale à 1 ⌣ p. 4 ⌣ p. 8 detto di
sopra, che ridutto alla equatione, si haverà 1 ⌣ p. 8.
m. R. q. 54 eguale à R. q. 24 m. 4 che non si può agguagliare, perche non si può cavare il numero della
metà quadrata delli Tanti; il che aviene perche, patisce le difficultà delte di sopra, che sommati i numeri delle dignità fanno 17, ch'è maggiore di 8 numero
delli Tanti, e 10, ch'è il numero è maggiore del detto
8. numero delli Tanti : però la domanda che farà venire tal agguagliamento è insciolubile.

Agguaglisi 1 ⌣ p. 8 ⌣ p. 4 ⌣ p. 2. à 24 ⌣. Piglisi
il quarto del quadrato de Cubi, ch'è 16, e cavisene il
numero delli ⌣ resta 12, il quale si moltiplica via 1.
metà del numero, fa 12, e questo si aggionge à 72. ottavo del quadrato delti Tanti. fa 84, e se li aggionge la
metà delle ⌣ et 1 ⌣ per regola, fa 84 p. 2 ⌣ p. 1 ⌣,
che si salva. Poi si moltiplica la metà de Cubi via la
metà delli Tanti fa 48 , che aggiontali il numero cioè
2, fa 50, che sono Tanti, e sono eguali à 84, p. 2 ⌣
p. 1 ⌣ serbato di sopra, che agguagliato, il Tanto
valerà 2. e detto 2. si cava d'1 ⌣ p. 4 ⌣ (e li 4 ⌣
nascono dalla metà di Cubi) resta 1 ⌣ p. 4 ⌣ m. 2.
che il suo quadrato è 1 ⌣ p. 8 ⌣, p. 12 ⌣ m. 16
⌣ p. 4, che cavatone 1 ⌣ p. 8 ⌣ p. 4 ⌣ p. 2 resta
8 ⌣ m. 16 ⌣ p. 2, che aggionto à 24 ⌣ fa 8 ⌣ p.
8 ⌣ p. 2, che il suo lato è R. q. 8 ⌣ p. R. q. 2 et è
eguale à 1 ⌣ p. 4 ⌣ m. 2, che agguagliato, il Tanto
valerà R. q. L 8. m. R. q. 18 ⌐ p. R. q. 2 m. 2.

Capitolo di potenza potenza, Cubi, Tanti, e numero eguale à potenze.

Il presente Capitolo patisce le eccettioni de gli altri soprudetti, e può venire in assai modi, del quale (com' altre volte hò detto) per non andare in l'infinito, ne porrò solo uno essempio.

Agguaglisi 1 $\overset{4}{\smile}$ p. 6 $\overset{3}{\smile}$ p. 6 $\overset{1}{\smile}$ p. 22 à 29 $\overset{2}{\smile}$. Aggionghisi alle $\overset{2}{\smile}$ il quarto del quadrato de $\overset{3}{\smile}$, ch'è 9, fa 38, e moltiplichisi per 11. metà del numero, fa 418, al quale si aggionge l'ottavo del quadrato delli $\overset{1}{\smile}$, ch'è $4\frac{1}{2}$, fa $422\frac{1}{2}$, e salvisi. Poi si moltiplica la metà de Cubi via la metà delli Tanti, fa 9, e si cava del numero, resta 13, e sono $\overset{1}{\smile}$, che aggionti à $422\frac{1}{2}$ serbato di sopra, fa $422\frac{1}{2}$ p. 13 $\overset{1}{\smile}$ e per regola è eguale à 1 $\overset{3}{\smile}$ p. la metà delle $\overset{2}{\smile}$ cioè $14\frac{1}{2}$ $\overset{2}{\smile}$, che agguagliato, il Tanto valerà 5, et si aggionge à 1 $\overset{2}{\smile}$ p. 3 $\overset{1}{\smile}$, fa 1 $\overset{2}{\smile}$ p. 3 $\overset{1}{\smile}$ p. 5 e li Tanti nascono dalla metà de Cubi, che il suo quadrato è 1 $\overset{4}{\smile}$ p. 6 $\overset{3}{\smile}$ p. 19 $\overset{2}{\smile}$ p. 30 $\overset{1}{\smile}$ p. 25, che cavatone 1 $\overset{4}{\smile}$ p. 6 $\overset{3}{\smile}$ p. 6 $\overset{1}{\smile}$ p. 22, resta 19 $\overset{2}{\smile}$ p. 24 $\overset{1}{\smile}$ p. 3, che aggionto à 29 $\overset{2}{\smile}$, fa 48 $\overset{2}{\smile}$ p. 24 $\overset{1}{\smile}$ p. 3, che il suo lato è R. q. 48 $\overset{1}{\smile}$ p. R. q. 3 et è eguale à 1 $\overset{2}{\smile}$ p. 3 $\overset{1}{\smile}$ p. 5, detto di sopra, che agguagliato, il Tanto valerà R. q. 12. m. $1\frac{1}{2}$ m. R. q. L 9 $\frac{1}{4}$ m. R. q. 75. Overo R. q. 12 m. $1\frac{1}{2}$ m. R. q. L 9 $\frac{1}{4}$ m. R. q. 75], che l'una, e l'altra valuta è vera.

Capitolo di potenza potenza, potenze, Tante e numero eguale à Cubi.

Questo Capitolo patisce le difficultà de Capitoli di

⌣³ eguale à ⌣¹, e numero, e di ⌣³, e numero eguale
à ⌣¹ e rare volte si può agguagliare senza il p. di m.
e di esso solo ne porrò un essempio.

Agguaglisi 1 ⌣⁴ p. 3 ⌣² p. 40 ⌣¹ 20 à 8 ⌣³. Piglisi
il quarto del quadrato de ⌣³, chè 16, del quale se ne
cava 3. numero delli ⌣², resta 13. che moltiplicato via
10. metà del numero, fa 130, e se li aggionge l'ottavo
del quadrato delli ⌣¹, ch'è 200, fa 330, e se li aggionge
la metà delle ⌣², ch'è 1 ½ ⌣² et 1 ⌣³ per regola, fa
320. p. 1 ½ ⌣² p. 1 ⌣³, che si salva. Poi si moltiplica la
metà delli ⌣¹ via la metà de ⌣³, fa 80; et aggiontoli il
num. fa 100, e sono ⌣¹, che sono eguali à 320. p. 1
½ ⌣² p. 1 ⌣³ serbato di sopra, che agguagliato, il Tanto
valerà 6, che si cava d'1 ⌣² m. 4 ⌣¹ resta 1 ⌣² m. 4 ⌣¹
m. 6 (e li m. 4 ⌣¹ nascono dalla metà delli Cubi, e
sono m. per essere li Cubi dalle parte contraria della
⌣⁴ che il suo quadrato è 1 ⌣⁴ m. 8 ⌣³ p. 4 ⌣² p. 48
⌣¹ p. 36, che cavatone 1 ⌣⁴ p. 3 ⌣² p. 40 ⌣¹ p. 20,
resta 1 ⌣² p. 8 ⌣¹ p. 16. m. 8 ⌣³ che aggionto à 8 ⌣³
fa 1 ⌣² p. 8 ⌣¹ p. 16, che il suo lato è 1 ⌣¹ p. 4, et è
eguale à 1 ⌣² m. 4 ⌣¹ m. 6, che agguagliato, il Tanto
valerà R. q. 16 ¼ p. 2 ½, avertendosi, che il lato d'1 ⌣⁴
m. 8 ⌣³ p. 4 ⌣² p. 48 ⌣¹ p. 36 può essere 6. p. 4 ⌣¹ p.
1 ⌣², che agguagliato, il Tanto valerà R. q. 4 ¼ p. 1 ½.

Capitolo di potenza potenza, Cubi, e Tanti eguale à
potenza, e numero.

De questo Capitolo si può fare la positione in due
modi, e patisce le difficultà del passato, e l'essempio,
che io in porrò sara di m. 1 ⌣¹ di numero.

Agguaglisi 1 ⁴ p. 12 ³ p. 72 ¹ à 8 ² p. 84. Piglisi il quarto del quadrato delli Cubi, ch'è 36, e ag-
gionhisi alle ², fa 44, e moltiplichisi via la metà del
numero, fa 1848, che cavatone l'ottavo del quadrato
delli ¹, resta 1200, e se li aggionge la metà delle ²
fa 1200. p. 4 ², e si salva, poi si moltiplica il mezzo
de i Cubi via il mezzo delle ¹, fa 216, al quale si aggionge il numero, fa 300, e sono ¹; alli quali gionto
1 ³ per regola, fa 1 ³ p. 300 ¹, ch'è eguale à 1200.
p. 4 ² serbato di sopro, che agguagliato, il Tanto valerà 4, che si cava d'1 ² p. 6 ¹, resta 1 ² p. 6 ¹
m. 4, che il suo quadrato è 1 ⁴ p. 12 ³ p. 28 ² m.
48 ¹ p. 16, che cavatone 1 ⁴ p. 12 ³ p. 72 ¹ resta
28 ² m. 120 ¹ p. 16, che aggionto à 8 ² p. 84 fanno
36 ² m. 120 ¹ p. 100, che il suo lato è 10. m. 6 ¹ et
è eguale à 1 ² p. 6 ¹ m. 4, che agguagliato, il Tanto
valerà R. q. 50 m. 6.

Capitolo di potenza potenza, Cubi, e numeró, eguale à potenze, e Tanti.

Le positioni di questo Capitolo sono due. Ma sempre
si può fare con la positione di p. 1 ¹ di numero, e
patisce le difficoltà del passato.

Agguaglisi 1 ⁴ p. 16 ³ p. 36. a 60 ² p. 32 ¹.
Piglisi l'ottavo del quadrato de Cubi, ch'è 32, et aggionghisi con la metà delle ² fa 62, che moltiplicato
via il numero fa 2232, al quale aggionto l'ottavo del
quadrato delli Tanti, fa 2360, che si salva, poi si moltiplica il mezzo de Cubi via il mezzo delli ¹ fa 128,
e se gli aggionge il numero cioè 36 fa 164, che sono

1, che aggionti con 2360 serbato di sopra, fa 2360.
p. 164 1, e questo per regola è eguale à 1 3 più il
mezzo delle 2 cioè 30 2, che agguagliato, il Tanto
valerà 10, che si aggionge à 1 2 p. 8 1, e li 8 1 nascono dal mezzo de Cubi, fa 1 2 p. 8 1 p. 10, che
il suo quadrato è 1 4 p. 16 3 p. 84 2 p. 160 1 p.
100, che cavatone 1 4 p. 16 3 p. 36, resta 84 2 p.
160 1 p. 64, che aggionto à 60 2 p. 32 1, fa 144 2
p. 192 1 p. 64, che il suo lato è 12 1 p. 8, et è eguale
à 1 2 p. 8 1 p. 10, che agguagliato, il Tanto valerà 2.
p. R. q. 2. overo 2. m. R. q. 2.

Capitolo di potenza potenza, potenze, e Tanti, eguale à Cubo, e numero.

Per essere il presente Capitolo molto simile al passato, patisce le medesime eccettioni, et hà anco egli due
positioni come il sopradetto.

Agguaglisi 1 4 p. 43 2 p. 12 1 à 12 3 p. 360.
Piglisi il quarto del quadrato de Cubi ch'è 36, e
cavisi di 43. numero delle 2 resta 7, che moltiplicato
via 130. metà del numero, fa 910, al quale si aggionge
la metà delle 2 ch'è 21 1/2 2, e l'ottavo del quadrato
del numero delli 1, ch'è 18, fa 21 1/2 2 p. 928, che si
salva, poi si moltiplica la metà de 3 via la metà delli
1, fa 36, che cavato del numero, cioè di 260 resta 224,
e sono 1 che aggionti con 1 3, per regola, fa 1 3 p.
224 1, et è eguale a 21 1/2 2 p. 928. serbato di sopra,
che agguagliato, il Tanto valerà 8, che aggionto con 1
2 m. 6 1 (che li m. 6 1 sono la metà de 3) fa 1 2
m. 6 1 p. 8, che il suo quadrato è 1 4 m. 12 3 p. 56

$_2$ m. 96 $_1$ p. 64, che cavatone 1 $_4$ p. 43 $_2$ p. 12 $_1$, resta m. 12 $_3$ p. 9 $_2$ m. 108 $_1$ p. 64, che aggionti à 12 $_3$ p. 260, fa 9 $_2$ m. 108 $_1$ p. 324, che il suo lato è 18. m. 3 $_1$, et è eguale à 1 $_2$ m. 6 $_1$ p. 8, che agguagliato il Tanto valerà 5.

Capitolo di potenza potenza, potenza, e numero eguale à Cubi, et Tanti.

Il presente Capitolo è come il passato, et patisce le medesime eccettioni, però senz'altro verrò al suo essempio.

Agguaglisi 1 $_4$ p. 40 $_2$ à 16 $_3$ p. 144 $_1$. Piglisi il quadrato della metà de $_3$, ch'è 64, e se ne cavi 40. numero delle $_2$ resta 24, e si moltiplica via la metà del numero, fa 240, e si aggionge all'ottavo del quadrato delli $_1$ fa 2832, e se li aggionge la metà delle $_2$ cioè 20 $_2$, fa 2832. p. 20 $_2$ e si salvi. poi si moltiplica il mezzo di $_3$ via il mezzo delli $_1$, fa 576, e se ni cava 20, resta 556, che sono $_1$, li quali per regola si aggiongono à 1 $_3$, fa 1 $_3$ p. 556 $_1$ eguale à 2832. p. 20 $_2$ serbato di sopra, che aggugaliato, il Tanto valerà 6, il quale si aggionge à 1 $_2$ m. 8 $_1$ (e li m. 8 $_1$ nascono dalla metà de $_3$) fa 1 $_2$ m. 8 $_1$ p. 6 che il suo quadrato è 1 $_4$ m. 16 $_3$ p. 76 $_2$ m. 96 $_1$, p. 36, che cavatone 1 $_4$ p. 40 $_2$ p. 20 resta 36 $_2$ m. 96 $_1$ m. 16 $_3$. p. 16 che aggionto à 16 $_3$ p. 144 $_1$ fa 36 $_2$ p. 48 $_1$ p. 6. detto di sopra, che agguagliato, il Tanto valerà 7. p. R. q. 47 overo 7. m. R. q. 47, che l'una e l'altra valuta è vera.

Capitolo di potenza potenza, Tanti, e numero eguale à
Cubi, e potenze.

Questo Capitolo è simile in ogni parte delle difficultà e positioni al sopradetto (come nello essempio si
vedrà).

Agguaglisi 1 4 p. 16 1 p. 32. à 8 3 p. 60 2.
Piglisi il quadrato della metà de 3 ch'è 16, et aggionghisi alle 2 fa 76, e moltiplichisi via la metà del numero, fa 1216, et à questo si aggionge l'ottavo del quadrato delli 1, ch'è 32, fa 1248, e si salva, poi si moltiplichi la metà de 3 via la metà delli 1 fa 32, et aggionghisi al numero cioè à 32, fa 64, e sono 1, che aggionti alla meta delle 2 cioè a 30 2, fa 64 1 p. 30
2, e questo è eguale à 1 3 p. il numero serbato, cioè
1248, che agguagliato, il Tanto valerà 6, e questo si
cava d'1 2 m. 4 1 (e li 1 nascono della metà de 3)
resta 1 2 m. 4 1 m. 6, che il suo quadrato è 1 4
m. 8 3 p. 4 2 p. 48 1 p. 36, che cavatone 1 4 p.
16 1 p. 20; restanno 4 2 p. 4. m. 8 3 p. 32 1, che
aggionto à 8 3 p. 60 2 fa 64 2 p. 32 1 p. 4, che
il suo lato è 8 1 p. 2, ch'è eguale à 1 2 m. 4 1 m.
6, che agguagliato, il Tanto valerà R. q. 44. p. 6.

Capitolo di potenza potenza, Cubi, e potenze eguali
à Tanti, e numero.

Patendo i Capitoli, che seguiranno il medesino difetto, e eccettioni, che hanno patiti gli ultimi sopra-
scritti porrò dunque (secondo l'ordine) l'essempio di
ciascuuo senza dir altro.

Agguaglisi 1 ⁴ p. 12 ³ p. 30 ² à 20 ¹ p. 75. Piglisi il quadrato della metà de ³ ch'è 36, del quale
sene cavi 30, numero delle ², resta 6, che moltiplicato
via 37 ½ metà del numero, fa 225, del quale se ne cava
80, ottavo quadrato delli ¹, resta 175, che si salva. Poi
moltiplichisi il mezzo de Cubi via il mezzo delli ¹, fa
60, che si cava di 75. cioè del numero, resta 15 che sono
¹, alli quali per regola si aggionge 1 ³ fa 1 ³ p. 15
¹ che aggiontoli 175. serbato di sopra, fa 1 ³ p. 15 ¹
p. 175, e questo è eguale alla metà delle ² cioè a 15 ²,
che agguagliato, il Tanto valerà 5, il quale si aggionge
à 1 ² p. 6 ¹ (e li ¹ nascono della meta de ³) fa 1
² p. 6 ¹ p. 5 che il suo quadrato è 1 ⁴ p. 12 ³ p.
46 ² p. 60 ¹ p. 25, che cavtoane 1 ⁴ p. 12 ³ p. 30
², resta 16 ² p. 60 ¹ p. 25, che gionto a 20 ¹ p.
75 fa 16 ² p. 8 ¹ p. 100, che il suo lato è 4 ¹ p.
10, ch'è eguale a 1 ² p. 6 ¹ p. 5 detto di sopra, che
agguagliato, il Tanto valera R. q. 6. m. 1.

Capitolo di potenza potenza, i Cubi, eguale à potenze,
Tanti e numero.

Agguaglisi 1 ⁴ p. 10 ³ à 19 ² p. 92 ¹ p. 44.
Piglisi il quadrato della metà de ³ ch'è 25, et aggionghisi à 19. num. delle ² fa 44, et moltiplichisi
via la metà del numero, fa 968, che cavato di 2058.
quadrato dell'ottavo delli ¹, resta 90, il quale si salva.
Poi si moltiplica il mezzo di ³ via il mezzo delli ¹ fa
230, che cavatone il numero, cioè 44, resta 286, che
sono ¹, li quali aggionti col 90. serbato di sopra fa
186 ¹ p. 90, e sono eguali à 1 ³ p. la metà delle ²

cioè 9 $\frac{1}{2}$ 2, che agguagliato, il Tanto vale 10, che aggionto à 1 2 p. 5 1 fa 1 2 p. 5 1 p. 10, che il suo quadrato è 1 4 p. 10 3, p. 45 2 p. 100 1 p. 100, che cavatoni 1 4 p. 10 3 resta 45 2 p. 100 1 p. 100, che gionto à 19 2 p. 92 1 p. 44, fa 64 2 p. 192 1 p. 144, che il suo lato è 8 1 p. 12, et è eguale à 1 2 p. 5 1 p. 10, che agguagliato, il Tanto valerà R. q. 4 $\frac{1}{4}$ p. 1 $\frac{1}{2}$.

Capitolo di potenza potenza, e potenze eguale à Cubi, Tanti, e numero.

Agguaglisi 1 4 p 8 2 à 6 3 p. 72 1 p. 48. Piglisi il quadrato della metà delli 3 ch'è 9, e cavisene il nu. delle 2, resta 1, quale si moltiplichi via la metà del numero, fa 24, che cavato di 648. ottavo del quadrato delli 1, resta 624, che aggiontali la metà delle 2 cioè 4 2 fa 624 p. 4 2, che si salva. Poi si moltiplica la metà de 3 via la metà de 1 fa 108, al quale aggionto il numero, fa 156, che sono 1, che per regola se li aggionge 1 3 fa 1 3 p. 156 1, che sono eguali à 624 p. 4 2 serbato di sopra, che agguagliato, il Tanto valerà 4, che aggionto à 1 2 m. 3 1 (e li 1 nascono dalle metà de 3) fa 1 2 m. 3 1 p. 4, che il suo quadrato è 1 4 m. 6 3 p. 17 2 m. 24 1 p. 16, che cavatone 1 4 p. 8 2, resta 9 2 p. 16 m. 6 3 m. 24 1 che gionto à 6 3 p. 72 1 p. 48, fa 9 2 p. 48 1 p. 64 che il suo lato è 3 1 p. 8, et è eguale à 1 2 m. 3 1 p. 4, che agguagliato, il Tanto valerà R. q. 13 p. 3.

Capitolo di potenza potenza, e Tanti eguale à Cubi,
potenze, e numero.

Agguaglisi 1 4 p. 32 1 à 8 3 p. 16 2 p. 12.
Aggionghisi alle 2 il quadrato della metà de 3, fa 32,
che moltiplicato via la metà del numero, fa 192, e
cavatone 128 ottavo del quadrato delli 1 resta 64, al
quale aggionto la metà delle 2 et 1 3, per regola, fa
1 3 p. 8 2 p. 64, e si salva; poi si moltiplica la metà
de 3 via la metà delle 1, fa 64, che cavatone il numero, cioè 12, resta 52, e sono 1, i quali sono eguali
à 1 3 p. 8 2 p. 64 che agguagliato il Tanto valerà 2,
che gionto à 1 2 m. 4 1, fa 1 2 m. 4 1 p. 2, che
il suo quadrato è 1 4 m. 8 3 p. 20 2 m. 16 1 p. 4,
che cavatone 1 4 p. 32 1, resta 20 2 m. 48 1 m.
8 3 p. 4, che gionto à 8 3 p. 16 2 p. 12, fa 36 2
m. 48 1 p. 16, che il suo lato è 6 1 m. 4 overo 4. m.
6 1 et è eguale a 1 2 m. 4 1 p. 2, che agguagliato,
il Tanto valerà 5 p. R. q. 23 overo 5. m. R. q. 23.
overo R. q. 3. m. 1 che tutte queste valute sono
vere.

Capitolo di potenza potenza, e numero eguale à Cubi,
potenze, e Tanti.

Agguaglisi 1 4 p. 60 à 12 3 p. 128 1 p. 12 2
quadrisi la metà de 3 fa 36, et aggionghisi al numero
delle 2 fa 48, che moltiplicato via 30. metà del numero, fa 1440, che aggionto all'ottavo del quadrato
delli 1 fa 3488, che si salva. Poi si moltiplica la metà

de 3 via la metà delli 1, fa 384, che cavatone il numero, resta 324, che sono 1, alli quali aggionto la metà
delle 2, et 1 3 per regola, fa 1 3 p. 6 2 p. 324 1
eguale à 3488. serbato di sopra, che agguagliato, il Tanto valerà 8; il quale aggionto à 1 2 m. 6 1 (e li 6 1
sono la metà de Cubi) fa 1 2 m. 6 1 p. 8, che il suo
quadrato è 1 4 m. 12 3 p. 52 2 m. 96 1 p. 64, che
cavatone 1 4 p. 60, resta m. 12 3 p. 52 2 m. 96 1
p. 4, che aggionto a 12 3 p. 128 1 p. 12 2 fa 64 2
p. 48 1 p. 4, che il suo lato è 8 1 p. 2 et è eguale à
1 2 m. 6 1 p. 8. detto di sopra, che agguagliato, il
Tanto valerà 7. p. R. q. 43 overo 7. m. R. q. 43.

Capitolo di potenza potenza eguale à Cubi, potenze, Tanti, e numero.

Agguaglisi 1 4 à 4 3 p. 11 2 p. 120 1 p. 75.
Piglisi il quadrato della metà de 3, ch'è 4 che aggionto con 11. numero delle 2 fa 15, che moltiplicato
via 37 ½ metà del numero, fa 562 ½, che cavato di
1800. ottavo del quadrato delli 1 resta 1237 ½ Poi si
moltiplica la metà de 3 via la metà delli 1, fa 120,
che aggionto col num. fa 195, e questi sono 1, che
aggionti col mezzo delle 2 e 1 3 per regola fa 1 3
p. 5 ½ 2 q. 195 1 eguale a 1237 ½ detto di sopra,
che agguagliato, il Tanto valerà 5, che aggionto à 1
2 m. 2 1 liquali 2 1 sono la metà de cubi, fa 1 2
m. 2 1 p. 5, che il suo quadrato è 1 4 m. 4 3 p. 14
2 m. 20 1 p. 25 che cavatone 1 4 resta m. 4 3 p.
14 2 m. 20 1 p. 25, che aggionto à 4 4 p. 11 2
p. 120 1 p. 75, fa 25 2 p. 100 1 p. 100 che il suo

lato è 5 $\smile$ ^{1} p. 10, et è eguale à 1 $\smile$ ^{2} m. 2 $\smile$ ^{1} p. 5, che aggualiato, il Tanto valerà R. q. $17\frac{1}{4}$ p. $3\frac{1}{2}$.

Son di opinione che a molti non haverò dodisfatto in questi ultimi Capitoli, dove intervengono le potenze, di potenze (per essere stato breve) ma questi Capitoli solo tali che (chi intende bene uno di essi) li intenderà tutti, et havendo voluto mettere tutti li casi, che potevano intravenire nelle loro aggualiationi, si saria fatto piu tosto un volume d'un corpo di Testi civili; che un breve epilogo di capitoli di Potenze. Tanti e numeri, il che sempre fù lontanissimo della natura mia, per essere studiosissimo della brevità. Però me ne sono passato con brevità, parendomi che sia bastato a chiarire bene li sei Capitoli primi di $\smile$ ^{4}, $\smile$ ^{1}, e numero, e $\smile$ ^{4}, $\smile$ ^{3}, e numero, e quando hò havuto $\smile$ ^{3} eguali à $\smile$ ^{1}, e numero, e $\smile$ ^{3}, e numero eguale à $\smile$ ^{1}, che hò detto, che aggualiato el Tanto vale (et cetera) et perche hanno più valute, alcuna volta ho pigliata quella, che mi tornava più a proposito non seguitando le vie ordinarie, il che in questi casi non importa. Non restarò gia hora di dir questo, che questi Capitoli sono un Caos, et infiniti passi, e cose vi occorrono, li quali non si possono insegnar tutte, delle quali ne darò qualche saggio; e li prudenti ne potranno trovare dell'altre; magli huomini rozzi e ancora mediocri non ci si affatichino; che getteranno il tempo, perche sono cose difficilissime, e questi Capitoli hanno tanti capi (come ho detto di sopra) ch'è un pelago profondo, però verrò alle avertenze promesse, col che porrò fine à questo mio secondo libro.

Prosuposto, che si havesse da aggualiare 1 $\smile$ ^{4} p. 2

2. à 1 1 p. 12. Le à ciascuna delle parti si aggiongerà 1 2 farà 1 4 p. 2 3 p. 1 2 eguale à 1 2 p. 1 1 p. 12, che 1 4 p. 2 3 p. 1 2 è quadrato, et il suo lato è 1 2 p. 1 1 il quale hà proportione con 1 2 p. 1 1, ch'è accompagnato con il 12 (come di 1 à 1) però se 1 2 p. 1 ∴ accompagnato con 12. è el lato dell' altra parte, e cosi si potrà formare nuovo quesito, e dire. Trovami un numero, che moltiplicato per 1. ed' il produtto quadrato faccia quanto farebbe, se à detto numero fosse aggionto 12 (et quel moltiplicare per 1. lo dico per respetto delli essempij à venire). Pongo che il numero sia 1 1, che aggionto con 12. fa 12. p. 1 1; et à moltiplicare 1 1 via 1 fa 1 1, e poi à quadrarlo fa 1 2 e questo è eguale à 1 1 p. 12, che agguagliato il Tanto vale 4. e 4, viene ad essere il lato d'1 4 p. 2 3 p. 1 2 cioè 1 2 p. 1 1 però 1 2 p. 1 1 è eguale à 4, che agguagliato, il Tanto vale R. q. 4 1/4 m. 1/2, et è finita la agguagliatione d'1 4 p. 2 3 à 1 1 p. 12.

Agguaglisi 1 4 p. 6 3 à 27 1 p. 10. Se si giongerà à ciascuna delle parti 9 2, si haverà 1 4 p. 6 3 p. 9 2 eguale à 9 2 p. 27 1 p. 10 et 1 4 p. 6 3 p. 9 2 haverà lato che sarà 1 2 p. 3 1, ch'è in proportione nonupla con 9 2 p. 27 1 e ci avanza 10. però il quesito potrà formarsi è dire: Trovami un numero quadrato, che il suo lato moltiplicato per 9 e aggiontoli 10, faccia esso numero quadrato, che posto, che il numero quadrato sia 1 2, il suo lato sarà 1 1, che moltiplicato per 9, et aggiontali 10. fa 9 1 p. 10 e questo è eguale à 1 2, che agguagliato, il Tanto valerà 10, et il lato d'1 4 p. 6 3 p. 9 2 cioè 1 2 p. 3

¹ sarà eguale à 10, che agguagliato il Tanto valerà 2. che 1 ⁴ sarà 16. 6 ³ saranno, 48 che gionti insieme fanno 64 e 27 ¹ p. 10. sono 64. anch' essi.

Agguaglisi 1 ⁴ p. 27 ¹ à 6 ³ p. 10; Levinci li ³ e li ¹ scambievolmente, e si haverà 1 ⁴ m. 6 ³ eguale à 10 m. 27 ¹ e se à ciascuna delle parti si aggiongerà 9 ² si haverà 1 ⁴ m. 6 ³ p. 9 ² eguale à 9 ² m. 27 ¹ p. 10 et 1 ⁴ m. 6 ³ p. 9 ² hà lato, ch'è 1 ² m. 3 ¹ che con 9 ² m. 27 ¹ ha la proportione detta nel passato come da 1. à 9. però si formarà il quesito (come di sopra) che il Tanto valerà 10, e questo e eguale al lato d'1 ⁴ m. 6 ³ p. 9 ² ch'è 1 ² m. 3 ¹, che agguagliato, il Tanto valerà 5, che 1 ⁴ sara 625, e 27 ¹ sono 135, che gionti insieme fanno 760, et 1 ³ è 125, e li 6 ³ sono 750, che aggiontoli 10, fa 760.

Vi è un altra avertenza, ancora, che alcuna volte serve, ch'è il partire ciascuna delle quantità, per un altra quantità e li avenimenti saranno eguali. Come si si havesse da agguagliare 1 ⁴ à 22 ¹ p. 40, se si levarà a ciascuna delle parti 16, restarà 1 ⁴ m. 16 eguale à 12 ¹ p. 24, e perche la proportione di 12 ¹ à 24 è come da 1 ¹ à 2, e ciascuno di loro è lato del lato di 1 ⁴, e di 16. cioè 1 ¹ è lato del lato d'1 ⁴, e 2 è lato del lato di 16, ma avertiscasi, che sempre li numeri vogliono essere l'uno al contrario dell' altro, cioè uno più, e l'altro meno, cioè con 1 ⁴ è m. 16, e con li 12 ¹ è p. 24, e se con 1 ⁴ fosse più 16 con 12 ¹ vorria essere m. 24. mà retornando al principio dico, che 1 ⁴ m. 16 è eguale à 12 ¹ p. 24, che l'una e l'altra parte si può partire per 1 ¹ p. 2, che ne viene

1 ⌣3 m. 2 ⌣2 p. 4 ⌣1 m. 8. eguale à 2 ⌣2 p. 20, del
che si farà la aguagliatione (com'è stato insegnato).

Agguaglisi 1 ⌣4 p. 6 ⌣3 à 18 ⌣1 p. 4. Gionghisi 32
à ciascuna parte, si haverà 1 ⌣4 p. 6 ⌣3 p. 32. eguale à
18 ⌣1 p. 36, che partita ciascuna parte per 1 ⌣1 p. 2.
ne viene 1 ⌣3 p. 4 ⌣2 m. 8. ⌣1 p. 16. eguale à 18, che
redutto à brevità, si haverà 1 ⌣3 p. 4 ⌣2 eguale à 8
⌣1 p. 2, che fatta la agguagliatione si haverà la valuta
del Tanto, col che farò fine di ragionare di queste agguagliationi, e dignitadi; ma verrò alle operationi di
esse; le quali saranno quelle demostrationi Matematiche (ò Problemi, che dir vogliamo) cotanto da scri-
tori commendate : che sarà l'ultima parte di questa
opera, reserbandomi poi con più mio agio, e commodità di dare al mondo tutti questi Problemi in demostrationi geometriche.

Après avoir donné les extraits de Bombelli pour
l'exposition des recherches sur les équations du troisième et du quatrième degré, nous allons reproduire
ici quelques passages de Cardan, sur le même sujet :
voici ce qu'il dit (1) sur les équations cubiques.

De cubo et rebus æqualibus numero Cap. XI.

Scipio ferreus Bononiensis, iam annis ab hinc tri-
ginta fermè capitulum hoc invenit, tradidit vero An-
thonio Mariæ Florido Veneto, qui cum in certamen
cum Nicolao Tartalea Brixellense aliquando venisset,
occasionem dedit, ut Nicolaus invenerit et ipse, qui
cum nobis rogantibus tradidisset, suppressa demon-
stratione, freti hoc auxilio demonstrationem quæsivi-
mus eamque in modos, quod difficillimum fuit, re-
dactam sic subiecimus.

Demonstratio.

Sit igitur exempli causa cubus $g. h.$ et sexcuplum
lateris $g. h.$ æquale 20, et ponam duos cubos $a. e.$ et
$c. l.$ quorum differentia sit 20 ita quod productum
$a. c.$ lateris, in $c. l.$ latus sit 2, tertia scilicet numeri

---

(1) Cardani ars magna, f. 29.

rerum pars, et abscindam *c. b.*, æqualem *c. k.* dico,
quod si ita fuerit, lineam *a. b.* residuum, esse æqualem

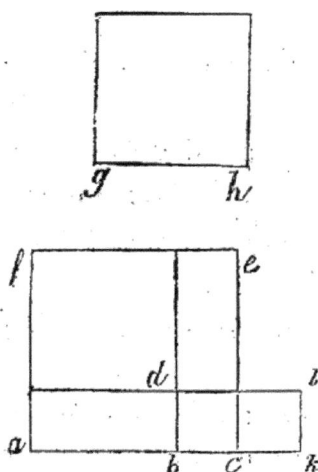

g. h. et ideo rei æstimationem, nam de *g. h.* iam sup-
ponebatur, quod ita esset, perficiam igitur per modum
primi suppositi 6[i] capituli huius libri corpora *d. a.*, *d.*
c., *d. e.*, *d. f.*, ut per *d. c.* intelligamus cubum *b. c.* per
d. f., cubum *a. b.* per *d. a.* triplum *c. b.* in quadratum
a. b. per *d. e.* triplum *a. b.* in quadratum *b. c.* quia igitur est *a. c.* in *c. k.* fit 2 ex *a. c.* in *c. k.* ter fiet 6 numerus rerum, igitur ex *a. b.* in triplum *a. c.* in *c. k.* fiunt
6 res *a. b.*, seu sexcuplum *a. b.*, quare triplum producti
ex *a. b. b. c. a. c.*, est sexcuplum *a. b.*, at vero differentia cubi *a. c.*, a cubo *c. k.*, et existenti à cubo *b. c.*
et æquale ex supposito, est 20 et ex supposito primo
6[i] capituli, est aggregatum corporum *d. a.*, *d. e.*, *d. f.*
tria igitur hæc corpora sunt 20, posita vero *b. c.* in :
cubus *a. b.*, æqualis est cubo *a. c.* et triplo *a. c.* in
quadratum *c. b.*, et cubo *b. c.* in : et triplo *b. c.* in

quadratum $a.\,c.$ in : per demonstrata illic, differentia
autem tripli $b.\,c.$ in quadratum $a.\,c.$ a triplo $a.\,c.$ in
quadratum $b.\,c.$ est productum $a.\,b.$, $b.\,c.$, $a.\,c.$,
quare cum hoc, ut demonstratum est, æquale sit sexcuplo $a.\,b.$, igitur addito sexcuplo $a.\,b.$, ad id quod fit
ex $a.\,c.$ in quadratum $b.\,c.$ ter, fiet triplum $b.\,c.$ in
quadratum $a.\,c.$ cun igitur $b.\,c$ sit in : iam ostensum
est, quod productum $c.\,b.$ in quadratum $a.\,c.$ ter, est
in : et reliquum quod ei æquatur est p : igitur triplum
$c.\,b.$ in quadratum $a.\,b.$ et triplum $a.\,c.$ in quadratum
$c.\,b.$ et sexcuplum $a.\,b.$ nihil faciunt. Tanta igitur est
differentia, ex communi animi sententia, ipsius cubi
$a.\,c.$, à cubo $b.\,c.$, quantum est quod conflatur ex cubo
$a.\,c.$, et triplo $a.\,c.$ in quadratum $c.\,b.$ et triplo $c.\,b.$
in quadratum $a.\,c.$ in : et cubo $b.\,c.$ in : et sexcuplo
$a.\,b.$ hoc igitur est 20, quia differentia cubi $a.\,c.$ à
cubo $c.\,b.$ fuit 20, quare per secundum suppositum
6^i capituli, posita $b.\,c.$ in : cubus $a.\,b.$ æquabitur cubo
$a.\,c.$, et triplo $a.\,c.$ in quadratum $b.\,c.$, et cubo $b.\,c.$
in : et triplo $b.\,c.$ in quadratum $a.\,c.$ in : cubus igitur
$a.\,b.$ cum sexcuplo $a.\,b.$, per communem animi
sententiam, cum æquetur cubo $a.\,c.$ et triplo $a.\,c.$
in quadratum $c.\,b.$, et triplo $c.\,b.$ in quadratum $a.$
$b.$ in : et cubo $c.\,b.$: et sexcuplo $a.\,b.$, quæ iam
æquatur 20, ut probatum est æquabuntur etiam 20
cum igitur cubus $a.\,b.$ et sexcuplum $a.\,b.$ æquentur 20,
et cubus $g.\,h.$, cum sexcuplo $g.\,h.$, æquantur 20, erit
ex communi animi sententia, et ex dictis in 35° p^o et
31^e undecimi elementorum, $g.\,h.$ æqualis $a.\,b.$, igitur
$g.\,h.$ est differentia $a.\,c.$ et $c.\,b.$ sunt autem $a.\,c.$ et $c.\,b.$,
vel $a.\,c.$ et $c.\,k.$, numeri seu liniæ continentis superfi-

ciem æqualem tertiæ parti numeri rerum : quarum
cubi differunt in numero æquationis quare habebimus regulam.

Regula I.

Deducito tertiam partem numeri rerum ad cubum,
cui addes quadratum dimidij numeri æquationis, et
totius accipe radicem, scilicet quadratam, quam semi-
nabis, unique dimidium numeri quod iam in se duxe-
ras, adijcies, at altera dimidium idem minues habebis
que Binomium cum sua Apotome inde detracta R
cubica Apotomæ ex R cubica sui Binomij residuum
quod ex hoc relinquitur, est sù æstimatio. Exemplum : cubus et 6 posi-
tiones, æquantur 20, du-
cito 2, tertiam partem 6,
ad cubum fit 8., due 10
dimidium numeri in se,
fit 100, iunge 100 et
8, fit 108, accipe radicem
quæ est R 108 et eam

cub p : 6 reb æqualis 20

$\qquad$ 2 $\qquad$ 20

8 $\rule{3cm}{0.4pt}$ 100

108

R 108 p : 10

R 108 m : 10

R v : cu. R 108 p : 10
m : R v : cu. R 108 m : 10

geminabis, alteri addes 10, dimidium numeri, ab altero minues iantundem, habebis Binomium R 108 p :
10, et Apotomen R 108 m : 10 horum accipe Rᵃˢ cubᵃˢ
et minue illam quæ est Apotomæ, ab ea quæ est Binomij, habebis rei æstimationem , R V : cub : R 108
p : 10 m : R V : cubica R 108 m : 10 (*Cardani, ars.*

Voici maintenant la solution de l'équation du quatrième degré, telle que Cardan (1) l'a exposée.

Regula II.

Alia est regula nobilior præcedente, et est Ludovici
de Ferrarijs qui eam me rogante invenit et per eam
habemus omnes æstimationes fermè capitulorum
qd^i quadrati et quadrati rerum, et numeri, vel qd^i quadrati cubi, quadrati et numeri, et ego ponam ea her
ordinem, hoc modo ut vides.

1 qd^i qd. æquale qd. rebus et numero.

2 qd^i qd. æquale qd. cubis et numero.

3 qd^i qd. æquale cubis et numero.

4 qd^i qd. æquale rebus et numero.

5 qd^i qd. cum cubis æqualia qd. et numero.

6 qd^i qd. cum rebus æqualia qd. et numero.

7 qd^i qd. cum cubis æqualia numero.

8 qd^i qd. cum rebus æqualia numero.

9 qd^i qd. cum qd. æqualia cubus et numero.

10 qd^i qd. cum qd. æqualia rebus et numero.

11 qd^i qd. cum qd. et rebus æqualia numero.

12 qd^i qd. cum qd. et cubis æqualia numero.

13 qd^i qd. cum qd. et numero æqualia cubis.

14 qd^i qd. cum qd. et numero æqualia rebus.

15 qd$_i$ qd. cum numero æqualia cubis et qd.

16 qd^i qd. cum numero æqualia cubis.

17 qd^i qd. cum numero æqualia rebus et qd.

---

(1) *Cardani ars magna*, f. 72.

18 qd^i qd. cum numero æqualia rebus.

19 qd^i qd. cum cubis et numero æqualia qd.

20 qd^i qd. cum rebus et numero æqualia qd.

In his igitur omnibus capitalis, quæ quidem sunt generalissima, ut reliqua omnia sexaginta septem superiora, oportet reducere capitula, in quibus ingreditur cubus, ad capitula, in quibus ingreditur res ut septimum ad quartum, et secundum ad primum, deinde quæremus demonstrationem hoc modo.

Demonstratio.

Sit quadratum A. F., divisum in duo quadrata A. D. et D. F. e duo supplementa D. C. et D. et velim addere gnomonem K. F. G., circumcirca, ut remaneat

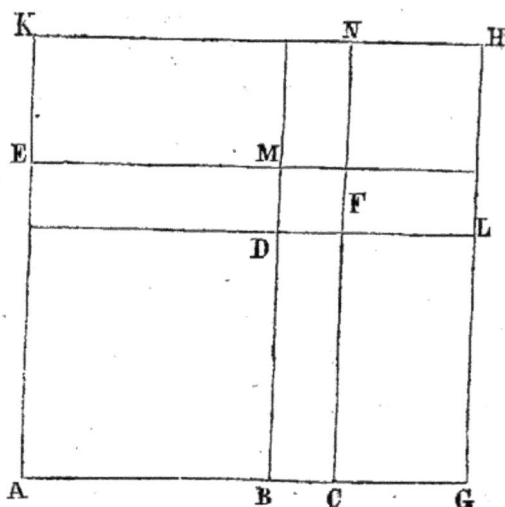

quadratum totum A. H., dico quod talis gnomo, contabit ex duplo G. C. additæ lineæ in C. A. cum quadrato G. C., nam F. G. constat ex G. C. in C. F. ex

diffinitione data in initio secundi elementorum, et
C. F. est æqualis C. A. ex diffinitione quadrati et pe
44^{ans} primi elementorum, K. F. est æqualis F. G. igitur duæ superficies G. F. et F. K. constam ex G. C. in
duplum C. A. et quadratum G. C. est F. H., ex corro-
lario quartæ secundi elementorum, igitur patet propositum, si igitur A. D. sit 1 qd^e qd^m et C. D. ac
D. E., 3 quadrata, et D. F. 9, erunt B. A. 1 quadratum, et B. C. 3 necessario, cum igitur voluerimus addere quadrata aliqua, ad D. C. et D. E., ex fuerint
C. L. et K. M., erit ad complendum quadratum totum necessaria superficies L. N. M., quæ ut demonstratum est, constat ex quadrato G. C. numeri quadratorum dimidiati, nam C. L. est superficies ex G. C. in
A. B. ut ostensum est, et A. B. est 1 quadratum, quia
ponimus, A. D. 1 qd^e quadratum F. L. vero et M. N.
fuint ex G. C. in C. B. ex 42^a primi elementorum,
quare superficies L. N. M., et est numerus addendus,
fit ex G. C. in duplum C. B. id est in numerum quadratorum qui fuit 6 et G. C. in seipsam, id est numero
quadratorum addito et hæc demonstratio nostra est.

Hoc peracto semper reduces partem qd^e quadrati
ad R id est addendo tantum utrique parti, ut 1
qd^i quadratum cum quadrato et numero, habeant
radicem, hoc facile est, cum posueris dimidium numeri quadratorum, radicem numeri, item facies, ut
denominationes extremæ sint plus in ambabus æqua-
tionibus, nam secus, trinomium seu Binomium redac-
tum ad trinomium, necessario careret radice.

Quibus iam paractis, addes tantum de quadratis, et
numero uniparti, per tertiam regulam, ut idem addi-

tum alteri parti, in qua erunt res faciat trinomium habens R quadrani per positionem, et habebis numerum quadratorum, et numeri addendi utrique parte, quo habito, ab utroque extrahes R quadratam, quæ erit in una, 1 quadratum p : numero, vel m : numero, ex alia 1 positio vel plures p : numero vel m : numero vel numerus impositionibus, quare per quintum capitulum huius, habens propositum.

Questo V.

Exemplum : fac ex 10 tres partes proportionales, ex quarum ductu primæ in secundam, producantur 6. Hanc proponebat Joannes Colla et dicebat solvi non posse, ego vero dicebam, eam posse solvi, modum tamen ignorabam donec Ferrarius eum invenit. Pones igitur mediam 1 positionem prima erit $\dfrac{6}{1 \text{ pos.}}$ et tertia erit $\frac{1}{6}$ cubi, quare hæc æquantur 10, ducendo omnia in 6 positiones, habebimus 60 positiones, æquales 1 quadrato p : 6 quadratis p : 36, adde ex quinta regula, 6 quadrata utrique parti, habebis 1 quadratum p : 12 quadratis p : 36, æqualia 6 quadratis p : 60 positionibus; nam si æqualibus æqualia addatur tota fient æqualia, habent autem 1 qd¹ quadratum p : 12

quadratus p : 36, radicem et est, 1 qua

1 qd¹qd.p: 6.qd.p:36 æqualia	60 pos.
6 qd.	6 qd.
1 qd¹qd. p : 12 qd. p : 36 æq. 6 qd. p : 60 pos.	
2 pos.	1 qd. p : 12 pos.

dratum p : 6, quam si haberent 6 quadrata p : 60 positionibus iam haberemus negocium, sed non habent, addendi igitur sunt tot quadrati et numerus idem ex utraque parte, ut in priore relinquatur trinomium habens radicem in altero autem fiat, sit igitur numerus quadratorum eorum 1 positio, et quia, ut vidis in figura tertiæ regulæ, c. l. et m. k., fiunt ex duplo g. c. in a. b., et g. c. est 1 positio, ponam numerum quadratorum addendorum semper 2 positiones, id est duplum g. c. et quia numerus addendus ad 36, est l. n. m., et ideo quadratum g. c. cum eo quod fit ex g. c. duplicato in c. b. seu ex g. c. in duplum c. b., et est 12, numerus quadratorum priorum, ducam igitur 1 positionem, dimidium numeri quadratorum additorum, semper in numerum quadratorum priorum et in se et fient 1 quadratum p: 12 positionibus addenda ex alia parte et etiam 2 positiones pro numero quadratorum, habemus igitur iterum ex communi animi sententia, quantitates infra scriptas, invicem æquales, et utraque habent radicem, prima ex regula tertia, sed secunda quantitas ex supposito, igitur ducta prima

parte trino- | 1 qdⁱ qd. p: 2 pos. p: 12 qdᴿ p: 1 qd.
mij in ter- | p: 12 pos. additi numeri p: 36 æqualia.
tiam fitqua- | 2 pos. 6 quadratorum, p: 60 pos. p: 1 qd.
dratum di- | p: 12 pos. numeri additi.

midiæ partis secunda trinomij quiar igitu ex dimidio secundæ in se fiunt 900, quadrata, et ex prima in tertiam, fiunt 2 cubi p: 30 quadratis p: 72 positionibus quadratorum, similiter erit deprimendo per quadrata, quia æqualia per æqualia divisa producunt æqualia ut 2 cu. p: 30 quadratis p: 72 positionibus æquantur 900, quare 1 cubus p: 15 quadratis p: 36 positionibus æquantur 450.

NOTE XXXV.

(PAGE 183.)

Mon illustre confrère, M. Plana, a eu la bonté de me transmettre la note suivante relative à Bombelli : je m'empresse d'en enrichir mon ouvrage, et je suis convaincu qu'elle excitera l'attention des géomètres.

« *Note sur la lettre I de Leibnitz à Huygens.* »

« La phrase « Mais il ne s'ensuit pas que l'opération par son *più di meno* est bonne » mérite une explication, car l'opération de Bombelli est très juste, et *Leibnitz* en écrivant cette phrase donnait à entendre qu'il n'avait pas saisi la finesse inhérente au calcul de Bombelli. En effet, la formule de *Cardan* se réduit à dire que l'équation $x^3 - px - q = 0$ a pour racine :

$$x^1 = \sqrt[3]{A} + \sqrt[3]{B}$$

en posant pour plus de simplicité :

$$A = \frac{q}{2} + \sqrt{\frac{q^2}{4} - \frac{p^3}{27}} \; ; \; B = \frac{q}{2} - \sqrt{\frac{q^2}{4} - \frac{p^3}{27}}$$

donc, en appliquant cette formule à l'équation $x^3 - 15x - 4 = 0$, on obtient :

$$A = 2 + 11\sqrt{-1}, \; B = 2 - 11\sqrt{-1}.$$

Bombelli a remarqué qu'on avait ici $A = \left(2 + \sqrt{-1}\right)^3$; $B = \left(2 - \sqrt{-1}\right)^3$ et de là il a conclu avec raison que $x' = \left(2 + \sqrt{-1}\right) + \left(2 - \sqrt{-1}\right) = 4$. Ainsi, cette

opération est fort bonne. Cependant il est remarquable que ce morceau du livre de Bombelli, que *Leibnitz* semble critiquer, soit au contraire loué par *Lagrange* dans sa troisième leçon donnée en 1795, à
l'école normale. Il s'exprime ainsi « L'algèbre de
Bombelli ne contient pas seulement la découverte de
Ferrari, mais encore différentes remarques importantes sur les équations du second et du troisième
degré, et surtout sur le calcul des radicaux, au
moyen duquel l'auteur parvient, dans quelques cas, à
tirer les racines cubes imaginaires des deux binômes de
la formule du troisième degré dans le cas irréductible, ce qui donne un résultat tout réel et fournit la
preuve la plus directe de la réalité de ces sortes d'équations. » Et plus loin, Lagrange dit au sujet de l'exemple
même cité par *Leibnitz* : « C'est de cette manière que
Bombelli s'est convaincu de la réalité de l'expression
imaginaire du cas irréductible. »

« Relativement à ce que Leibnitz dit dans cette lettre
au sujet de l'équation $x^3 - 12x - 9 = 0$, on pourrait
faire les remarques suivantes. La formule de Cardàn
donne dans ce cas :

$$\sqrt[3]{A} = \sqrt[3]{\frac{9}{2} + \sqrt{\frac{-175}{4}}} = \sqrt[3]{\frac{9}{2} + \frac{5}{2}\sqrt{-7}} = \frac{-3 + \sqrt{-7}}{2}$$

$$\sqrt[3]{B} = \sqrt[3]{\frac{9}{2} - \sqrt{\frac{-175}{4}}} = \sqrt[3]{\frac{9}{2} - \frac{5}{2}\sqrt{-7}} = \frac{-3 - \sqrt{-7}}{2}$$

et par conséquent

$$x' = \left(-\frac{3 + \sqrt{-7}}{2} \right) + \left(-\frac{3 - \sqrt{-7}}{2} \right) = -3$$

Il est vrai que Bombelli n'exécute pas cette extraction dans la page 293, mais ce n'est pas faute de sa méthode. Il voyait bien que par là il obtenait seulement une valeur négative. La formule de Cardan proprement dite ne pouvait pas fournir dans ce cas la racine positive; mais le même Cardan avait donné une autre méthode pour la trouver en pareille circonstance. Cette méthode, que Bombelli applique dans la page 293, se réduit à ceci. Soit : $x^3 = 12x + 9$; ajoutons aux deux membres de l'équation le cube a^3, il viendra $x^3 + a^3 = 12x + 9 + a^3$; partant

$$\frac{x^3 - a^3}{x + a} = \frac{12x + 9 + a^3}{x + a} \quad \text{ou bien}$$

$$x^2 - ax + a^2 = 12 \left(\frac{x + \frac{9 + a^3}{12}}{x + a} \right)$$

« Actuellement, si l'on prend pour a un nombre tel que $\frac{9 + a^3}{12} = a$, on aura x par la solution de l'équation du second degré $x^2 - ax + a^2 = 12$. Or, avec une légère attention, on voit que $a = 3$ satisfait à la condition $\frac{9 + a^3}{12} = a$. Ainsi, on a $x^2 - 3x = 3$ d'où l'on tire $x = \frac{3}{2} + \frac{1}{2} \sqrt{21}$. On voit par là que Bombelli ne tire pas cette racine de la formule $\sqrt[3]{A} + \sqrt[3]{B}$; mais par un autre procédé enseigné par Cardan, procédé qui revient à trouver les deux autres racines de l'équation du troisième degré, lorsqu'une des racines est connue; car le rapprochement des deux équations $x^3 - 12x - 9 = 0$, $a^3 - 12a + 9 = 0$ indique que $-a = -3$ est racine de l'équation en x. On peut dire en général que si a est une racine de l'équation $x^3 - px - q = 0$, on a

$q = a^3 - pa$, et par conséquent $(x^3 - a^3) - p(x - a) = 0$,
ou bien $x^2 + ax + a^2 - p = 0$, d'où l'on tire
$x = \dfrac{a}{2} \pm \sqrt{p - \dfrac{3}{4}a^2}$; les trois racines de l'équation
$x^3 - px - q = 0$ sont donc fournies en général par ces
trois formules :

$$(c) \ldots \begin{cases} x' = \sqrt[3]{A} + \sqrt[3]{B} \\[2mm] x'' = -\dfrac{x'}{2} + \sqrt{p - \dfrac{3}{4}x'^2} \\[2mm] x''' = -\dfrac{x'}{2} - \sqrt{p - \dfrac{3}{4}x'^2} \end{cases}$$

qui sont une conséquence de la méthode de *Cardan*,
écrite algébriquement. Il suffit donc que x' soit un
nombre rationnel pour qu'on ait les valeurs de x'' x'''
exprimées par un nombre et une racine carrée. Si
Leibnitz avait mieux examiné l'artifice exposé par
Bombelli, dans la page 293, il n'aurait pas écrit à
Huygens que la racine $1\dfrac{1}{2} + \sqrt{5\dfrac{1}{4}} = \dfrac{3}{2} + \sqrt{\dfrac{21}{4}}$ « étant
composée d'un nombre et d'une racine carrée, ne
pouvait pas être tirée des formules de Cardan, parce
que les racines qu'on a par ces formules sont toujours
ou irrationnelles cubiques, ou nombres. » Et encore
moins il aurait ajouté : « D'où vient qu'il a cru (Bombelli) que les formules de Cardan ne servent pas en
cette rencontre, et ne sont pas générales. »

« Sans doute les formules (c) sont générales, et *Lagrange* dit, dans la leçon déjà citée, que jusqu'en 1746
elles ont été employées sous cette forme. On a remarqué depuis qu'on pouvait tirer les trois racines de la
formule de *Cardan*, en donnant l'extension conve-

nable aux quantités exprimées par des racines cubiques ; ce qui a transformé les formules (c) en celles-ci.

$$(4)\begin{cases} x' = \sqrt[3]{A} + \sqrt[3]{B}, \\ x'' = \alpha\, \sqrt[3]{A} + \beta\, \sqrt[3]{B}, \\ x''' = \beta\, \sqrt[3]{A} + \alpha\, \sqrt[3]{A} \end{cases}$$

où

$$\alpha = -\left(\frac{1 - \sqrt{-3}}{2}\right), \quad \beta = -\left(\frac{1 + \sqrt{-3}}{2}\right)$$

« Leibnitz ne me paraît pas l'auteur de ce perfec-
tionnement important ni de la transformation de ces
formules, faite par *Albert Girard*, pour ramener à la
trisection de l'angle le cas irréductible. Ainsi, tout
bien considéré, on ne peut pas regarder comme exacte
la critique de Leibnitz, faite sur le passage de l'algèbre
de Bombelli, qu'il a voulu faire remarquer à Huygens. »

Pour l'intelligence de cette note, que j'ai donnée
textuellement, telle que je l'ai reçue du savant géomètre de Turin, j'ajouterai seulement que la lettre
de Leibnitz, dont il est question ici, se trouve dans un
ouvrage intitulé : *Hugenii exercitationes mathematicæ
et philosophicæ* (Hagæ Comitum, 1833, 2 vol. in-4,
tom. I, p. 1), qui renferme une foule de faits très intéressans pour l'histoire des sciences. On doit vivement désirer que M. Uylenbrœk puisse faire paraître
promptement la suite de cet excellent ouvrage.

·ADDITION

à la note (1) *de la page* 115.

Comme le livre de Commandin, cité dans cette
note, est fort rare, nous allons reproduire ici la dédicace, qui contient des faits curieux sur l'histoire
des sciences, et particulièrement sur les recherches
d'Archimède et de Maurolycus, relatives au centre de
gravité des solides.

ALEXANDRO FARNESIO
CARDINALI AMPLISSIMO ET OPTIMO.

Cum multæ res in mathematicis disciplinis nequa-
quam satis adhuc explicatæ sint, tum perdifficilis, et
per obscura quæstio est de centro gravitatis corporum
solidorum; quæ et ad cognoscendum pulcherrima est,
et ad multa, quæ à mathematicis proponuntur, præ-
clare intelligenda maximum affert adiumentum, de
qua neminem ex mathematicis, neque nostra, neque
patrum nostrorum memoria scriptum reliquisse sci-
mus. Et quamvis in earum monumentis litterarum non
nulla reperiantur, ex quibus in hanc sententiam ad-
duci possumus, ut existimemus hanc rem ab iisdem
uberrime tractatam esse; tamen nescio quo fato adhuc

29.

in eiusmodi librorum ignoratione versamus. Archimedes quidem mathematicorum princeps in libello, cuius inscriptio est, κεντρα βαρων ε πιπεδων, de centro planorum copiosissime, atque acutissimo conscripsit : et in eo explicando summam ingenii, et scientiæ gloriam est consecutus. Sed de cognitione centri gravitatis corporum solidorum nulla in eius libris letera invenitur. Non multos abhinc annos MARCELLUS iI. PONT. MAX. cum adhuc Cardinalis esset, mihi quæ sua erat humanitas, libros eiusdem Archimedis de ijs, quæ vehuntur in aqua, latine redditos dono dedit. Hos cum ego, ut aliorum studia incitarem, emendandos, et commentariis illustrandos suscepissem, animadverti dubitari non posse, quin Archimedes vel de hac materia scripsisset, vel aliorum mathematicorum scripta perlegisset; nam in iis tam alia nonnulla, tam maxime illam propositionem, in evidentem et aliàs probatam assumit, centrum gravitatis in portionibus conoidis rectanguli axem ita dividere, ut pars, quæ ad verticem terminatur, alterius partis, quæ ad basim dupla sit. Verum hæc ad eam partem mathematicarum disciplinarum præcipue refertur, in qua de centro gravitatis corporum solidarum tractatur non est autem consentaneum Archimedem illum admirabilem virum hanc propositionem sibi argumentis conformandam existimaturum non fuisse, nisi eam vel aliis in locis probavisset, vel ab aliis probatam esse comperisset. Quamobrem nequid in iis libris intelligendis desiderari posset, statice hanc etiam partem vel à veteribus prætermissam, vel tractatam quidem, sed in tenebris iacentem non intactam relinquere;

atque ex assidua mathematicorum , præsertim Archimedis lectione, quæ mihi in mentem venerunt, ea in
medium afferre; est centri gravitatis corporum solidorum, si non perfertam, at certe aliquam notitiam
haberemus. Quem meum laborum non mathematicis
solum, verum iis etiam, qui naturæ obscuritatæ de-
lectantur, non iniucundam fore speravi : multa enim
προβλήματα cognitione dignissima , quæ ad utramque
scientiam attinens, sese legentibus obtulissent. Neque
id ulli mirandum videri debet ut enim in corporibus
nostris omnia membra, ex quibus certa quædam offi-
cia nascuntur, divino quodam ordine inter se impli-
cata, et colligata sunt : in iisque admirabilis illa con-
spiratio quam σύμπνοιαν Græci vocant, elucessit ita tres
illæ Philosophiæ (ut Aristotelis verbo utar) quæ veritatem solam propositam habent , licet quibusdam
quasi finibus suis regantur : tamen earum unaquæque
per se ipsam quadammodo imperfecta est : neque altera sine alterius auxilio plene comprehendi potest.
Complures præterea mathematicorum nodi ante hac
explicatu difficillimi nullo negotio expediti essent :
atque (ut uno verbo complectar) nisi mea valde anno,
tractationem hanc meam studiosis non mediocrem
utilitatem et magnam voluptatem allaturam esse mihi
persuasi. Cum autem ad hoc scribendum aggressus
essem allatus est ad me liber Francisci Maurolici Mes-
sanensis, in quo vir ille doctissimus, et in iis disciplinis exercitatissimus affirmabat se de centro gravitatis corporum solidorum conscripsisse. Cum hoc intel-
lexissem, sustinui me paulisper tacitus que expectavi,
dum opus clarissimi viri, quem semper honoris caussa

nomino, in lucem proferritur : mihi enim exploratissimum erat : Franciscum Maurolicum multo doctius,
et exquesitius hoc disciplinarum genus scriptis suis traditionem. Sed cum id tardius fieret, hoc est, ut ego
interpretor, diligentius, mihi diutius hoc scriptione
non supersedendum esse duxi, praesertim cum iam
libri Archimedis de iis, quae vehuntur in aqua, opera
mea illustrati typis excudendi essent. Nec me alia
caussa impulisset, ut de centro gravitatis corporum
solidarum scriberem, nisi ut hac etiam ratione lux
eis quàm maxime fieri posset afferretur atque id eò
mihi faciendum existimavi quòd in spem veniebam
fore, ut cum ego ex omnibus mathematicis primus,
hanc materiam explicandam suscepissem ; si quid errati forte a me commissum esset, boni veri potius id
meæ de studiosis hominibus bene merendi cupiditati,
quàm arrogantiæ ascriberent. Restabat ut considerarem cui potissimum ex principibus viris contemplationem hanc, num primum memoria, ac literis
proditam dedicarem. Harum mearum cogitationum
summa facta, existimavi nemini convenientius de centro gravitatis corporum opus dicari oportere, quàm
Alexandro Farnesio gravissimo ac prudentissimo cardinali, quo in viro summa fortuna semper cum summa
virtute certavit quid enim maxime in te admirari.
Debeant homines, obscurum est usum ne rerum, qui
pueritiæ tempus extremum principium habuisti, et
imperiorum, et ad Reges et Imperatores honorificentissimarum legationum; an excellentiam in omni genere literarum, qui vix adolescentulus, quæ homines
iam confirmata ætate summo studio, diuturnisque

laboribus didicerunt, scientia et cognitione compre-
hendisti : an consilium , et sapientiam , in regendis et
gubernandis civitatibus cuius gravissimæ sententiæ in
sanctissimo Reip. Christianæ consilio dictæ, potius
divina oracula , quàm sententiæ habitæ sunt , et ha-
bentur. Prætermitto liberalitatem , et munificentiam
tuam , quam in studiosissimo quoque honestando quo-
tidie magis ostendis , ne vídear auribus tuis potius ,
quàm veritati servire quamvis à te in tot præclaros viros tacita beneficia collata sunt , et conferuntur , ut
omnibus testatum sit , nihil tibi esse carius , nihil
iucundius , quàm eximia tua liberalitate homines ad
amplexandam virtutem , licet currentes incitare nihil
dico de ceteris virtutibus tuis, quæ tantæ sunt quantæ
in cogitatione quidem comprehendi possunt. Quamobrem hac præcipue de caussa te huius meæ lumbra-
tionis patronum esse volui, quam ea, qua soles , hu-
manitate accipies te enim semper ab divinas virtutes
tuas colui, et observavi nihilque mihi fuit optatius,
quàm tibi perspectum esse meum erga te animum;
singularemque observantiam, cœlum igitur digito at-
tingam, si post gravissimas occupationes tuas legendo
Federici tui libro aliquid impertiri temporis non gra-
vaberis : cumque in iis , qui tibi semper addicti
erunt, numerare. Vale

Federicus Commandinus.

Pour compléter ce que nous avions à dire sur les
recherches de Maurolycus relatives à la détermination

du centre de gravité des solides, nous ajouterons que le livre intitulé *Theodosii sphæricorum elementa* (publié par Maurolycus à Messine, en 1558) contient un *Index lucubrationum Maurolyci*, où se trouve mentionné l'ouvrage suivant : *De momentis æqualibus libelli quatuor. In quorum postremo de centris Solidorum ab Archimede omissis agitur.*

ADDITION

à la note (2) *de la page* 120.

Voici la préface d'Oddi, où il a exposé, sans rendre cependant justice à Galilée, les différentes recherches qui avaient été faites à diverses époques sur des compas analogues au compas de proportion.

DEL COMPASSO POLIMETRO PROEMIO.

Sono molti anni, che venne desiderio ad un gentilhuomo (1) nella mia patria, d'havere qualche strumento col quale potesse dividere con facilità, et giustezza le linee rette in quante parti uguali li fosse piacciuto; per isfuggire con esso la lunga, e faticosa operatione di farlo à pratica, ò la briga d'haversi a provedere di molte paia di quelle sesta, che hanno le punte d'ambe le parti : e perciò ne richiese la *b. m.* del Commandino, dal quale fu ordinato uno di questi compassi, medesimamente con le punte doppie; mà con una fissura per il lungo dell' aste, per lequali scorrevano due bottoncini attacati à due molle, incassate in due canaletti scavati nell' aste; et erano congiunte insieme con un perno, che serviva per centro

---

(1) Bartholomeo Eustachio, 1568.

dell' instrumento in qualunque sito l'havessero strascinato i bottoncini, i quali quando pervenivano per
diritto à certe buche fatte ad' arte nella fissura, erano
dalle molle sospinti alquanto infuori, et con questo
fermati, senza potersi d'indi movere se non premuti,
et cacciati ad' un tempo; et perciò in ogn' una di
quelle buche che si fosse fermato il perno, veniva à
farsi la testa di due compassi, uno con le gambe lunghe, et molteplici delle curte dell' altro, nella proportione, che ne mostravano alcuni numeri segnati in
esse, et conseguentemente così riuscivano ancora
gl' intervalli delle loro aperture.

Oltre à ciò per renderlo più isquisito v' aggiunse
una vite diritta, che lo teneva unito, et con l'havere
i pani, che fino al mezzo voltavano dall' una e l' altra mano, lo apriva, et serrava tanto minutamente,
quanto il bisogno l' havesse ricerco. Strumento in vero
ingegnoso, pieno di belle considerationi, et degno
d'un tant' huomo, che l'ordinò, et dell' eccellente
mano di Simone Baroccio, che l' eseguì con maravi-
gliosa diligenza; mà così difficile à farsi che se non da
pochi artefici si sarebbe saputo imitare, et di qualche
spesa, onde non tutti se ne sarebbono potuti provedere.

L'illustriss. Signore Guidobaldo de Marchesi del
Monte, che in quei tempi si tratteneva in Urbino per
conferire i suoi studij con il Commandino, et spesso
era alla casa dove lavorava il Baroccio, havendo più
volte veduto il sopradetto strumento, et considerando
con la felicità del suo ingegno, che si poteva sodisfare
al medesimo desiderio con assai minor fatica, e spesa;

ne fece dall' istesso fare uno (1) con le gambe piane à
guisa di due regoli più larghi , che grossi , et da ciascuna parte fece che si tirassero linee rette dal centro
della snodatura alle punte , segnando quelle d' una
parte col medesimo modo , che havea tenuto il Commandino in fare le buche ; et quelle dell' altra secondo
le grandezze de i lati di diverse figure equilatere , et
equiangole inscritte nel cerchio , col diametro uguale
à tutta la lunghezza del centro alle punte ; il che fù
piacciuto oltre modo , si per la simplicità della fabrica ,
et uso sua , come per lo numero maggiore delle divi-
sioni per le linee rette , che l'altro non n' era capace ,
mà particolarmente per poterre con l'istessa facilità
dividere anco le circonferenze de cerchi , et trovare le
grandezze de i lati de i poligoni descritti in essi , et
molte altre cose utili che dipendono dallo scomparti-
mento del cerchio , et cosi con questo si è continovato
molto tempo essendosene fatti un numero grande per
l'Italia , et fuori.

Gl' anni adietro si vidde questo strumento accres-
ciuto (2) di molte cose utili et curiosissime , con trattati scritti in varie lingue , et chiamato con diversi no-
mi ; il che à posto in dubbio chi di tale aggiunta ne
sia stato l'autore vero ; havendo ciascheduno procu-

---

(1) Forma dell' instrumento.
(2) Michel Cognet Bruggese, pantometra.
Giorgio Galge Maier , compasso proportionale.
Galileo Galilei , compasso geometrico militare.
D. Henrion, Fran. , compasso di proportione.

rato sostentare la sua parte, con testimoni, scritture, sentenze, et altri mezzi : mà come che mia intentione sia di dare una sommaria notitia del modo di segnare, et adoperare questo strumento, et non di rintracciare questa verità; lascerò che il tempo sia lui quello che la scuopra, et mostri à chi vada à dirittura tanta lade; bastandomi d'havere accennato chi di quel primo ne sia stato l'inventore. Lascerò ancora il dire d'alcune linee, che servono per i sini, tangenti, seccanti, portioni di cerchio portioni di sfera, et altre che si vedono nella Pantometra di Michel Cognet Fiamingo, si per non essere cosi usuali, come certe altre, si anco perchè si fatte cose si conoscono più esattamente coi numeri grandissimi che hanno le loro tavole moderne, che con strumenti piccioli, segnati co i semidiametri di poche particelle; et restringeromni à quattro sole di più delle due antedette; la prima delle quali, è segnata secondo le grandezze de i lati d'alcune figure regolari tutte d'area uguali, si che con essa si fa in un subito, e con una semplice apertura, un poligono uguale ad' un 'altro; anzi con poco cosa più, à due, o à trè, et à quanti piace, tutti d'una medesima ò pure di diverse specie : nella seconda sono i diametri delle sfere, ò diciamo palle d'uno stesso metallo, o d' altra materia homogenèa, mà di diversi pesi : nella terza sono le grandezze de i diametri delle palle d'un medesimo peso, mà di diversi metalli : et nell' ultima di queste, le grandezze de i lati de i cinque corpi regolari, et il diametro della sfera tutti frà loro di capacità uguali; le quale s'aiutano talmente insieme, che con mirabil modo fanno parer facili alcune operationi, che senza questo riuscerebbono molto difficili, lunghe, et faticose. La onde con tale aggiunta non pare che si possa per le cose di geometria aspettare altro più utile, ne più comodo strumento : et perciò hà destato in molti il desiderio d'haverne; et quantunque se ne lavorino in diversi luoghi da eccelenti artefici, non dimeno non possono sodisfare al desiderio di tutti; et alcuni altri che sarebbono abili à lavorarne, se ne restano per non saparli segnare; il che è stato principalmente la cagione per la quale io fui incitato alla fatica di scrivere questo opusculo; col quale hò desiderato di soccorrere al bisogno degl' uni, et sodisfare al desiderio degl' altri : havendo nella prima parte mostrato il modo, che si deve tenere in segnare le sopradette sei linee, et nell' altre due, con quale ordine, et regalo s'adoprino, considerandole, ò come segnate nello strumento fabricato come si è accennato di sopra, ò segnate in una semplice riga senz' altra fattura : ma brevemente con uno esempio, o due al più per volta di quelle cose, che sono manco comune a gl' altri strumenti.

FIN DU TROISIÈME VOLUME.

www.ingramcontent.com/pod-product-compliance
Lightning Source LLC
Chambersburg PA
CBHW060516220326
41599CB00022B/3339